Talane Miedaner

Coach dich selbst zu einer neuen Karriere

Talane Miedaner

Coach dich selbst zu einer neuen Karriere

In 7 Schritten zum beruflichen Erfolg

Übersetzung aus dem Englischen
von Marion Zerbst

REDLINE | VERLAG

Bibliografische Information der Deutschen Nationalbibliothek:
Die Deutsche Nationalbibliothek verzeichnet diese Publikation in der Deutschen Nationalbibliografie; detaillierte bibliografische Daten sind im Internet über http://d-nb.de abrufbar.

Für Fragen und Anregungen:
miedaner@redline-verlag.de

1. Auflage 2012

Nymphenburger Straße 86
D-80636 München
Tel.: 089 651285-0
Fax: 089 652096

Die englische Originalausgabe erschien 2010 unter dem Titel *Coach Yourself to a New Career.*

Übersetzung: Marion Zerbst, Stuttgart
Redaktion: Marion Appelt
Umschlaggestaltung: Maria Wittek
Umschlagabbildung: Getty Images/Siede Preis
Satz: Grafikstudio Foerster, Belgern
Druck: Konrad Triltsch GmbH, Ochsenfurt
Printed in Germany

ISBN Print 978-3-86881-348-7
ISBN E-Book (PDF) 978-3-86415-180-4

Weitere Informationen zum Verlag finden Sie unter

www.redline-verlag.de

Beachten Sie auch unsere weiteren Verlage unter
www.muenchner-verlagsgruppe.de

Für Paul, meinen Retter in der Not

Inhalt

Dank

Folgenden Menschen möchte ich von ganzem Herzen danken:

Auch wenn ich es dir schon oft gesagt habe, Mom – du bist immer schon der Mensch gewesen, der mich bei meiner schriftstellerischen Tätigkeit am meisten unterstützt hat. Ich danke dir tausendmal dafür, dass du den ganzen Sommer lang im Morgengrauen für meine beiden Mädchen aufgestanden bist, damit ich mich entweder ausschlafen oder schreiben konnte. Ein ganz besonderes Dankeschön schulde ich auch meiner Schwester Keralee, die nicht nur Küchenchefin und Wäschefee gespielt und die Fläschchen gespült hat, sondern meinen Töchtern auch eine liebevolle Tante war, sodass ich den Kleinkram im Haushalt getrost ignorieren und mich ganz aufs Schreiben konzentrieren konnte. Ich glaube wirklich, den ganzen Sommer über nicht mehr zustande gebracht zu haben als ein oder zwei Rühreier, weil mir zwei so großartige Engel zur Seite standen!

Außerdem bedanke ich mich bei Fiona Sarne, der brillanten McGraw-Hill-Lektorin, die in enger Zusammenarbeit mit mir diesem Buch seinen letzten Schliff gegeben hat. Mit deinen einfühlsamen Kommentaren und Vorschlägen hast du das Buch mit Sicherheit verbessert – doch ganz besonders dankbar bin ich dir für deinen aufmunternden Enthusiasmus, mit dem du dafür sorgtest, dass dieses Projekt Spaß gemacht hat und (fast) mühelos über die Bühne ging. Es war ein Vergnügen, mit dir zusammenzuarbeiten. Dir, Emily Carleton, danke ich für deine hervorragenden Ideen und Kommentare sowie dafür, dass du mir geholfen hast, dem Manuskript die richtige Struktur zu geben. Judith McCarthy, meiner Verlegerin bei McGraw-Hill, bin ich dankbar dafür, dass sie mich überhaupt dazu anregte, dieses Buch zu schreiben, und seine Veröffentlichung ermöglichte. Charlie Fisher und seinem Herstellungsteam habe ich die großartige Buchgestaltung zu verdanken, außerdem danke ich der Marketing-

und Werbeabteilung, allen voran Heather Cooper und Staci Shands, sowie Sally Ashworth, Maya Barahona und Sue Blake im Verlagsbüro in Großbritannien. Es ist immer ein Vergnügen, mit den Profis von McGraw-Hill zusammenzuarbeiten.

Bei dir, meiner Schwester Sarely, möchte ich mich für deine kontinuierliche Unterstützung per E-Mail und Telefon sowie für deinen wunderbaren Witz und Sinn für Humor bedanken. Du bringst mich immer wieder dazu, über die seltsamsten Dinge zu lachen, und erinnerst mich daran, das Leben nicht so ernst zu nehmen.

Vic, Dale und Logan Bosiger danke ich dafür, dass sie mich bei sich zu Hause und in ihren Herzen willkommen geheißen haben. Du, Vic, warst schon immer einer meiner größten Fans, und ich bin dir von ganzem Herzen dankbar dafür, dass du mein Buch mit der Radiosendung so großzügig promotet hast. Außerdem danke ich dir für deine Hilfe bei meiner Webseite Lifecoach.com und tausend anderen Dingen. Es ist für mich ein großes Glück, dass du Teil meines Lebens bist! Dir, Logan, danke ich dafür, dass du mir geholfen hast, mein Profil bei Facebook einzurichten.

Meinem hervorragenden Coach-Team der Talane Coaching Company – Judy Lowry, Kathee Hill, Monica Howden, Sue Seel, Eddie Marmol und Terry O'Neill – danke ich für all eure Ideen und Anregungen, mit denen ihr zur Entstehung der Originalversion des Emotional Index Quiz beigetragen habt. Danke, Judy, für dein großartiges Coaching und deine begeisterte Unterstützung bei all meinen Vorhaben und Projekten. Ein besonders herzliches Dankeschön geht an Faye Morgan, meine wunderbare, stets optimistische Assistentin. Ohne deine Hilfe in Verwaltungsangelegenheiten wäre ich verloren. Auch Louise Gates, Lea Wray und Carol Golcher danke ich für eure Hilfe in organisatorischen und administrativen Dingen.

Dem inzwischen verstorbenen Thomas Leonard, dem Urvater des Coachings, danke ich dafür, dass er mich dazu inspiriert hat. Außerdem möchte ich mich beim ebenfalls verstorbenen Abraham Maslow bedanken, der mit seinen ersten Werken über Werte und emotionale Bedürfnisse den Grundstein zu diesem Buch gelegt hat.

Sandy Vilas, der Inhaberin von CoachInc.com, danke ich für ihre kontinuierliche Unterstützung und Ermutigung. Ich finde es großartig, was du für mich und die Coaching-Community getan hast und immer noch tust.

Und nicht zu vergessen Thom Politico, mein allererster Coach. Ich werde dir nie vergessen, dass du mich damals auf den richtigen Karrierepfad geführt hast.

Meinen bewundernswerten Klientinnen Melissa Todd, Quinn Simpson und Ali Brown danke ich dafür, dass sie bereit waren, in diesem Buch über ihre Hoffnungen, Träume, Ängste und Erfolge zu berichten und andere mit ihrem leuchtenden Beispiel zu inspirieren. Ich danke euch für euren Mut, eure Aufrichtigkeit und die Führungsrolle, die ihr auf der Welt übernommen habt. Ein ganz herzliches Dankeschön auch an all meine anderen Klientinnen und Klienten, die mit ihren Geschichten zur Entstehung dieses Buches beigetragen haben! Ich bin dankbar dafür, dass ich Einfluss auf euer Leben nehmen durfte, und hoffe, dass ihr mit euren Geschichten wiederum andere Menschen dazu inspirieren werdet, ihre Wunschkarriere und das Leben zu finden, das sie sich erträumen.

Ronnie Slavis, dem bemerkenswerten »Geschichtenerzähler für die Seele«, danke ich dafür, dass er mich daran erinnert hat, das Spiel und den Spaß im Leben nicht zu vergessen! Vielen Dank für dein großzügiges Geschenk und die faszinierende Geschichte.

Meinen besten Freundinnen und Freunden Kate, Dave, Tracey, John, Allegra, Erik, Sam, Tony, Sally, Rachel, Debbi und Colin bin ich dankbar dafür, dass sie immer für mich da waren – selbst wenn meine Briefe, Mails und Anrufe manchmal lange auf sich warten ließen. Ich liebe euch alle von ganzem Herzen und bin dankbar für die Zeit, die wir miteinander verbringen dürfen. Dir, Kate, gebührt ein besonderes Dankeschön dafür, dass du mich als »Writing Buddy« bei der Arbeit an diesem Buch unterstützt hast. Ich freue mich schon darauf, als Nächstes dein Buch in gedruckter Form vor mir liegen zu sehen!

Außerdem danke ich all meinen Lesern und Fans, die mir unzählige E-Mails und Briefe mit ihren Erfolgsstorys geschickt haben. Wenn ich weiß, dass meine Bücher gelesen werden und in eurem Leben auch tatsächlich etwas bewirken, inspiriert mich das zum Weiterschreiben.

Herzlichen Dank auch an die Manitowoc Public Library und deren äußerst hilfsbereite und freundliche Mitarbeiter.

Und vor allem möchte ich mich bei meinem wunderbaren Mann Paul für seine Liebe und Unterstützung bedanken – und für den Humor, den er immer wieder beweist, selbst dann, wenn ich mich total ausklinke, auf meine Tastatur einhämmere und ihm überhaupt nicht mehr zuhöre. Ich liebe dich von ganzem Herzen, Paul.

Einführung

Sitzen Sie in einem Job fest, der Ihnen widerstrebt, den Sie jedoch nicht zu kündigen wagen, weil Sie Angst haben, keinen besseren zu finden? Vielleicht ist Ihre jetzige Arbeit aber auch ganz okay, aber auch nicht mehr, denn Sie haben nicht das Gefühl, dabei Ihr volles Potenzial entfalten zu können. Oder Ihr Beruf ermöglicht es Ihnen nicht, Ihre Träume zu leben. Vielleicht sehnen Sie sich auch danach, Ihren Job an den Nagel zu hängen und sich selbstständig zu machen, trauen sich jedoch den Sprung in die Selbstständigkeit nicht zu oder haben keine Ahnung, wie Sie das anstellen sollen. Treten Sie zurzeit auf der Stelle und warten Sie darauf, dass sich in Ihrem Leben etwas verändert oder sich die wirtschaftliche Situation verbessert? Oder hatten Sie Erziehungsurlaub und möchten jetzt wieder arbeiten, wissen aber nicht, wie Ihnen die Rückkehr ins Berufsleben gelingen könnte oder welche Joboptionen Ihnen als Elternteil, der nach wie vor viel für seine Kinder da ist, offenstehen? Ist Ihre Stelle dem Personalabbau zum Opfer gefallen, und Ihnen bietet sich in Ihrer Branche keine Alternative? Vielleicht freuen Sie sich ja auch schon auf den Ruhestand, um das Leben endlich in vollen Zügen genießen zu können.

Egal, ob Sie gerade Ihr Studium abgeschlossen haben und sich fragen, welche Richtung Sie jetzt beruflich einschlagen sollen, ob Sie entlassen wurden, Ihren jetzigen Job satthaben oder kurz vor der Pensionierung stehen und sich eine Aufgabe wünschen, die Ihnen Spaß macht und Körper und Geist jung hält – dieses Buch ist in jedem Fall genau das Richtige für Sie. Ich stelle Ihnen darin ein einfaches Sieben-Schritte-Programm vor, mit dem Sie Ihre Traumkarriere finden und anziehen können.

Unabhängig davon, an welchem Punkt Ihrer beruflichen Laufbahn Sie gerade stehen – Sie befinden sich in guter Gesellschaft. Obwohl die Zahl der Arbeitslosen inzwischen auf Rekordhöhe gestiegen ist, haben über 50 Prozent aller Amerikaner keine Freude an ihrem Job. Wenn Arbeit keinen Spaß mehr macht oder jemand arbeitslos ist, kann das das ganze Leben beeinträchtigen. Es ist schwierig, sich tagtäglich acht oder mehr Stunden mit etwas abzuquälen, das einem nicht gefällt, und trotzdem mit sich, seinem Leben und seinen zwischenmenschlichen Beziehungen im Reinen zu sein. Dann ist es höchste Zeit, daran etwas zu ändern. Es hat keinen Sinn, sein Leben mit einer Arbeit zu vergeuden, die einem nicht gefällt, obwohl es doch so viele andere Möglichkeiten gibt. Dank unserer modernen Technologien und dem Internet haben Sie heutzutage mehr Möglichkeiten, etwas zu finden, das genau zu Ihren angeborenen Talenten und Fähigkeiten, Ihrem Charakter, Ihren Interessen und Leidenschaften passt, als jemals zuvor. Und wenn sich für Sie tatsächlich kein adäquater Job finden sollte, erfinden Sie ihn doch einfach! Ob sich das finanziell für Sie lohnt, ist eine andere Frage, doch auch auf dieses Thema kommen wir später noch zu sprechen. Ideal wäre es natürlich, wenn Ihre besonderen Fähigkeiten, Interessen und Leidenschaften sich mit einer Karriere verbinden ließen, wo Sie so viel Geld verdienen, wie Sie brauchen.

Statt sich mit der Suche nach Ihrem Traumjob abzumühen, empfehle ich Ihnen eine Vorgehensweise, die Ihnen auf den ersten Blick vielleicht gegen den Strich gehen wird: Ziehen Sie die ideale Karriere doch einfach an! Es gibt zwei Möglichkeiten, das zu bekommen, was wir uns im Leben wünschen: (1) Man kann sich ein Ziel setzen, eine Strategie entwickeln, einen Aktionsplan aufstellen und dann auf sein Ziel zusteuern. (2) Man kann das Ziel seiner Wünsche mühelos anziehen. Es stimmt, dass bei der heutigen wirtschaftlichen Lage Jobs schwer zu finden sind. Doch wenn Sie die einfachen Übungen in diesem Buch machen, werden Ihre Chancen, die für Sie optimale Art von Arbeit zu (er)finden, drastisch steigen. Ich werde hier auch auf die wichtigsten Kriterien eingehen, die eine Karriere idealerweise erfüllen sollte, damit Sie auf dieser Basis Ihren optimalen Arbeitsplatz beschreiben können. Denn wenn man genau weiß, was man will, erkennt man die entsprechenden Karrierechancen sehr viel leichter.

Danach werde ich ein paar praktische Methoden erläutern, mit denen Ihnen der Wechsel in Ihre Traumkarriere oder in die Selbstständigkeit, die Sie sich aufbauen möchten, leichtfallen wird.

Um sich darüber klarzuwerden, wie Ihre Berufstätigkeit im Idealfall aussieht und wie Sie den passenden Job finden, müssen Sie erst einmal ein paar grundlegende Fragen für sich beantworten:

1. Was brauche ich? (persönlich und emotional)
2. Was will ich? (Träume, Ziele, Wünsche, den eigenen Vorstellungen entsprechende(s) Leben/Karriere)
3. Was kann ich besonders gut? (angeborene Talente und Fähigkeiten, Qualifikationen, persönlicher Arbeitsstil)
4. Was macht mir Spaß? (Interessen, Werte, Leidenschaften)
5. Wo stehe ich momentan in meinem Leben? Was wäre für mich jetzt das Richtige? (gerade die Schule abgeschlossen, berufliche Veränderung in der Lebensmitte, Pensionierung, Wiedereinstieg ins Berufsleben)
6. Was für Leute kenne ich? (Kontakte, Freunde, Netzwerk, Beziehungen)
7. Wie setze ich die gewünschte berufliche Veränderung in die Praxis um? (zeitliche und finanzielle Reserven, Networking und Aufbau von Kontakten, den richtigen Eindruck machen usw.)

Die einfachen Übungen und Aufgaben meines Sieben-Schritte-Programms werden Ihnen helfen, diese Fragen zu beantworten, damit Sie genau definieren können, was Sie beruflich tun möchten. Dadurch wird es Ihnen viel leichter fallen, die Chancen anzuziehen, die für Sie in dieser Hinsicht am besten geeignet sind. Nie werde ich meinen Besuch des Seminars für persönliche Entwicklung vergessen, um selber die richtige Laufbahn einzuschlagen. Dabei lernte ich einen Mann kennen, der eine sehr erfolgreiche Beratungsfirma in Connecticut leitete. Ich stellte es mir großartig vor, dort zu arbeiten. Doch als er mich fragte, was ich denn gerne machen würde und was ich gut könnte, fiel mir erst mal die Kinnlade herunter, denn ich hatte keine Ahnung, was ich sagen sollte. Ich wusste nur, was mir *keinen* Spaß machte (mein Job in der Bank), was ich mir stattdessen wünschte, konnte ich allerdings nicht in Worte fassen. Ich murmelte vage vor mich hin – irgendwas in der Richtung, dass ich sehr kontaktfreudig sei und gern mit Menschen arbeiten würde. Doch eigentlich wusste ich nicht, was ich wollte, dabei war ich schon 29 Jahre alt. Damit hinterließ ich bei ihm einen negativen ersten Eindruck und vermasselte mir die Chance, für sein Unternehmen tätig zu werden.

Nach der Lektüre dieses Buchs werden Sie genau wissen, wie Ihre Traumkarriere aussieht, und dann direkt auf dieses Ziel zusteuern können, ohne Ihre Zeit mit Jobs zu vergeuden, die Sie am liebsten gleich wieder kündigen würden. Wenn Sie Ihre Karrierewünsche nicht in ein bis drei Sätzen klar formulieren können – wenn Sie nicht wissen, was Ihnen am wichtigsten ist oder welche angeborenen Begabungen Sie besitzen –, dann lesen Sie einfach weiter. Sie werden es bald herausfinden!

Im ersten Schritt geht es ums Fensterputzen, wobei wir im wörtlichen als auch im übertragenen Sinn ein bisschen Hausarbeit erledigen. Denn wenn die Fensterscheiben schmutzig sind, kann man seine Vision vom Leben nicht erkennen. Kratzen Sie also den Dreck ab, dann werden Sie gleich viel klarer sehen. Mein Buch enthält übrigens auch Checklisten, anhand derer Sie feststellen können, ob es in Ihrem Leben Bereiche gibt, um deren Sie sich ein bisschen mehr kümmern sollten. Mir ist es wirklich ernst damit: Putzen Sie bei Bedarf tatsächlich erst mal Ihre Fenster! Wenn wir beruflich einen neuen Weg einschlagen wollen, ist es häufig sinnvoll, zunächst einmal Problembereiche anzugehen, die unserer direkten Kontrolle unterstehen – zum Beispiel die Unordnung zu Hause und im Büro zu beseitigen. Danach werden Sie viel leichter erkennen können, was Sie sich wirklich wünschen. Es ist sehr wichtig, erst mal alle unnötigen Ablenkungen zu unterbinden. Ohne Aufräumaktionen kann es schwierig sein, einen klaren Durchblick zu bekommen.

Außerdem müssen Sie sich über Ihre persönlichen Bedürfnisse klarwerden. Diese Aussage in einem Karriere-Ratgeber überrascht Sie wahrscheinlich. Solange Sie Ihre privaten und beruflichen Bedürfnisse nicht kennen, folgen Sie am Ende womöglich dem falschen Karriereweg und vergeuden Tausende von Dollar und Jahre kostbarer Lebenszeit. Eine meiner Klientinnen studierte Maschinenbau und wurde Ingenieurin, obwohl sie diesen Beruf hasste, nur um die Anerkennung ihres Vaters zu gewinnen. Wenn Sie Ihre persönlichen Bedürfnisse nicht kennen, werden Sie vielleicht den gleichen Fehler machen und sich auf eine Ausbildung oder berufliche Laufbahn einlassen, die Ihnen keine Freude macht, nur um Ihre geheimen unerfüllten Bedürfnisse zu befriedigen. Vielleicht halten Sie das für Unsinn, doch unsere persönlichen Bedürfnisse sind sehr mächtige Triebkräfte und können uns zu allem Möglichen verleiten – eventuell sogar zu einem Jurastudium, obwohl wir das eigentlich gar nicht wollen, oder Ingenieur zu werden, obwohl wir in unserem Beruf lieber mit Menschen zu tun hätten. Dabei gibt es viel simplere Wege, sich Ihre Bedürfnisse zu erfüllen.

Mit meinem unkomplizierten Quiz, das Sie innerhalb von 20 Minuten durchlaufen haben, mache ich es Ihnen so leicht wie möglich, sich über Ihre vier wichtigsten persönlichen Bedürfnisse klarzuwerden. Diese Übung wird Sie nicht nur davon abhalten, falsche Karriere- und Geschäftsentscheidungen zu treffen – wenn Sie Ihren Bedürfnissen nachkommen, werden Sie auch gleich viel interessanter für potenzielle Arbeitgeber oder Kunden. Einerseits wissen wir alle, dass Bedürftigkeit auf andere Menschen nicht anziehend wirkt, andererseits haben viele Leute keine Ahnung, welche ihre vier wichtigsten persönlichen Bedürfnisse sind. Also sind die 20 Minuten Zeit für das Quiz sehr sinnvoll investiert!

Sobald Sie Ihre persönlichen Bedürfnisse kennengelernt haben, werden wir uns als Nächstes mit Ihren Träumen und Zielen beschäftigen. Wie würden Ihre Vorstellungen vom idealen Leben und Ihrer Traumkarriere aussehen? Es hat keinen Zweck, eine Laufbahn einzuschlagen, nur um hinterher feststellen zu müssen, dass sie nicht zu Ihrem Bild vom idealen Leben passt.

Der nächste Schritt besteht darin, Ihre natürlichen Begabungen, Stärken und Fähigkeiten zu erkennen, und zwar anhand von ein paar einfachen Aufgaben, die Spaß machen. Das Geheimnis mühelosen Erfolgs besteht darin, sich über Ihre einmaligen angeborenen Talente und Ihre Potenziale im Klaren zu sein. Denn wenn Ihnen eine Fähigkeit in die Wiege gelegt wurde, werden Sie mit entsprechender

Ausbildung und ein bisschen Übung Aufgaben oder Jobs bald meisterhaft er- und ausfüllen. Und die meisten Menschen empfinden es als persönliche Bereicherung und befriedigend, sich mit Dingen zu beschäftigen, die sie gut können. Das zu beherzigen ist einer der einfachsten Wege, eine Arbeit zu finden, die nicht nur gut bezahlt ist, sondern Ihnen auch Freude macht und Sie erfüllt. Ja, Sie haben richtig gelesen: Arbeit muss nicht unbedingt Plackerei sein, im Gegenteil: Wenn Sie sich in Ihrem Beruf abrackern, ist das ein sicheres Zeichen dafür, dass Sie Ihre wahren Talente und Fähigkeiten noch nicht entdeckt haben.

Als Nächstes werden wir Ihre Interessen, Werte und Leidenschaften unter die Lupe nehmen: das, wofür Sie brennen und worauf Sie sich so sehr freuen würden, dass Sie morgens voller Begeisterung aus dem Bett sprängen, wenn das Ihr Job wäre. Dann können Sie getrost auf die Schlummerfunktion Ihres Weckers und auf die unzähligen Tassen Kaffee verzichten, die Sie bisher immer brauchten, um morgens in Schwung zu kommen. Denn wenn Sie etwas machen, das Sie begeistert, sind Sie von Natur aus motiviert und brauchen nicht mehr die künstlichen Stimulanzien, mit denen Sie Ihren Arbeitstag bisher mühsam überstanden haben.

Anschließend werden wir herausfinden, an welchem Punkt in Ihrem Leben Sie momentan stehen. Wenn Sie gerade erst Ihr Examen in der Tasche haben, macht es Ihnen vielleicht Spaß, 80 Stunden pro Woche zu arbeiten. Sind Sie allerdings schon 65 und wollen allmählich etwas kürzertreten, wird eine derart lange Arbeitswoche für Sie nicht gerade verlockend sein. Darüber hinaus werden Sie einen Lebensplan und ein Karriereprofil für sich erstellen und sich darüber klarwerden, in welche Richtung es beruflich gehen soll.

Und schließlich werden wir uns überlegen, wie Sie die neue Laufbahn einschlagen oder in die Selbstständigkeit starten können. Wie finden Sie den Traumjob, von dem Sie inzwischen eine genaue Vorstellung gewonnen haben? Wie können Sie Ihre Hypotheken abzahlen und gleichzeitig ein eigenes Unternehmen gründen? Wie überwinden Sie Ihre Ängste? Welche praktischen Schritte müssen Sie unternehmen, um Ihre Traumkarriere in die Realität umzusetzen? Was für ein Netzwerk sollten Sie sich aufbauen, um Ihren beruflichen Wunschtraum zu verwirklichen? Und als besonderes Sahnehäubchen gibt's im Anschluss an Schritt 7 noch ein Kapitel mit zusätzlichen Tipps, wie Sie den Start in Ihre neue Karriere auf fast schon magische Weise beschleunigen können.

Bei der Lektüre werden Sie feststellen, dass ich an manche Kapitel unter der Überschrift »Erfolgsstorys« ausführliche persönliche Berichte einiger meiner Klientinnen und Klienten angehängt habe. Dort erfahren Sie wichtige Erfolgsgeheimnisse, nämlich wie sie, nachdem sie dieses Programm durchgearbeitet haben, ihre neue Karriere oder neues Geschäftsmodell gefunden beziehungsweise aufgebaut haben, wie sie also anhand meiner sieben Schritte den Sprung in ihre Traumkarriere geschafft oder ein eigenes Unternehmen gegründet haben. Im Anschluss an diese Erfolgsgeschichten finden Sie Interviews, die ich mit diesen Klienten geführt habe. Einige haben mir sogar erlaubt, ihren richtigen Namen zu nennen. Besuchen Sie ruhig auch einmal die Webseiten dieser Leute oder gehen Sie auf meine Homepage www.lifecoach.com.

Dort finden Sie weitere Erfolgsstorys von Klienten, die sich von mir coachen ließen. Viele Leute wenden sich an mich, weil sie frustriert sind oder beruflich auf der Stelle treten, einen Job ausüben, der sie weder ausfüllt noch befriedigt, auch wenn sie dabei vielleicht eine Menge Geld verdienen. Die Klienten, die in diesem Buch ihre Geschichte erzählen, sind ein gutes Beispiel dafür, auf wie vielfältige Art und Weise sich sehr verschiedene Menschen in unterschiedlichen Phasen ihres Lebens und ihres beruflichen Werdegangs mithilfe meines Sieben-Schritte-Programms eine für sich stimmige und persönlich befriedigende Karriere aufbauen können. All diese Klienten haben anhand meines Programms ein Tätigkeitsfeld gefunden oder ein Unternehmen gegründet, das zu ihrer Vorstellung von einem idealen Leben genau passt. Sie haben beruflich auch einen Weg eingeschlagen, der ihren wichtigsten Werten und Leidenschaften entspricht. Sie werden feststellen, dass manche meiner Klienten durchaus Wert auf ein gutes Einkommen legen und sich ein rentab les Geschäft oder eine profitable Karriere aufbauen konnten. Und sie alle leisten ihren Mitmenschen und der Welt jetzt einen viel besseren Dienst als vorher, weil sie sich mit Dingen beschäftigen, für die sie eine natürliche Begabung und jede Menge Begeisterung mitbringen. Das können Sie auch!

Denken Sie daran, dass das Leben ein wunderbares Experiment ist! Hoffentlich werden die Geschichten dieser Leute, die den Wechsel von einer ungeliebten Arbeit zur Traumkarriere erfolgreich gemeistert haben, Sie dazu motivieren, die praktischen Übungen in diesem Buch zu machen. Dafür muss man sich schon ein bisschen Zeit nehmen, aber es lohnt sich. Es spielt keine Rolle, ob Sie noch ganz am Anfang oder schon ziemlich weit oben auf der Karriereleiter stehen. Denn die Schritte, die Sie auf dem Weg zu Ihrem Traumjob bewältigen müssen, sind im Grunde immer die gleichen. Der Weg zum Erfolg besteht darin, zunächst einmal den ersten Schritt zu tun, auch wenn er Ihnen noch so klein und unbedeutend erscheinen mag – und dann immer weiter herumzuexperimentieren, bis Sie die für Sie richtige Tätigkeit gefunden haben. Also los – packen Sie es an!

SCHRITT 1

Perfektionieren Sie Ihr jetziges Leben

Wenn Ihr momentanes Leben eine Nummer zu klein für Sie ist, werden Sie es garantiert in den Sand setzen, nur um etwas zu tun zu haben.

ANONYM

Wenn Sie mit Ihrer jetzigen Arbeit nicht glücklich sind, kann es durchaus sein, dass Sie die Dinge ein bisschen schleifen lassen, auch wenn Ihnen das vielleicht gar nicht bewusst ist. Es ist völlig normal und verständlich, dieser Versuchung zu erliegen. Vielleicht ist Ihnen gar nicht bewusst, wie sehr Ihr Engagement nachgelassen hat. Womöglich kommen Sie morgens sichtlich missgestimmt zur Arbeit, oder Ihnen graut es schon beim bloßen Anblick Ihres Büros. Vielleicht sind Sie auch öfters zu spät, melden sich häufiger krank als früher oder achten nicht genügend auf Ihre Garderobe und Ihr äußeres Erscheinungsbild. Oder Sie erledigen Ihren Papierkram erst dann, wenn er sich zu hohen Stapeln aufgetürmt hat, und die Liste Ihrer unbeantworteten E-Mails wird immer länger. Vielleicht rufen Sie Ihre Kunden nicht so schnell zurück, wie Sie eigentlich sollten. All das ist völlig normal, denn es ist schwer, sein Bestes zu geben, wenn die Arbeit keinen Spaß macht. Eigentlich machen Sie mit Ihrem Verhalten nichts anderes, als auf (mehr oder weniger) subtile Weise Ihre Karriere zu sabotieren. Sie haben einfach keinen Bock, und vermutlich merkt man Ihnen das allmählich an. Das kann Sie in eine gefährliche Abwärtsspirale treiben – nicht nur beruflich, sondern auch privat. Wenn Sie immer müde, erschöpft und griesgrämig sind, wird es Ihrem Partner und Ihren Freunden vielleicht schwerfallen, Sie aufzuheitern. Irgendwann haben sie Ihre ständigen Klagen vermutlich satt und beenden die Beziehung oder distanzieren sich ausgerechnet dann von Ihnen, wenn Sie ihre Unterstützung am dringendsten brauchen. Und wenn Sie Ihren Job weiterhin so schlecht machen, werden Sie vielleicht Ihr Leben lang auf derselben Position verharren – oder irgendwann vor die Tür gesetzt werden. Unbewusst wünschen Sie sich das vielleicht sogar, aber eine Kündigung ist nicht unbedingt der beste Weg, die Arbeit zu finden, die Sie begeistert.

> *Es hat keinen Zweck, dreißig Jahre lang ein schlechter Schweinezüchter zu sein und zu sagen: »Eigentlich hätte ich Balletttänzer werden sollen.« Denn nach dreißig Jahren können Sie über Ihren Schweinezüchterhorizont nicht mehr hinaussehen.*
>
> QUENTIN CRISP

Wenn Sie alleinstehend sind, wäre ein Kündigungsschreiben vielleicht keine Katastrophe, wenn Sie jedoch eine Familie zu versorgen haben, kann der Verlust Ihres Jobs Sie in ernsthafte finanzielle Schwierigkeiten bringen. Versuchen Sie also lieber, eine Entlassung zu vermeiden, denn es ist immer einfacher, eine neue Karriere anzuziehen, wenn man in Lohn und Brot steht – selbst wenn man eine Tätigkeit nur als vorübergehende Notlösung betrachtet. Ein Job ist normalerweise besser als kein Job, denn potenzielle neue Arbeitgeber werden sich natürlich fragen, warum Sie arbeitslos sind. Wenn Sie hingegen eine feste Anstellung haben, deutet das zumindest darauf hin, dass Sie beruflich kompatibel sind.

Und dennoch gibt es keinen Grund, in Panik zu verfallen, wenn Sie Ihren Job verloren haben. Zurzeit gibt es so viele Arbeitslose, dass einer mehr oder weniger kaum auffällt. Es bietet sich eine Reihe von Möglichkeiten, für künftige Arbeitgeber attraktiv zu bleiben, worauf wir später noch zu sprechen kommen. Egal, was Sie derzeit machen: Sie sollten zunächst einmal versuchen, Ihre jetzige Situation so perfekt wie möglich zu gestalten. Eine schnellere Methode, um bessere berufliche Chancen und potenziell nützliche Kontakte anzuziehen, gibt es nicht.

Schaffen Sie Ordnung

Sie können am besten Platz für neue Karrierechancen schaffen, indem Sie sich von all dem alten Kram befreien, der nicht mehr zu Ihnen passt. Räumen Sie Ihren Schreibtisch auf, damit Sie startklar sind, wenn der ersehnte neue Job kommt. Werfen Sie alte Aktenordner weg, packen Sie wichtige Papiere und Dokumente zusammen und schicken Sie sie ins Archiv Ihres Unternehmens, falls sie aufbewahrt werden müssen. Entfernen Sie alle persönlichen Habseligkeiten aus Ihrem Schreibtisch. Leeren Sie die Eingangsbox Ihres E-Mail-Programms und löschen Sie alle Nachrichten, die Sie nicht mehr brauchen. Sorgen Sie dafür, dass Ihr Schreibtisch jeden Abend, wenn Sie das Büro verlassen, makellos sauber ist. Damit signalisieren Sie Ihrem Chef, dass Sie Ihre Arbeit im Griff haben und für eine verantwortungsvollere Aufgabe bereit sind.

Aufräumen ist die perfekte Methode, neue und bessere Chancen anzuziehen, sodass Sie am besten auch gleich die Unordnung bei sich zu Hause beseitigen sollten. Einige meiner Klienten machten die Erfahrung, dass sich wie von selbst fantastische neue Möglichkeiten einstellten, sobald sie anfingen, sich von ihrem alten Gerümpel zu befreien. Vielleicht sieht es nicht unbedingt danach aus, dass Sie auf der Suche nach einem neuen Job sind, wenn Sie am Wochenende Ihre Garage aufräumen. Es ist jedoch tatsächlich einer der sinnvollsten Schritte auf Ihrem Weg zum beruflichen Neustart.

Meine Lebensphilosophie lautet: Sie sind nicht nur für Ihr Leben verantwortlich, sondern indem Sie jetzt, in diesem Augenblick Ihr Bestes geben, schaffen Sie auch die besten Voraussetzungen für den nächsten Augenblick.

OPRAH WINFREY

Ich hänge ziemlich an meinem alten Kram, denn ich bin Teil einer langen Ahnenreihe unverbesserlicher Messies. Doch zum Glück gibt es ein paar sehr wirksame Heilmittel gegen dieses Laster: Erstens stellen sich die meisten Leute die falsche Frage, wenn es darum geht, ob sie etwas behalten oder wegwerfen sollen. Sie wollen wissen: »Könnte ich dieses Ding irgendwann noch einmal brauchen?« Das Problem dabei ist, dass man diese Frage immer mit Ja beantworten kann. Sie haben zwar keine Ahnung, wozu Sie den betreffenden Gegenstand vielleicht eines Tages benötigen könnten, aber man weiß ja nie … Also räumen Sie ihn von einer Ecke in die andere, statt ihn zu entsorgen. Eine viel sinnvollere Frage wäre: »Habe ich dieses Teil in den letzten sechs Monaten irgendwann einmal benutzt?« Wenn nicht (Weihnachtsschmuck oder ein Paar Skier ausgenommen) – weg damit! Handelt es sich um einen Gegenstand zu Dekorationszwecken wie beispielsweise ein Gemälde, können Sie sich fragen: »Habe ich Freude daran, es anzuschauen?« Wenn nicht, wird es ebenfalls ausrangiert. Mithilfe dieser beiden Fragen kann ein durchschnittlicher Messie problemlos etwa 50 Prozent seines Gerümpels entsorgen. Wenn es Ihnen immer noch schwerfallen sollte, sich von Ihren Habseligkeiten zu trennen, und Sie sich Sorgen machen, dass Sie sie vielleicht irgendwann wieder brauchen könnten, packen Sie sie in Kartons, schreiben Sie das heutige Datum darauf und verstauen Sie sie im Keller oder in der Garage. Dann tragen Sie in Ihrem Terminkalender ein, dass Sie den Kram ein halbes Jahr später dem Roten Kreuz oder irgendeiner anderen Wohltätigkeitsorganisation spenden werden – und halten sich dann auch daran. Geben Sie nicht – bitte nicht – der Versuchung nach, die Schachtel zu öffnen. Wenn Sie es sechs Monate lang ohne dieses Zeug ausgehalten haben, brauchen Sie es nicht mehr. Aber wenn Sie den Deckel aufmachen, werden Sie garantiert Dinge herausziehen, die Sie lieber doch noch behalten möchten – und fangen wieder an, Ihr Leben zuzumüllen.

Eine andere sehr hilfreiche Strategie besteht darin, Ihre Sachen zahlenmäßig zu begrenzen oder von allem nur ein bis zwei Ersatzstücke zu haben. Nehmen Sie sich zum Beispiel vor, nicht mehr als 20 Paar Schuhe zu besitzen. Wenn Sie sich ein neues Paar kaufen, müssen Sie dafür ein altes wegwerfen. Es ist einfacher, etwas Altes zu entsorgen, wenn Sie sich beim Kauf eines neuen Teils grundsätzlich fragen: »Stellt es eine Verbesserung dar?« Wenn nicht, warum kaufen Sie es dann? Bei Bettwäsche und Handtüchern können Sie die Zwei-Ersatzstücke-Regel anwenden. Ich habe für jedes Bett eine Garnitur Bettwäsche und zwei weitere zum Wechseln. Sie können überzählige Wäsche leicht aussortieren, indem Sie Ihre drei Lieblingsgarnituren auswählen. Alles, was zerrissen, beschädigt, fleckig oder zerschlissen ist, sollten Sie entweder entsorgen, ausbessern oder recyceln.

Im Feng-Shui – jener uralten Kunst, unser Zuhause und unser Büro so zu gestalten, wie es für uns am günstigsten ist – steht Gerümpel für stagnierende Energie. Jede Unordnung in Ihrem Leben behindert den Energiefluss. Beseitigen Sie also das Chaos bei sich zu Hause und am Arbeitsplatz, und ich garantiere Ihnen, dass etwas Neues in Ihr Leben treten wird – vielleicht die Aussicht auf einen neuen Job oder ein neues Geschäft.

Immer wenn ich denke, dass es an der Zeit ist, neue Klienten zu finden, brauche ich nur meine Aktenordner auszumisten und alte E Mails zu löschen – und siehe da: Schon ruft ein potenzieller neuer Kunde an oder schickt mir eine Nachricht. Ich weiß, das klingt nach Hokuspokus – aber es funktioniert. Der Natur widerstrebt Leere, wenn Sie also für ein Vakuum sorgen, werden Sie neue Dinge, Menschen und Möglichkeiten fast mühelos anziehen. Solange Sie sich immer im gleichen Trott bewegen, sollten Sie damit anfangen, Ihr Leben auszumisten, dann wird sich an Ihrer Situation bald etwas ändern.

Zum Schluss noch ein kleiner Tipp: Wenn Sie von Natur aus eher Messie als Minimalist sind, empfehle ich Ihnen dringend, einen Freund oder Professional Organizer um Hilfe zu bitten – dann geht die Entrümpelungsaktion viel schneller vonstatten und ist auch weniger schmerzhaft.

Meistern Sie alle Aspekte Ihres Berufslebens

Das Erfolgsgeheimnis zur Anziehung besserer Chancen im Beruf besteht darin, erst einmal Ihren *jetzigen* Job zu perfektionieren. Das heißt, dass Sie ihn zu 100 Prozent erfüllen sollten. Auch wenn es noch so paradox klingt: der schnellste Weg aus Ihrer jetzigen Tätigkeit besteht darin, alles zu geben, die Herausforderung zu meistern. Solange Sie sich nicht erklären können, warum Sie in Ihrem Job auf der Stelle treten, gibt es dabei vielleicht einen Aspekt, den Sie noch nicht richtig im Griff haben. Besteht womöglich ein Problem mit einem Kollegen oder Vorgesetzten? Vielleicht sind Sie immer noch in diesem Job, um etwas zu lernen: mit einem pedantischen Chef, einem ätzenden Kollegen oder den Tücken einer bestimmten Firmenpolitik umzugehen. Wenn Sie diese Herausforderung nicht meistern, nützt es Ihnen gar nichts, eine andere Stelle zu finden, denn dort werden Sie bald die gleichen Schwierigkeiten haben – der pedantische Boss hat dann eben nur einen anderen Namen. Doch sobald Sie das Problem an Ihrem Arbeitsplatz, vor dem Sie davonlaufen oder den Kopf in den Sand stecken wollten, gelöst haben, wird sich die nächste Jobmöglichkeit wie von selbst ergeben – weil Sie sie mit Ihrem neuen Verhalten *anziehen*. Das geht normalerweise sehr schnell. Manchmal müssen meine Klienten nur diesen ersten Schritt vollziehen (ihr jetziges Leben perfektionieren), und schon werden sie befördert – denn plötzlich sieht der Chef, dass sie mit neuer Energie und bisher ungekanntem Engagement an ihre Arbeit gehen. Natürlich weiß er nicht, dass sie diese Energie nur entfalten, um sich beruflich zu verändern. Also befördert er den fleißigen Mitarbeiter oder gibt ihm interessantere Aufgaben. Oder aber der Mann weckt mit seinem Arbeitseifer das Interesse der Konkurrenz oder wird von einem der Kunden eingestellt.

> *Ich will den Käse gar nicht haben, ich will nur aus dieser Falle raus.*
>
> **SPANISCHES SPRICHWORT**

Das gibt es tatsächlich: Als ich noch bei der Chase Bank arbeitete, machte ein Kundenberater seine Sache so gut und mit solch einer Begeisterung, dass einer seiner Kunden ihm kurzentschlossen einen Job anbot und ihn mit einem viel höheren Gehalt von seinem alten Arbeitgeber weglockte! Hätte er seinen Job lustlos erledigt oder sich ständig darüber beklagt, so hätte er gewiss nicht das Interesse seines neuen Chefs geweckt. Tatsächlich könnte Ihre nächste berufliche Chance durchaus von einem Ihrer jetzigen Klienten oder Kunden an Sie herangetragen werden. Oder Sie stellen fest, dass Ihr jetziger Job Ihnen nun, da Sie ihn perfektioniert haben, plötzlich Freude bereitet, und beschließen, ihn nicht aufzugeben.

Wenn meine Klienten mit einer Liste von Zielen zu mir kommen, die sie im laufenden Jahr erreichen möchten, enthält sie häufig nicht das, was ihre Lebensqualität am meisten verbessern würde. Wir neigen nämlich dazu, falsche Ziele zu setzen – wir streben nach Dingen, die wir unserer Meinung nach haben *sollten*, und nicht nach denen, die wir wirklich brauchen oder wollen. Womöglich glauben Sie, dass Ihr Leben perfekt wäre, wenn Sie einen fantastischen Job hätten, dabei sollten Sie vielleicht lieber erst mal für ausreichend Elan und Lebensenergie sorgen. Die optimale Vorgehensweise ist nicht immer leicht zu erkennen, also nehmen Sie sich Zeit, die einfachen Quizfragen auf den nächsten Seiten zu beantworten. Damit erfahren Sie, worauf Sie Ihr Augenmerk richten müssen, um den Weg zur für Sie idealen Berufs- oder Karrierechance zu finden.

Quiz zur Vervollkommnung Ihres jetzigen Lebens

Und so wird es gemacht: Notieren Sie für jede der folgenden Aussagen entweder ein R (für »richtig«) oder ein F (für »falsch«). Für jedes R bekommen Sie einen Punkt, die Sie für jede einzelne Kategorie zusammenzählen.

VITALITÄT UND LEBENSENERGIE

______ Ich schlafe genug. Ich bin nicht müde.
______ Ich nehme jeden Tag gesunde, frische Nahrungsmittel und Gemüse zu mir.
______ Meine Cholesterinwerte sind in Ordnung.
______ Ich trinke den ganzen Tag über gefiltertes oder gereinigtes Wasser. Ich bin nie dehydriert.
______ Ich treibe dreimal pro Woche oder noch öfter Sport.
______ Ich habe alle Stressfaktoren aus meinem Leben verbannt.
______ Ich habe jeden Tag etwas, worauf ich mich freuen kann.
______ In meinem Leben gibt es nichts, was Energie zehrt.
______ Ich mache jedes Jahr mindestens viermal Urlaub.
______ Ich halte mich an einen Ernährungsplan, der genau auf meinen Körper zugeschnitten ist.

Anzahl der Punkte für Zutreffendes:______ (höchstens 10)

ZEIT UND RAUM

______ Ich bin bei beruflichen oder privaten Verabredungen immer zehn Minuten zu früh da.
______ Ich habe einen Assistenten, der die privaten und geschäftlichen Dinge, um die ich mich nicht kümmern möchte, für mich regelt.
______ Ich verspreche lieber nicht zu viel und erledige so meine Arbeit schneller als angekündigt. Wenn ich zum Beispiel das Gefühl habe, eine Aufgabe innerhalb einer Woche zu bewältigen, sage ich dem Chef zu, sie innerhalb von zwei

Wochen fertig zu haben. Und dann gebe ich die Arbeit vorzeitig ab.

______ Ich nehme mir jeden Tag mindestens zehn Minuten Zeit, um einfach nur dazusitzen und gar nichts zu tun oder zu meditieren.

______ Ich kann leicht nein sagen und habe gelernt, Bitten auf liebenswürdige Weise abzulehnen.

______ Ich nehme mir regelmäßig Abende und Wochenenden frei.

______ Ich räume mir jeden Tag ein bis zwei Stunden ein, in denen ich keine Termine und Verpflichtungen habe.

______ Ich habe einen Lebensplan. Ich muss nicht unbedingt alles innerhalb dieses Jahres erledigt haben.

______ Ich bezahle meine Rechnungen online oder automatisiert via Dauerauftrag oder Lastschriftverfahren.

______ Ich bestelle Lebensmittel für mich online und lasse sie mir jede Woche nach Hause liefern.

Anzahl der Punkte für Zutreffendes:______ (höchstens 10)

LIEBE UND BEZIEHUNGEN

______ Ich behandle alle Menschen mit großem Respekt.

______ Ich kenne fünf sehr erfolgreiche Leute, von denen ich mir jederzeit Rat und Unterstützung holen kann.

______ Meine persönlichen und emotionalen Bedürfnisse sind hundertprozentig erfüllt. (Falls Sie sich nicht sicher sein sollten, was für Bedürfnisse Sie haben, machen Sie das kostenlose »Emotional Index Quiz« auf meiner Webseite www.lifecoach.com.)

______ Ich habe alle Beziehungen beendet, die mich zu viel Energie gekostet oder mir geschadet haben.

______ Ich habe allen Menschen, die mich gekränkt oder mir geschadet haben, hundertprozentig verziehen, egal, ob sie es mit Absicht getan haben oder nicht.

______ Ich habe mich bei allen Menschen, die ich gekränkt oder denen ich geschadet habe, entschuldigt oder mein Fehlverhalten wiedergutgemacht, egal, ob es auf Absicht beruhte oder nur ein Versehen war.

______ Ich habe das Gefühl, genügend Zeit mit meiner Familie/meinen Kindern/Freunden zu verbringen.

______ Ich habe einen besten Freund oder Seelenverwandten.

______ In meinem Leben gibt es niemanden, der mich versucht zu verändern.

______ Ich bekomme von den Menschen in meinem näheren Umfeld genug Liebe, um mich großartig zu fühlen.

Anzahl der Punkte für Zutreffendes: ______ (höchstens 10)

GELD UND FINANZEN

______ Zurzeit spare ich mindestens 10 Prozent meines Einkommens.

______ Ich bezahle meine Rechnungen immer pünktlich oder zu einem früheren Zeitpunkt.

______ Ich lege jeden Monat genügend Geld beiseite, um eines Tages finanziell unabhängig zu sein.

______ Mein Einkommen ist stabil und planbar.

______ Ich lebe nicht über meine Verhältnisse und gebe nicht zu viel Geld aus.

______ Ich habe bisher immer alles, was ich mir von anderen Leuten geborgt habe, zurückgezahlt.

______ Ich habe auf meinem Girokonto oder einer Sparanlage einen Betrag zurückgelegt, der die Lebenshaltungskosten für sechs Monate deckt.

______ Ich bin beruflich oder geschäftlich auf einem Weg, der sich finanziell und persönlich für mich lohnt oder jedenfalls bald lohnen wird.

______ Ich habe meine Kreditkarte nicht überzogen und auch sonst keine Schulden, die ich nicht zurückzahlen kann.

______ Mein Testament ist auf dem neuesten Stand, und ich habe darin für den Fall meines Ablebens alles genau geregelt.

Anzahl der Punkte für Zutreffendes: ______ (höchstens 10)

ZUHAUSE UND KOMFORT

______ Mein Zuhause ist sauber und komfortabel.
______ Mir gefallen alle Zimmer meiner Wohnung oder meines Hauses.
______ Ich habe einen besonderen Platz, wo ich mich entspannen oder bequem hinkuscheln kann.
______ Ich habe genügend Platz für neue Anschaffungen, Gäste usw.
______ Ich mache jeden Tag mein Bett.
______ In meiner Wohnung, im Keller oder auf dem Dachboden gibt es nichts, was ich nicht brauche oder woran ich keine Freude habe.
______ Ich lebe in einer Gegend, die mir gefällt.
______ Ich habe mein Schlafzimmer (Matratze, Licht, frische Luft usw.) so gestaltet, dass es mir den bestmöglichen Schlaf ermöglicht.
______ Ich liebe mein Zuhause.
______ Was meine eigenen vier Wände angeht, bin ich kompromisslos: Da muss alles hundertprozentig stimmen.

Anzahl der Punkte für Zutreffendes: _______ (höchstens 10)

GESUNDHEIT UND EIGENFÜRSORGE

______ Ich gönne mir jede Woche eine Massage oder physiotherapeutische Behandlung.
______ Mein Gewicht bewegt sich im gesunden Rahmen.
______ Ich mag meinen Körper so, wie er ist.
______ Mein Haar und meine Fingernägel sehen gut aus.
______ Meine Bettwäsche hat eine Fadenzahl von mindestens 300.
______ Ich meditiere täglich oder führe Tagebuch.
______ Ich habe keine ungesunden Angewohnheiten oder Laster (Koffein, Alkohol, Zucker, Fernsehen, Zigaretten).
______ Ich gehe jeden Tag einer sportlichen Betätigung nach, die mir Spaß macht.

_______ Ich trage eine qualitativ hochwertige Sonnenbrille, um meine Augen zu schützen.
_______ Ich bin oft genug an der Sonne oder nehme täglich ein Nahrungsergänzungsmittel mit Vitamin D ein (zum Beispiel Lebertran).

Anzahl der Punkte für Zutreffendes: _______ (höchstens 10)

KARRIERE UND BERUFLICHE CHANCEN

_______ Ich kenne meine angeborenen Stärken und Fähigkeiten. Alles, was ich nicht so gut kann, delegiere ich an andere.
_______ Ich gehe einer Tätigkeit nach beziehungsweise verfolge eine Karriere, die mich finanziell und persönlich befriedigt.
_______ Ich habe einen Mentor und/oder Coach, der mich beim Erreichen meiner Ziele unterstützt.
_______ Ich komme gut mit meinen Kollegen und Vorgesetzten aus.
_______ Ich beherrsche mein Handwerk/meine beruflichen Fertigkeiten/meinen Job aus dem Effeff.
_______ Ich verfüge über ein gutes Netzwerk erfolgreicher Leute, auf deren Hilfe ich zählen kann, wenn ich sie brauche.
_______ Ich investiere stets 10 Prozent meiner Zeit und meines Geldes in die Weiterentwicklung und Vervollkommnung meiner Stärken und Fachkönnen.
_______ Ich ziehe Erfolg ganz von selbst an – ich brauche mich nicht darum zu bemühen oder ihm nachzujagen.
_______ Ich verfüge über alle Werkzeuge und Hilfsmittel, die ich brauche, um meine Arbeit gut machen zu können (ergonomische Tastatur, rückenfreundlicher Schreibtischstuhl usw.).
_______ Ich umgebe mich mit Leuten, die mich geistig anregen und unterstützen.

Anzahl der Punkte für Zutreffendes: _______ (höchstens 10)

ANZIEHUNGSKRAFT

______ Ich ziehe mühelos die zu mir passenden Personen und die für mich am besten geeigneten Chancen an. Ich muss mich nicht verkaufen oder Menschen umwerben.

______ Ich höre nicht einfach nur zu, sondern nehme die Worte meines Gesprächspartners in mir auf. Ich habe Verständnis für meine Mitmenschen.

______ Ich bin sehr spontan und habe keine Angst davor, offen meine Meinung zu sagen.

______ Ich bin dankbar für die Menschen in meinem Leben, und sie spüren diese Wertschätzung.

______ Für mich kommen Menschen an erster Stelle und Ergebnisse erst an zweiter.

______ Ich räume meinen persönlichen und emotionalen Bedürfnissen oberste Priorität ein.

______ Ich setze meinen Mitmenschen strengere Grenzen, als ich eigentlich müsste.

______ Ich schenke den Leuten immer das, was sie sich wirklich wünschen.

______ Es bereitet mir keine Mühe, mit meiner Zeit, meinem Geld und meiner Aufmerksamkeit großzügig umzugehen, das liegt in meiner Natur.

______ Ich möchte manchmal zu viel, doch eigentlich muss es nicht sein. Ich bin frei.

Anzahl der Punkte für Zutreffendes: ______ (höchstens 10)

GLÜCK UND FREUDE

______ Ich beginne und beende jeden Tag mit einer Art Ritual, das mir guttut und Freude macht.

______ Ich empfinde meine berufliche Tätigkeit als sehr befriedigend. Eigentlich freue ich mich jeden Tag darauf, mich an die Arbeit zu machen.

______ Ich kann auch die kleinen Dinge des Lebens genießen (eine gute Tasse Tee, den Sonnenuntergang, die ersten Schneeflocken, ein Schaumbad).

______ Ich kenne meine Stärken und vergeude keine Zeit mit dem Versuch, meine Schwächen zu überwinden. Ich weiß, dass meine Stärken ausreichen. Ich muss nicht alles gut können.

______ Ich habe alle Aufgaben, die ich als unangenehm empfinde (Putzen, Kochen, Steuererklärung usw.), delegiert, automatisiert oder systematisiert.

______ Es gibt nichts, wovor ich mich fürchte oder was ich verdränge. Ich habe mit allen Problemen aus der Vergangenheit abgeschlossen.

______ Ich bin darüber hinaus, nach Erfolg zu streben. Ich genieße einfach mein Leben und konzentriere mich auf die Dinge, die mich erfüllen.

______ Ich lasse mich bei all meinen Entscheidungen vom Spaßfaktor leiten: Zu Dingen, die mir keine Freude machen oder die ich nicht in meinem Leben haben möchte, sage ich nein.

______ Ich habe einen Kreis enger Freunde und Angehöriger, die ich liebe und mit denen ich gerne zusammen bin.

______ Ich weiß, was mich glücklich macht, und widme mich dem regelmäßig.

Anzahl der Punkte für Zutreffendes: ______ (höchstens 10)

Und nun vergleichen Sie die Punktzahl der einzelnen Kategorien miteinander. An dem Bereich, wo Sie die wenigsten Punkte erreicht haben, müssen Sie vermutlich am meisten arbeiten.

Auswertung

VITALITÄT UND LEBENSENERGIE

0–5 Punkte: Ihr Energie- und Vitalitätspegel ist zu niedrig. Es gibt keinen Grund, warum Sie sich mit diesem Manko abfinden sollten.

Ihr Leben wird Ihnen leichter von der Hand gehen, wenn Sie dieses Defizit beheben. Gönnen Sie sich den Luxus, alle Stressfaktoren in Ihrem Leben auszuschalten, und gehen Sie in Zukunft fürsorglicher mit sich selber um. Überlegen Sie, auf welche Aktivitäten Sie verzichten, welche Sie auf später verschieben oder delegieren können. Bitten Sie Freunde und Angehörige um Hilfe oder engagieren Sie jemanden dafür, wenn Sie Ihr Arbeitspensum nicht allein bewältigen können. Stellen Sie den Fernseher in den Wandschrank und gehen Sie abends zeitiger ins Bett, damit Sie morgens früher aufstehen und meditieren, spazieren gehen oder Sport treiben können.

6–10 Punkte: Weiter so! Je mehr Energie Sie haben, umso leichter werden Ihnen die Dinge gelingen, die Sie in Ihrem Leben verwirklichen möchten.

ZEIT UND RAUM

0–5 Punkte: Sie laufen herum wie ein kopfloses Huhn. Vielleicht sind Sie süchtig nach dem Adrenalinstoß, der immer dann erfolgt, wenn Sie zu spät dran sind, gerade noch in letzter Minute auftauchen oder sich dauernd zu viel vornehmen. Kommen Sie in Zukunft doch einfach zu jeder Verabredung zehn Minuten zu früh, dann werden Sie das Gefühl haben, dass Ihnen mehr als genug Zeit zur Verfügung steht. Wenn Sie ständig unter Stress stehen oder permanent beschäftigt sind, entgehen Ihnen wichtige Chancen. Versuchen Sie, auf Koffein zu verzichten, ebenso wie von Ihrer Adrenalinsucht wegzukommen. Lernen Sie, nein zu sagen – und sagen Sie es oft.

6–10 Punkte: Gut gemacht! Schaffen Sie sich weiterhin zeitlich Freiraum, dann werden Sie noch interessantere berufliche Chancen anziehen als bisher. Kreativität braucht Zeit und Raum. Nehmen Sie sich für alles mehr als genug Zeit, so bekommen Sie Zugang zu Ihrer angeborenen Kreativität.

LIEBE UND BEZIEHUNGEN

0–5 Punkte: Vielleicht ist Ihnen nicht klar, dass Sie mit Ihren unerfüllten persönlichen und emotionalen Bedürfnissen die Liebe und die Menschen, die Sie am allermeisten anziehen möchten, von sich wegtreiben. Aber keine Angst: dieses Problem lässt sich leicht beheben. Absolvieren Sie das Persönliche-Bedürfnisse-Quiz in Schritt 2 oder dessen Online-Version unter www.lifecoach.com, und lernen Sie Ihre vier wichtigsten Bedürfnisse kennen. Als Nächstes tun Sie etwas dafür, um sich diese auf gesunde, angemessene Art und Weise zu erfüllen. Vorschläge dazu finden Sie im Abschnitt »Literaturhinweise und sonstige Tipps« im Anhang dieses Buches. Denn wenn Sie auch nur ein kleines bisschen »bedürftig« sind, werden Sie Menschen und Chancen eher abstoßen, statt sie anzuziehen. Also sorgen Sie für die Erfüllung Ihrer Bedürfnisse!

6–10 Punkte: Gut! Sie achten auf Ihre persönlichen Grenzen und sind von Menschen umgeben, denen Sie wichtig sind und die Sie lieben. Sie geben sich nicht mit Personen ab, die eine negative Ausstrahlung haben, und haben allen Menschen verziehen, von denen Sie irgendwann einmal gekränkt wurden.

GELD UND FINANZEN

0–5 Punkte: Sie haben mit finanziellen Schwierigkeiten zu kämpfen, so kann man nicht leben. Es ist unmöglich, Ihr Bestes zu geben, wenn Sie hinsichtlich dessen ständig Sorgen haben. Aber dieses Problem lässt sich lösen. Schränken Sie sich mehr ein: Reduzieren Sie Ihre Ausgaben so lange um 50 Prozent, bis Sie mehr als genug verdienen, um alle Ihre Rechnungen bezahlen zu können. Finanzielle Besorgtheit kann Ihrer Gesundheit und Ihren Beziehungen schaden – und das ist es nicht wert. Also tun Sie alles, was notwendig ist, um diesbezüglich wieder auf die Beine zu kommen. Wenn Sie ein Schuldenberg drückt, wenden Sie sich an eine gemeinnützige Schuldnerberatungsstelle. Fangen Sie an, jeden Monat 10 Prozent Ihres Einkommens zu sparen, auch wenn Sie Verbindlichkeiten haben. Halten Sie alle Ihre Ausgaben peinlich genau in einem speziell dafür vorgesehenen Heft fest, und verzichten Sie ab sofort auf alle unnötigen Aufwendungen. Sie können aus Ihren Schulden herauskommen und Ihre finanzielle Krise überwinden. Nähere Informationen dazu finden Sie im Abschnitt »Literaturhinweise und sonstige Tipps« dieses Buches oder auf meiner Webseite www.lifecoach.com.

6–10 Punkte: Sie sind auf dem richtigen Weg. Als Nächstes möchten Sie vielleicht finanzielle Unabhängigkeit erreichen, so viel Geld oder so ergiebige Einnahmequellen haben, dass Sie für Ihren Lebensunterhalt nicht mehr arbeiten müssen. Mehr Tipps dazu finden Sie in meinem ersten Buch *Coach dich selbst, sonst coacht dich keiner.*

ZUHAUSE UND KOMFORT

0–5 Punkte: Ihr Zuhause schenkt Ihnen kein Gefühl der Geborgenheit, sondern ist nur noch ein zusätzlicher Stressfaktor für Sie. Tun Sie Ihr Möglichstes, um es zu Hause sauber und ordentlich zu haben, auch wenn Sie dafür eine Putzhilfe engagieren müssen. Wenn Sie alleinerziehende Mutter oder alleinerziehender Vater sind, brauchen Sie vielleicht mehr Hilfe im Haushalt, als Sie glauben. Selbst wenn Ihre Putzfrau nur einmal im Monat kommt, um Ihnen bei der gröbsten Arbeit zu helfen, ist das schon ein Schritt in die richtige Richtung. Nehmen Sie sich Zeit, Ihr Zuhause zu einem Zufluchtsort zu machen, an dem Sie sich von einer Sekunde auf die andere entspannen können.

6–10 Punkte: Gut gemacht! Ihr Haus bzw. Ihre Wohnung ist gemütlich und komfortabel – genau der richtige Ort, um zu relaxen und neue Energie zu tanken. Je mehr Punkte Sie in dieser Rubrik erzielt haben, umso mehr Energie können Sie in Ihren eigenen vier Wänden tanken. Jetzt ist es an der Zeit, Ihr Zuhause noch weiter zu vervollkommnen, ein Zimmer nach dem anderen – so lange, bis Sie davon hundertprozentig begeistert sind.

GESUNDHEIT UND EIGENFÜRSORGE

0–5 Punkte: Sie investieren einfach nicht genügend Zeit und Geld in Ihre Gesundheit sowie die Sorge für sich selbst. Schließlich haben Sie nur einen Körper, der ein Leben lang halten muss, räumen Sie Ihrer Gesundheit also oberste Priorität ein. Bei schlechter Gesundheit können wir weder unsere Beziehungen noch unsere Arbeit noch unser Leben richtig genießen. Falls es Ihnen schwerfallen sollte, Ihren »inneren Schweinehund« zu überwinden, engagieren Sie einen Personal Trainer, der im Fitnessstudio ein entsprechendes Programm für Sie zusammenstellen kann. Oder lassen Sie sich von einer Ernährungsberaterin einen Essensplan erstellen, dann sind Sie schon auf dem richtigen Weg.

6–10 Punkte: Vielleicht ist Ihnen auch schon aufgefallen, dass Ihre Mitmenschen sich umso mehr um Sie kümmern, je besser Sie für sich selbst sorgen! Jetzt ist es an der Zeit, mit Ihrer Eigenfürsorge noch einen Schritt weiter zu gehen. Gönnen Sie sich ruhig ab und zu mal eine Wellness-Anwendung oder Massage.

KARRIERE UND BERUFLICHE CHANCEN

0–5 Punkte: Es gibt keinen Grund, warum es Ihnen jeden Tag davor grauen sollte, zur Arbeit zu gehen. Die meisten Menschen sind in der Lage, eine Tätigkeit zu finden, die sie ausfüllt und ihnen auch finanziell genügend einbringt. Es lohnt sich, ein bisschen Nabelschau zu betreiben und sich über Ihre angeborenen Fähigkeiten klarzuwerden. Dann werden Sie erkennen, welche berufliche Laufbahn am besten zu Ihrem Arbeitsstil und Ihrem Charakter passt. Sie haben sich genau für das richtige Buch entschieden! Im Abschnitt »Literaturhinweise und sonstige Tipps« im Anhang dieses Buches oder auf meiner Webseite www.lifecoach.com finden Sie weitere Informationen und hilfreiche computergestützte Persönlichkeitstests.

6–10 Punkte: Sie sind bereits auf dem richtigen Weg zu einer befriedigenden Karriere. Herzlichen Glückwunsch! Investieren Sie weiter in Fortbildung und Weiterentwicklung, damit Ihr Wissen nicht veraltet, was in der heutigen schnelllebigen Zeit sehr rasch passieren kann. Nutzen Sie lieber Ihre Stärken, statt gegen Ihre Schwächen anzukämpfen – was Sie nicht so gut können, sollten Sie lieber verantwortungsvoll delegieren. Sie gewinnen eher, wenn Sie sich auf Ihre angeborenen Stärken konzentrieren und diese weiter vervollkommnen, als wenn Sie versuchen, an Ihren Schwächen zu arbeiten.

ANZIEHUNGSKRAFT

0–5 Punkte: Sie strengen sich viel mehr an, als notwendig ist, um den gewünschten Erfolg zu erzielen. Das Leben kann auch einfacher sein. Hören Sie auf zu kämpfen und beginnen Sie, die Menschen, die Liebe und die Chancen, nach denen Sie sich sehnen, wie von selbst anzuziehen. Dafür müssen Sie aber erst einmal Ihre unerfüllten persönlichen Bedürfnisse kennenlernen. Sobald Sie diese Frage geklärt haben, werden Sie staunen, wie leicht Ihnen das Leben plötzlich fällt. Dann werden Sie nämlich in Ihrem Privat- und Berufsleben automatisch positivere Menschen und bessere Chancen anziehen.

6–10 Punkte: Herzlichen Glückwunsch! Sie haben aufgehört zu kämpfen und ziehen die Menschen und Chancen, die Sie sich wünschen, automatisch an. Um in diesem Fluss der Mühelosigkeit zu bleiben, sollten Sie Ihrem zwischenmenschlichen Umfeld Ihre Dankbarkeit zeigen. Bedanken Sie sich mindestens fünfmal am Tag mit netten kleinen Botschaften, Mails oder Anrufen.

GLÜCK UND FREUDE

0–5 Punkte: Vielleicht sind Sie so beschäftigt, dass Sie den Kontakt zu den einfachen Dingen des Lebens verloren haben, die Ihnen Freude und Vergnügen bereiten. Führen Sie ab heute zehn neue Alltagsfreuden in Ihr Leben ein (zum Beispiel ein heißes Schaumbad, ein Picknick zum Lunch im Stadtpark, einen flotten Spaziergang mit dem Hund usw.). Denken Sie darüber nach, welche Aktivitäten Sie glücklich machen. Wenn Sie sich diesen Dingen nicht regelmäßig widmen, ist es kein Wunder, dass Sie nicht richtig fröhlich sind.

6–10 Punkte: Gut gemacht! Sie haben Ihr Leben bereits so weit entschleunigt, dass Sie die kleinen Freuden des täglichen Lebens genießen können. Sie sind weise genug, um zu wissen, dass es beglückt, Emotionen nachzugeben – traurig zu sein, wenn Sie traurig sind, und wütend, wenn Sie wütend sind. So haben Sie das Gefühl, dass das Hier und Jetzt perfekt ist – selbst dann, wenn es gerade nicht zutrifft.

Herzlichen Glückwunsch! Nun, da Sie die Quizfragen zur Vervollkommnung Ihres jetzigen Lebens beantwortet haben, sind Ihnen wahrscheinlich ein paar Bereiche aufgefallen, um die Sie sich mehr kümmern sollten. Ideal wäre es, wenn Sie das Quiz jede Woche wiederholen und jeweils ein bis drei Punkte dazugewinnen könnten. Keine Sorge: das können Sie auch dann erledigen, wenn Sie die Schritte für Ihre berufliche Neuorientierung durcharbeiten.

Lösen Sie die Probleme mit Kollegen und Vorgesetzten

Der nächste Schritt zur Vervollkommnung Ihrer jetzigen Situation besteht darin, Probleme mit Ihrem Chef oder den Kollegen anzugehen. Damit ist eine sehr wichtige Voraussetzung erfüllt, um den Weg zu Ihrer Traumkarriere zu finden. Manche meiner Klienten möchten ihren Job kündigen, weil sie ihren Vorgesetzten oder andere Mitarbeiter nicht mögen. Falls das bei Ihnen auch so sein sollte, habe ich eine schlechte Nachricht für Sie: Wenn Sie nicht lernen, Ihre aktuelle Situation in den Griff zu bekommen, werden Sie sich mit Ihrem nächsten Job wahrscheinlich in genau der gleichen Lage befinden. Das Leben ist ein strenger Lehrmeister, wenn Sie mit einem bestimmten Problem nicht klarkommen, dürfen Sie nicht über LOS gehen und bekommen auch Ihre 200 Euro nicht ausbezahlt. Vielleicht haben Sie irgendwann tatsächlich einen neuen Job sowie einen neuen Chef – dennoch werden die alten Schwierigkeiten und Konflikte sehr bald wieder auftauchen. Und ich habe noch eine weitere schlechte Nachricht: Es liegt nicht an den anderen, sondern an Ihnen. Nehmen wir beispielsweise an, Ihr Boss ist ein Pedant, der Ihnen bis ins kleinste Detail vorschreibt, wie Sie Ihre Arbeit zu machen haben, was Sie nicht leiden können, weshalb Sie sich innerlich dagegen wehren. Ein innerer Widerstand zeigt sich am Arbeitsplatz normalerweise in Form von passiv-aggressivem Verhalten. Natürlich sagen Sie Ihrem Chef nicht, dass Sie einen Bericht nicht schreiben werden, aber Sie geben ihn ein oder zwei Tage zu spät ab. Und mit dieser Taktik machen Sie bei ihm garantiert keine Pluspunkte.

Versuchen Sie es also lieber mit einer konstruktiveren Strategie. Stellen Sie eine Liste aller Leute in Ihrem Büro auf, mit denen Sie momentan Schwierigkeiten haben (zum Beispiel ein kleinkarierter oder kontrollsüchtiger Chef, ein Manager, der die Lorbeeren einheimst, die eigentlich Ihnen zustehen, ein hinterhältiger Kollege usw.):

NAME	PROBLEM
1.	
2.	
3.	
4.	
5.	

Gut. Und nun wollen wir uns überlegen, ob sich dafür keine Abhilfe finden lässt. Wenn Ihr Boss Ihnen jeden Arbeitsschritt bis ins kleinste Detail vorschreibt, müssen Sie ihm Grenzen setzen. Machen Sie ihm klar, dass Sie am besten sind, wenn man Ihnen freie Hand lässt. Fragen Sie ihn, wie viel Feedback er sich von Ihnen wünscht (die meisten pedantischen Chefs wollen am liebsten alles unter Kontrolle haben), und achten Sie darauf, seinen Informationsbedarf zu decken. Oder noch besser: kommen Sie ihm noch weiter entgegen, als er eigentlich erwartet. Eine meiner Klientinnen hatte eine neue, äußerst kontrollbedürftige Vorgesetzte. Es war ihr ein Dorn im Auge, dass sie für sie jede Woche einen Bericht schreiben musste, in dem sie alles, was sie im betreffenden Zeitraum gemacht hatte, genau aufführen sollte. Sie hielt das für Zeitverschwendung und schob es daher oft so lange vor sich her, bis die Chefin den Report anmahnte. Damit machte sie sich bei ihrer Vorgesetzten nicht gerade beliebt – denn die hatte jetzt natürlich noch weniger Vertrauen zu ihr als vorher. Also übernahm meine Klientin die Kontrolle über die Situation, indem sie ihr Verhalten von Grund auf änderte: Von da an schrieb sie ihrer Chefin lange, ausführliche Berichte, die sie jede Woche pünktlich abgab. Anschließend rief sie auch noch an, um den Bericht gemeinsam mit ihr durchzugehen. Nach ein paar Wochen konnte die Chefin die Sache schon sehr viel lockerer angehen und erklärte meiner Klientin, sie bräuchte den Bericht jetzt nur noch einmal im Monat abzugeben, er müsste auch nur eine Seite lang sein. Meine Klientin hatte gewonnen!

Dieses Beispiel zeigt, dass, wenn Sie die auch noch so eigenartigen persönlichen Bedürfnisse Ihres Vorgesetzten erfüllen, sich Sonderwünsche wie dieser garantiert irgendwann in nichts auflösen oder zumindest sehr viel erträglicher werden. Ein Chef, dem man das Gefühl gibt, alles im Griff zu haben, wird sich weniger kontrollsüchtig verhalten. Wird sein Bedürfnis dagegen nicht erfüllt, so wird er sich nur noch mehr bemühen, alles zu überwachen. Wenn Sie gegen Ihre Vorgesetzten rebellieren und ihren Bedürfnissen nicht nachkommen, verschlimmern Sie die Situation dadurch nur und machen sich unnötig das Leben schwer. Ihre persönlichen Bedürfnisse zu kennen kommt also nicht nur Ihrer Karriere zugute, sondern hilft Ihnen auch dabei, die Bedürfnisse Ihres Chefs zu durchschauen, was wichtig für Sie ist, wenn Sie Ihren Traumjob oder die ersehnte Beförderung auch tatsächlich bekommen möchten. Im nächsten Kapitel erfahren Sie, wie Sie sich über Ihre Bedürfnisse klarwerden und sich diese auf professionelle Weise erfüllen können. Das hat noch einen weiteren Vorteil: Wenn Sie Ihre persönlichen und emotionalen Bedürfnisse kennen, wird es Ihnen leichter fallen, Verständnis für die Ihres Chefs aufzubringen – und dann sind Sie beide glücklicher.

Die meisten Probleme mit anderen Menschen lassen sich in zwei Schritten lösen: (1) Setzen Sie ihnen klarere Grenzen. (2) Sorgen Sie dafür, dass Ihre persönlichen und emotionalen Bedürfnisse zu Hause erfüllt werden und nicht im Job. Das klingt fast schon lächerlich banal, was es im Grunde auch ist. Es ist jedoch nicht leicht, weshalb die meisten Leute diesen Ratschlag nicht beherzigen. Und da viele Menschen ihre persönlichen Bedürfnisse nicht einmal kennen, sind Sie den anderen meilenweit voraus, wenn Sie sich über Ihre Bedürfnisse klarwerden. Dieses Wissen wird Ihnen am Arbeitsplatz unschätzbare Vorteile verschaffen und Ihre berufliche Kompetenz und Ihre Networking-Fähigkeiten automatisch verbessern. In Schritt 2 will ich Ihnen erklären, wie das geht.

> *Alles, was uns an anderen missfällt, kann uns zu besserer Selbsterkenntnis führen.*
>
> C. G. JUNG

ERFOLGSSTORY

Die frustrierte Personalchefin, die sich von ihrer Leidenschaft leiten ließ und ihren Traumjob fand

Melissa Todd, eine faszinierende, temperamentvolle, rothaarige, gut 40-jährige Personalchefin, bekam bei einer großen Anwaltskanzlei in Washington, D.C., ein sechsstelliges Gehalt. Ihr Job machte ihr jedoch schon seit Jahren keinen Spaß mehr. Es war nicht schwierig, uns über ihre Leidenschaften und Werte klarzuwerden (Schritt 5): Melissa ist eine passionierte Hundeliebhaberin – der Typ Mensch, der zu jedem Vierbeiner, der ihm begegnet, sofort Kontakt findet. Und da ist es natürlich kein Wunder, dass Hunde sie lieben! Das ist ja schön und gut, doch wie kann man mit Hundeliebe Geld verdienen? Melissa hatte zwar zwei eigene Hunde, aber sie wusste nicht, wie sie mit ihrer Begeisterung für Vierbeiner ihren Lebensunterhalt bestreiten sollte.

Eine ihrer ersten Coaching-Aufgaben bestand darin, sich an ihren freien Abenden einer Geschäftsidee zu widmen, die ihr Freude machte. Also begann sie, Hunde-Packages zu kreieren: mit Bettchen, handgefertigtem Halsband, handbemalter Futterschüssel, kleinen Leckerbissen und Spielsachen. Die Zielgruppe waren Hunde von Prominenten, die in Luxushotels abstiegen. Das Problem dabei war nur, dass die Packages nicht genügend Profit abwarfen, um Melissa eine finanzielle Existenzgrundlage oder gar eine lukrative Karriere zu ermöglichen. Und obwohl die Produkte für Hunde bestimmt waren, erfüllte ihr Verkauf doch nicht ihr Bedürfnis nach persönlichem Kontakt mit den Tieren. Eine Zeit lang spielte Melissa mit dem Gedanken, in ihrer Freizeit in Heimen für obdachlose Hunde auszuhelfen. Doch auch damit ließ sich kein Geld verdienen, und außerdem war die Versuchung zu groß, dass sie ihre Schützlinge selbst bei sich aufnehmen würde.

Als Nächstes kam Melissa auf die Idee, in ihrer Heimatstadt Austin (Texas) eine Hundetagesstätte zu eröffnen. Sie nannte sie Hip Hounds. Da ihr bewusst war, finanziell abgesichert sein zu müssen, arbeitete sie nach wie vor 40 Stunden pro Woche in der Anwaltskanzlei und widmete sich ihrer neuen Geschäftsidee nur abends und an den Wochenenden. Sie nahm ein Business-Darlehen auf, recherchierte den besten Standort für eine Hundetagesstätte in Austin, kaufte dann ein passendes Grundstück und engagierte eine Geschäftsführung und andere Mitarbeiter, die sich darum kümmerten, während sie weiterhin jeden Tag in die Kanzlei ging.

Natürlich hatte sie jetzt nicht mehr viel Freizeit, aber ihr regulärer Job bot ihr die finanzielle Sicherheit, die sie ihrer Meinung nach brauchte, um mit der Hundetagesstätte keinen sofortigen oder großen Profit erwirtschaften zu müssen. Ihre Schwerpunkttätigkeit in der Anwaltskanzlei gab Melissa die Gewissheit, genügend Geld zu verdienen, um die Hypothek auf ihr Haus abbezahlen und ihren sonstigen finanziellen Verpflichtungen nachkommen zu können. Lieber eine Menge Arbeit haben, als in finanzielle Not zu geraten! Ihr Fulltime-Job zwang sie außerdem, sämtliche Richtlinien und Vorgehensweisen in einer Art Betriebsanleitung zu definieren und einen Manager in Vollzeit sowie weitere Mitarbeiter zu beschäftigen, die die Hundetagesstätte auch ohne ihr Zutun am Laufen halten konnten. Das bot Melissa den nötigen Freiraum, um an interessanteren Projekten wie beispielsweise Marketingkampagnen zu arbeiten, mit denen sie neue Kunden (Hunde) zu gewinnen suchte.

Hier ein Interview von Talane mit ihrer Klientin Melissa:

Wie sah dein Berufsleben aus, ehe du die Hundetagesstätte Hip Hounds gegründet hast?

Als Personalchefin einer großen Anwaltskanzlei hatte ich mehrheitlich mit vielbeschäftigten, gestressten Leuten zu tun. Allein das war für mich eine berufliche Veränderung. Vorher war ich nämlich als Staatsanwältin tätig gewesen, was mir keinen Spaß gemacht hatte, weshalb ich die Stelle als Personalleiterin in der Anwaltskanzlei annahm. Ich dachte, dass mich diese Arbeit mehr befriedigen würde. Hätte ich mich nur schon eher coachen lassen, dann wäre mir klargeworden, dass nicht Menschen meine Leidenschaft sind, sondern Hunde!

Im Rahmen unseres Coachings hatte ich dich ja gebeten, Klarheit über deine persönlichen Bedürfnisse zu gewinnen und sie dir zu erfüllen. Was hat das bei dir bewirkt?

Es ist so wichtig, sein wahres Ansinnen zu durchschauen. Ich zum Beispiel sehne mich nach Sicherheit und Ausgewogenheit. Dass ich finanzielle Gewissheit brauche, habe ich schon immer gewusst, aber davon, dass Balance ebenfalls zu meinen Bedürfnissen zählt, hatte ich keine Ahnung. Und ich habe tatsächlich ein sehr unausgewogenes Leben geführt – immer auf Reisen, ständig im Stress, zu wenig Schlaf. Für jemanden, der Balance braucht, war ich in der völlig falschen Branche tätig. Mein berufliches Leben war ein ständiges Auf und Ab. Ich reiste an Orte, die mir nicht sonderlich gefielen – und das für einen Job, der mir keinen besonderen Spaß machte. Etwas Unausgewogeneres als mein Leben gab es nicht. Das Gegenteil war mir völlig fremd – so etwas fand ich langweilig. Bei mir musste immer etwas los sein, wozu brauchte ich inneres Gleichgewicht? Inzwischen habe ich erkannt, dass ich ohne Ausgewogenheit nicht ich selbst sein kann und dass es bei meinem Job in der Anwaltskanzlei unmöglich war, ein ausbalanciertes Leben zu führen. Wie kann man ausgeglichen sein, wenn man mitten in der Nacht aufwacht und sich wegen irgendwelcher Personalprobleme Sorgen macht?

Die Arbeit an meinen Werten bestärkte mich darin zu erkennen, dass es mir wichtig ist, auf der Welt einen sinnvollen Beitrag zu leisten. Dadurch wurde mir endlich klar, dass meine innersten Überzeugungen nicht denen der Anwaltskanzlei entsprachen. Ich weiß heute noch, wie desillusioniert ich dort gegen Ende meiner Karriere war: Mich frustrierten die ewigen Budgetbesprechungen, die Jagd nach neuen Mandanten, nach Geld – in diesem Geschäft geht es wirklich nur um Geld. Ich habe ein ausgeprägtes Gefühl für Richtig und Falsch und ein starkes Bedürfnis nach Gerechtigkeit, was einer der Gründe gewesen war, warum ich vorher als Staatsanwältin gearbeitet hatte. Als meine Kanzlei beschloss, einen Mandanten zu vertreten, der wegen Misshandlung eines Hundes angeklagt war – ein Vergehen, das ich zutiefst verabscheue –, kannte meine Empörung keine Grenzen.

Ich erklärte den Gesellschaftern, dass ich mit dieser Entscheidung nicht einverstanden sei, und schlug vor, lieber erst mal eine Umfrage unter den Mitarbeitern durchzuführen, um herauszufinden, wie viele Hundefreunde es in der Belegschaft gab, ehe sie dieses Mandat annahmen. Dass ich bereits sieben Jahre lang als Personalchefin in dieser Kanzlei gearbeitet hatte, änderte überhaupt nichts an ihrer Entscheidung. Sie wollten mit mir nicht einmal über das Thema diskutieren. Ihnen ging es nur um den Profit. Der geschäftsführende Gesellschafter ignorierte meine Einwände völlig, was sich nicht mit meinen innersten Wertvorstellungen vertrug. Ich hatte meine Arbeitgeber für anständiger gehalten. Auch die anderen Mitarbeiter waren entsetzt darüber, dass die Kanzlei ihren Namen für so etwas hergab. Damit wollte ich nichts zu tun haben. Wir waren auf Zivilrecht spezialisiert. Warum mussten wir diesen Mandanten vertreten – nur wegen des Geldes? Das lief meinen moralischen Vorstellungen völlig zuwider. Doch damals standen wir kurz vor einer Rezession, und unser Geschäft lief nicht mehr so gut wie vorher, weshalb den Gesellschaftern die PR und das Geld so wichtig waren. Diese Geschichte hat mir den Rest gegeben. Ich begriff, dass meine Wertvorstellungen in dieser Anwaltskanzlei niemals anerkannt oder respektiert werden würden. Bald darauf reichte ich meine Kündigung ein.

Und wie hast du die für dich richtige Karriere bzw. Geschäftsidee gefunden, indem du deinen Werten und Leidenschaften gefolgt bist?

Ich bastelte schöne Hundehalsbänder und verkaufte sie in einer Boutique – einfach weil es mir Spaß machte. Meine beste Freundin war Verkaufsleiterin beim Ritz Carlton in New York und brachte mich mit einer Hotelmanagerin in Washington in Kontakt. Mit ihr traf ich mich zum Mittagessen, und wir unterhielten uns darüber, ein Package für Billy Joels Hund zusammenzustellen – einen niedlichen kleinen Mops. Das Package beinhaltete ein hübsches Hundebett, eine personalisierte Hundeerkennungsmarke, die der Mops tragen sollte, wenn die beiden in dem Hotel abstiegen, und ein paar besondere Hundeleckerli. So stellten wir auch noch Packages für ein paar andere Prominenten-Hunde zusammen. So kam ich auf diese Geschäftsidee. Ich verdiente damit auch ein bisschen Geld, doch bald war mir klar, dass ich eine Arbeit finden musste, mit der ich genügend Profit erwirtschaften konnte, um meine Stelle in der Anwaltskanzlei zu kündigen. Es machte zwar Spaß, diese Hunde-Packages zusammenzustellen, aber es ließ sich einfach nicht genügend Geld damit verdienen. Allmählich begriff ich, dass die Leute an Serviceleistungen interessiert sind und dass man dafür mehr Geld verlangen kann. Doch bald entwickelten sämtliche Business-Hotels eigene Serviceangebote für Hundebesitzer, sodass für mich nicht mehr viel Spielraum übrig blieb. Aber es machte mir nach wie vor Spaß, Packages für Hunde von Prominenten zu entwickeln. Damals musste ich mich noch etablieren, inzwischen ist mir das nicht mehr so wichtig. Damit dilettierte ich in meiner Freizeit – an Abenden und Wochenenden. Nebenbei besichtigte ich Hundetagesstätten in New York und Washington und dachte mir: So etwas könnte ich doch eigentlich auch machen. Schon als Studentin hatte ich ehrenamtlich in Hundeheimen gearbeitet und schon immer gewusst, dass die Tiere meine große Liebe sind. Dieses Gefühl habe ich aber unterdrückt, weil ich glaubte, dass man von so etwas nicht leben kann.

Ach ja, da fällt mir etwas ein … Nach meinem College-Abschluss bekam ich zwei Jobangebote als Nachrichtenreporterin, allerdings für ein sehr mickriges Gehalt. Mein Vater machte sich damals Sorgen, dass ich damit nicht genug Geld verdienen würde, und ermutigte mich, Jura zu studieren, weil er Journalismus für einen Beruf hielt, der nichts taugt. Und dabei hatte mein Vater selbst nicht einmal sein Studium abgeschlossen! Er versprach mir, die Gebühren für das Jurastudium zu bezahlen, also schrieb ich mich an der Uni ein. Das tat ich nicht für mich, sondern für ihn, denn eigentlich war ich vorher auf dem richtigen Weg gewesen. Am College hatte ich Journalismus als Hauptfach belegt und wollte Fernsehreporterin werden. Der Sender CNN fasziniert mich heute noch. Wenn ich könnte, würde ich eine zweite Diane Sawyer werden, denn außer für Hunde interessiere ich mich sehr für Nachrichten und aktuelle Ereignisse. Wer weiß – vielleicht mache ich das als Nächstes, jetzt, wo mein Hip-Hounds-Geschäft so gut läuft.

Aber wer versucht schon, seine Werte und Bedürfnisse kennenzulernen, wenn er noch nicht einmal 40 Jahre alt ist? Karriere- und Berufsberater haben Übungen dafür normalerweise nicht in ihrem Programm. Eigentlich war mir vorher nicht bewusst, was für ein Mensch ich bin und welche Dinge mir etwas bedeuten. Ich wusste zwar, dass mir irgendetwas fehlte, aber was es war, wurde mir erst klar, als ich auf deine Anregung hin begann, über meine persönlichen Werte und Bedürfnisse nachzudenken. Ich wäre zum Beispiel nie darauf gekommen, dass ich ein ausgewogenes Leben brauche. Für mich war es sehr wichtig, mir die Zeit zu nehmen, meine Werte genau zu definieren. Erst da begriff ich, was mir bei meiner Arbeit fehlte und was ich brauche, um glücklich zu sein. Ehrlich gesagt: dieser Myers-Briggs-Persönlichkeitstest ist schon interessant, aber die Übungen zu den Werten und Bedürfnissen sind ein viel sinnvolleres Hilfsmittel. Schließlich dreht sich im Leben alles um diese beiden Dinge. Wenn man sich seine Bedürfnisse nicht erfüllt und seine Werte nicht lebt, wird man nicht glücklich. So einfach ist das. (Machen Sie hierzu bitte das Persönliche-Bedürfnisse-Quiz in Schritt 2.)

Zum Glück ist mein Jurastudium keine reine Zeitverschwendung gewesen. Das Strafrecht und als Staatsanwalt zu arbeiten faszinierten mich – ich sah darin eine Möglichkeit, etwas für andere Menschen und für die Gesellschaft zu tun und dabei gleichzeitig auch noch ein bisschen Geld zu verdienen. Die Juristerei an sich begeisterte mich jedoch nicht. Eigentlich hatte ich nie Jura studieren wollen, sondern es mir von anderen Leuten einreden lassen. Inzwischen rate ich angehenden Studenten, sich erst mal über ihre Werte klarzuwerden, bevor sie sich an der Uni einschreiben: Sie sollen der Stimme ihres Herzens folgen. Denn sonst schlagen sie womöglich die falsche Richtung ein und vergeuden Jahre ihres Lebens in dem Versuch, mit ihrer Berufswahl jemand anderen glücklich zu machen. Schließlich ist es euer Leben, und ihr könnt niemanden glücklich machen, wenn ihr selbst unglücklich seid!

Wir haben die (in Schritt 5 beschriebene) Neid-Übung nicht gemacht. Gibt es denn jemanden, den du beneidest?

Wenn ich überhaupt Menschen beneide, dann sind es diejenigen, die mit Rettungshunden arbeiten oder Stiftungen für in Not geratene Hunde gründen. Diese eine Frau, die eine Schule für Blindenhunde aufbaute – wie gern wäre ich an ihrer Stelle gewesen! Hingegen hätte ich mit Mitte Zwanzig wahrscheinlich eher gesagt, dass ich Diane Sawyer beneide. Oder Kate Couric. Als Journalist trifft man so interessante, faszinierende Leute. Dieser Beruf hat mich schon immer angesprochen, ich kann mich dafür leidenschaftlich begeistern, weshalb ich Journalismus im Hauptfach studiert habe. Ich dachte auch immer, dass es etwas Wunderbares sein müsste, zu denen zu zählen, die sich um Straßenhunde kümmern – ich wäre gerne so eine Art Haustierexpertin im Fernsehen geworden. Aber das kann ich ja immer noch machen: mit der Erfahrung, die ich inzwischen gewonnen habe, in die Medien gehen. Vielleicht ist das mein nächster Schritt.

Was hat dir als Kind Spaß gemacht?

Ich habe viel geschrieben. Und ich bin auch gern gereist. Ich führte über alles, was wir in unseren Familienurlauben machten, Tagebuch, und mit zehn Jahren habe ich Kurzgeschichten geschrieben. Schreiben machte mir ungeheuer viel Spaß, weshalb ich auch auf die Journalistenschule gegangen bin. Doch dank meiner wohlmeinenden Eltern, die endlich einmal einen Rechtsanwalt in der Familie haben wollten, kam ich dann von diesem Weg wieder ab. Ich bin mit Hunden aufgewachsen; zu meinen schönsten Kindheitserinnerungen gehören die Besuche auf der Farm meiner Verwandten, als ich zwei oder drei Jahre alt war. Dort habe ich mit allen Tieren gespielt. Es gibt Fotos von mir, die zeigen, wie ich Hunde auf die Nase küsse – und viele andere Bilder zusammen mit allen möglichen Tieren. Wir hatten Hunde und Katzen. Als Kind habe ich mich für nichts anderes interessiert als für Hunde, für die Tiere auf dem Bauernhof und fürs Schreiben – wirklich eine interessante Kombination aus irgendwie schrägen Vorlieben. Das hat mich schon damals ausgemacht!

Und was hat dich schließlich dazu gebracht, deinen eigentlichen Beruf an den Nagel zu hängen?

Nach einem Jahr war ich mit Hip Hounds aus den roten Zahlen raus und fing sogar an, Profit zu machen. Eigentlich hatte ich damit gerechnet, dass die Tagesstätte erst im zweiten Jahr Gewinn abwerfen würde, also war das eine positive Überraschung. Ich konnte den Kredit regelmäßig bedienen, und mein Buchhalter war von meinem vielversprechenden Start-up-Unternehmen beeindruckt. Inzwischen sah das Ganze tatsächlich recht gut für mich aus – nicht nur in der Theorie, sondern auch in konkreten Zahlen. Doch selbst dann hatte ich noch eine panische Angst davor, meinen regulären Job aufzugeben. Also behielt ich ihn – bis mir klarwurde, dass ich in den letzten sechs Monaten nur 5.000 Dollar gespart hatte. Da erinnertest du mich daran, dass der Sinn eines Broterwerbs darin besteht, finanzielle Sicherheit zu bieten. Und wenn ich diese 40 Stunden pro Woche mindestens für Marketingaktivitäten investiert hätte, um neue Hunde für meine Tagesstätte zu gewinnen, hätte ich mit Leichtigkeit mehr als 5.000 Dollar verdienen können. Also gab es für mich plötzlich auch in finanzieller Hinsicht keinen Grund mehr, meine Stelle bei der Anwaltskanzlei zu behalten. So schien es mir am sinnvollsten, zu kündigen und mich ganz meinem Hip-Hounds-Vorhaben zu widmen. Da gabst du mir die Coaching-Aufgabe, mein Kündigungsschreiben zu verfassen – und das ist mir wirklich nicht schwergefallen! Am schwierigsten war es, meinem Chef das Schreiben in die Hand zu drücken.

Was war der Wendepunkt, der dich zu diesem Schritt bewogen hat?

Irgendwann war ich einfach nur noch müde und erschöpft. Damals hast du mir etwas Wichtiges gesagt, was mich sehr beeindruckte: man könnte immer irgendwie Geld verdienen – aber verlorene Zeit bekomme man nie wieder zurück. Schließlich bin ich schon über 40 und werde auch nicht jünger. Da wurde mir klar, dass ich mich jetzt zu diesem Schritt entschließen musste, weil ich mit über 50 nicht mehr die Energie dazu haben würde. Und ich war bereit dazu. Meine finanzielle Lage war gesichert. Eigentlich hatte ich immer das nötige Geld dazu gehabt, ich musste mich nur mit eigenen Augen davon überzeugen, dass alles gutgehen würde. Und schlimmstenfalls – wenn es schiefgelaufen wäre – hätte ich mir einfach wieder einen Job im Personalwesen oder als Juristin gesucht. Das war mein Sicherheitsnetz.

Und wie sehen deine Karriere und dein Leben jetzt aus?

Inzwischen habe ich so viel Freizeit, dass ich für das nächste Abenteuer bereit bin. Was soll ich mit meiner Zeit anfangen, außer mich für die Rettung von Straßenhunden zu engagieren und jeden Tag ins Fitnessstudio zu gehen? Jetzt ist es an der Zeit, eine weitere Leidenschaft zu verwirklichen.

Meine Hip-Hounds-Tagesstätte läuft wie am Schnürchen, ich verdiene genug Geld und habe jede Menge Freizeit. Alle meine Träume haben sich erfüllt! Allmählich habe ich Angst, dass mir das Leben zu langweilig wird, also brauche ich bald ein neues Projekt.

Gibt es etwas, das du heute anders machen würdest?

Du hast mir immer geraten, sparsam zu sein und mein leeres Leben nicht mit sinnlosen Käufen auszufüllen – Kleidern, Reisen, Drinks oder was auch immer. Damals meinte ich, mein Gefühl der inneren Leere irgendwie bekämpfen zu müssen, weil meine Arbeit mich nicht glücklich machte. Wenn ich nicht so viel Geld ausgegeben hätte, hätte ich mir meinen Traum viel eher erfüllen können. Aber ich musste erst einmal durchschauen, dass ich mich mit all diesen Ausgaben nur für meinen scheußlichen Job zu entschädigen versuchte. Inzwischen gebe ich längst nicht mehr so viel Geld aus. Früher glaubte ich, nicht glücklich sein zu können, wenn ich nicht bei Nordstrom einkaufe. Inzwischen sind mir Sonnenbrillen von Chanel nicht mehr wichtig. Ich habe immer noch ein paar gute Kleidungsstücke, doch inzwischen kaufe ich lieber bei Target ein – ein hübsches T-Shirt reicht mir völlig aus. Damals war ich in einer Welt gefangen, in der es nur um Image und Karriere geht – wo den Leuten wichtig ist, was du anziehst und was für ein Auto du fährst. Inzwischen brauche ich keinen BMW, kein elegantes Kostüm und keine Designerschuhe mehr. Ich brauche nur einen großen Wagen, um möglichst viele Hunde in der Gegend herumfahren zu können. Es war für mich ein ungeheuer befreiendes Gefühl, alle meine Kostüme einer Wohltätigkeitsorganisation zu spenden. Das war auch einer von deinen Vorschlägen: alle Accessoires meiner früheren Karriere über Bord zu werfen. Als ich endlich alles losgeworden war, was nicht zu meinem neuen Leben passte, fühlte ich mich so frei.

Und was sagen deine Freunde und Angehörigen zu deinem neuen Leben?

Jetzt, wo ich es geschafft habe, ist mein Vater richtig stolz auf mich und mein Unternehmen. Neulich hat er einen Freund mitgebracht, dessen Sohn Anwalt ist, und ihm meine Hundetagesstätte gezeigt. Aber irgendwie hat er immer noch nicht richtig begriffen, worum es mir geht. Als ich ihm von meinem Plan erzählte, mir mal einen Monat freizunehmen und

Skiurlaub zu machen, sagte er: »Ich verstehe nicht, wie du dein Geschäft einen Monat lang allein lassen kannst.« Aber er ist stolz auf mich. Das habe ich gemerkt, als er seinen Bekannten mitbrachte, um ihm die Tagesstätte zu zeigen. Und meine Freunde sagen, ich wäre immer so schlecht gelaunt gewesen, als ich noch in der Anwaltskanzlei arbeitete. Inzwischen sei ich so, wie ich sein sollte: glücklich, entspannt und lebenslustig. Wenn die Leute mich zusammen mit den Hunden sehen, sagen sie: »Diese Arbeit ist wirklich deine Berufung, du strahlst richtig von innen heraus, wenn du da draußen bist und dich mit den Tieren beschäftigst.«

Was für einen Rat würdest du anderen Leuten geben?

Man sollte mit dem Start in die neue Karriere nicht zu lange warten. Ich kann nur wiederholen, was du mir damals ans Herz gelegt hast: Man kann immer irgendwie mehr Geld verdienen – aber verlorene Zeit bekommt man nie wieder zurück. Wer finanzielle Sicherheit braucht, sollte sich neben seinem eigentlichen Beruf selbstständig machen, um sich den Komfort leisten zu können, den er braucht.

Ich wünschte, ich hätte deinen Ratschlag, sparsam zu sein und ein bisschen mehr Geld auf die hohe Kante zu legen, eher beherzigt. Aber damals steckte ich noch in einer Phase, in der ich mir Sachen kaufen musste, um meine innere Leere zu füllen. Warum soll man einer Arbeit nachgehen, die einen tagein, tagaus immer nur unglücklich macht? Meine Ängste waren ausschließlich finanzieller Natur – obwohl ich mir eigentlich keine Sorgen zu machen brauchte, denn ich hatte genügend Ersparnisse, und außerdem hätte ich jederzeit eine andere Stelle finden können. Werte und Bedürfnisse sind viel wichtiger als Geld. Inzwischen weiß ich genau, was ich brauche – was meine Seele und mein Körper haben müssen, also meine persönlichen Bedürfnisse – und verwechsle das nicht mehr mit meinen Wünschen.

Nähere Informationen über Hip Hounds finden Sie auf Melissas Webseite www.hiphounds.com.

SCHRITT 2

Lernen Sie Ihre persönlichen Bedürfnisse kennen

Wenn mit der Persönlichkeit eines Menschen nicht sorgsam umgegangen oder sie unterdrückt wird, wird er krank – manchmal offenkundig, manchmal unterschwellig; manchmal sofort, manchmal auch erst zu einem späteren Zeitpunkt.

ABRAHAM MASLOW

Wenn Ihnen gerade gekündigt worden ist, ihre Stelle wegrationalisiert wurde, Sie in einer wirtschaftlich schwierigen Zeit einfach keine Arbeit finden oder bei der ersehnten Beförderung immer wieder übergangen werden, sollten Sie sich zunächst einmal klarmachen, dass es wahrscheinlich nicht auf Sie persönlich zurückgeht. Auch wenn es sich vermutlich so anfühlt, steckt meist etwas ganz anderes dahinter. Die wirtschaftliche Situation verändert sich, Jobs werden abgeschafft, dafür entstehen neue Berufszweige, von denen Sie vielleicht noch gar nichts wissen. Diese Veränderungen machen vor nichts und niemandem Halt – und sie haben nichts mit Ihnen als Person zu tun. Früher dauerte es eine ganze Generation, bis ein Posten durch Maschinen oder Technologien ersetzt werden konnte, inzwischen geht so etwas innerhalb von vier oder fünf Jahren, und alles wird immer schnelllebiger. Sie wissen ja: ein Computer ist eigentlich schon wieder veraltet, sobald Sie ihn gekauft haben, denn ein neuerer, besserer, schnellerer Rechner ist bereits in Planung. Laut amerikanischem Arbeitsministerium sieht der Arbeitsmarkt 50 Prozent der Art von Positionen, die in den nächsten sechs Jahren zu besetzen sind, noch gar nicht vor. Der Durchschnittsamerikaner behält einen Job nur für 3,2 Jahre. Wenn Sie das einmal auf ein Arbeitsleben von 45 Jahren hochrechnen, werden Sie feststellen, dass man es damit auf durchschnittlich 14 bis 16 verschiedene Jobs bringt. Die Zeiten, in denen man ein Leben lang bei derselben Firma gearbeitet und zur Pensionierung eine goldene Uhr geschenkt bekommen hat, sind vorbei. Unser Heute lebt von Veränderungen, da ist es umso wichtiger, die persönlichen Stärken und Fähigkeiten zu kennen, damit Sie beruflich den Weg finden, der am besten zu Ihnen passt.

Eine meiner Klientinnen hatte von ihrer Firma den Laufpass sowie eine Abfindung in Höhe eines Jahresgehalts bekommen. Wütend und gekränkt über den Rausschmiss gab sie sich sieben Monate lang ihrem gerechten Zorn hin, wobei sie den Großteil ihrer Abfindung ausgab. Erst dann rief sie mich an und ließ sich von mir coachen. Sie hatte ihre Arbeit geliebt und konnte nicht fassen, dass man ihr einfach gekündigt hatte. Zunächst einmal musste sie sich klarmachen, dass ihre Entlassung nicht persönlichen, sondern firmenpolitischen Zielen geschuldet war – trotzdem kam sie einfach nicht darüber hinweg. Vergeuden Sie Ihre kostbare Zeit nur ja nicht mit solchen Ressentiments! Sorgen Sie dafür, dass Ihre privaten und emotionalen Bedürfnisse außerhalb Ihres Arbeitsumfelds befriedigt werden, erst dann werden Sie der Welt mit kühler, professioneller Gelassenheit begegnen. Man muss sich innerlich von den Dingen lösen können, die man liebt. Diese Haltung macht Sie nicht nur viel anziehender für Ihren jetzigen Chef (falls Sie einen Job haben), sondern auch für potenzielle zukünftige Arbeitgeber. Sorgen Sie dafür, dass Ihre persönlichen Bedürfnisse erfüllt sind, das macht Sie im Nu zu einem interessanteren Jobkandidaten.

Elizabeth, eine leitende Angestellte über 50, engagierte mich als Coach, weil ihre Firma kurz vorher mit einem anderen Unternehmen fusioniert hatte und sie jetzt mit einer neuen Geschäftsleitung zusammenarbeiten musste. Sie war ganz anders als ihre früheren Vorgesetzten, und Elizabeth hatte keine besonders hohe Meinung von ihr. Es wurde ziemlich viel geflucht, man hörte ihr nie zu und ihr wurde nicht der Respekt entgegengebracht, den sie ihrer Ansicht nach verdient hatte. Elizabeth liebte ihre Arbeit, war sich aber so sicher, dass sie mit ihren neuen Vorgesetzten niemals auskommen würde, dass sie mich bat, ihr bei der Suche nach einer neuen Stelle zu helfen. Ich forderte sie unter anderem auf, ihren idealen Arbeitsplatz schriftlich zu beschreiben. (Das steht Ihnen auch noch bevor!) Außerdem sollte sie daran arbeiten, ihren persönlichen und emotionalen Bedürfnisse zu Hause nachzukommen und nicht am Arbeitsplatz.

Also machte Elizabeth das Persönliche-Bedürfnisse-Quiz und stellte fest, dass ihr Wertschätzung zu erfahren am allerwichtigsten war. Das war im Büro derzeit nicht unbedingt der Fall, was zu ihrer Frustration beitrug. Deshalb sollte sie fünf Menschen bitten, auf ihr Bedürfnis nach Wertschätzung in den nächsten acht Wochen mindestens einmal wöchentlich einzugehen. Den Anfang machte ihre 16-jährige Tochter, die ihr in der ersten Woche eine selbst gebastelte Karte schenkte, in der sie Elizabeth mitteilte, wie sehr sie sie liebe und wie dankbar sie ihr sei. Als Nächstes bat sie ihre besten Freunde, sie einmal pro Woche anzurufen und ihr eine Nachricht zu hinterlassen, in der sie ihr erklärten, was sie an ihrer Freundschaft besonders schätzten. Auch ihre Mutter rief jede Woche bei Elizabeth an. Und obwohl sie ihren Mann nicht darum gebeten hatte (die Beziehung der beiden war in die Brüche gegangen), wollte auch er zu ihrem »Wertschätzungsteam« gehören und schrieb ihr aus eigenem Antrieb einen langen Brief, in dem er alle Eigenschaften aufzählte, die er an ihr hoch achtete und die er für unbezahlbar hielt. Einiges davon verblüffte sie. Das, was ihr an Wertschätzung privat entgegengebracht wurde, hatte interessante Auswirkungen in beruflicher Hinsicht: Elizabeth war nicht länger auf Zeichen der Anerkennung seitens des neuen Managements angewiesen und konnte sich emotional von ihrer Arbeit distanzieren – für sie war es jetzt nur noch ein Job. Diese neue, viel gelöstere Haltung hatte wiederum ebenfalls einen sehr positiven Effekt: Der neuen Geschäftsleitung fiel ihre kühle, professionelle Art auf, und sie war davon beeindruckt. Die Manager meinten, ihr Coaching habe offenbar tatsächlich etwas gebracht, und boten ihr an, die Kosten dafür zu übernehmen. Natürlich wussten sie nicht, dass Elizabeth eigentlich auf der Suche nach einem anderen Job war. Und als in der Firma eine Spitzenposition (die der Niederlassungsleiterin in einem anderen Bundesstaat) frei wurde, war sie es, der die Stelle angeboten wurde! Elizabeth nahm das Angebot an und ist ganz begeistert von ihrer neuen Arbeit. An Kündigung denkt sie jetzt nicht mehr ...

Wenn Ihr Job Ihnen in emotionaler Hinsicht sehr viel bedeutet, sollten Sie unbedingt das Persönliche-Bedürfnisse-Quiz in diesem Kapitel oder auf meiner Webseite www.lifecoach.com machen. Und wenn Sie auf der Suche nach einer neuen Stelle sind, müssen Sie ebenfalls an Ihren persönlichen Bedürfnissen arbeiten, denn sonst machen Sie in Bewerbungsgesprächen womöglich einen verzweifelten Eindruck. (Wessen emotionale Bedürfnisse nicht befriedigt werden, der wirkt immer irgendwie hilfsbedürftig, auch wenn ihm das gar nicht bewusst ist.) Auch wenn Sie befördert werden möchten, sollten Sie dafür sorgen, dass auf Ihre Bedürfnisse eingegangen wird – denn aus Sicht Ihrer Mitmenschen sind Sie umso begehrenswerter, wenn Sie niemanden brauchen. Wir wirken stets selbstbewusster und anziehender, wenn wir keine unerfüllten Bedürfnisse haben. Und seine Bedürfnisse zu kennen ist auch eine entscheidende Voraussetzung für die optimale Karriereentscheidung. Wenn Sie zum Beispiel ein starkes Bedürfnis nach Freiheit oder Unabhängigkeit haben, wird es Ihnen wahrscheinlich keinen Spaß machen, für einen kontrollsüchtigen Chef zu arbeiten. Manche Leute studieren Betriebswirtschaft, obwohl sie mit Zahlen eigentlich gar nichts am Hut haben, nur weil sie sich nach der Anerkennung ihrer Eltern sehnen. Eine meiner Klientinnen wurde Ingenieurin, obwohl sie diese Arbeit hasste, nur um von ihrem Vater geschätzt zu werden (er war ebenfalls Ingenieur). Nachdem sie ihre wahren Motive durchschaut hatte, konnte sie ihren Vater direkt darum bitten, ihr seine Anerkennung zum Ausdruck zu bringen. Daraufhin hängte sie ihren Ingenieurberuf an den Nagel und machte eine Ausbildung zum professionellen Coach. Seitdem ist sie der glücklichste Mensch. Sobald Sie dafür gesorgt haben, dass Ihre Bedürfnisse befriedigt werden, können Sie genau das tun, was Sie möchten, statt sich zu einer Karriere oder einem Leben zu zwingen, das Sie sich eigentlich gar nicht wünschen – und das nur aus Frust heraus, weil in Ihrem Leben etwas Wichtiges fehlt.

Ein pensionierter Unternehmer aus einem meiner Telefonseminare gestand mir: »Ich stand jeden Tag um vier Uhr morgens auf und achtete darauf, immer als Letzter das Büro zu verlassen. Wenn ich doch schon damals gewusst hätte, dass dahinter in Wirklichkeit nur mein Bedürfnis steckte, der Beste zu sein, hätte ich viel mehr Schlaf bekommen!« Obwohl er beruflich und finanziell alles erreicht hatte, eine liebevolle Frau und nette Kinder hatte, litt er insgeheim permanent an dieser vagen Unzufriedenheit, die an ihm nagte. Er war nie hundertprozentig zufrieden und hatte keine Ahnung, warum das so war; schließlich hatte er alles getan, was ihn seiner Meinung nach glücklich machen würde – bis er mein Telefonseminar belegte. Da wurde ihm plötzlich sonnenklar, was ihm gefehlt hatte. Natürlich können Sie den Teil meines Buches, in dem es um Ihre persönlichen Bedürfnisse geht, auslassen – allerdings auf die Gefahr hin, dass diese unterschwellige Unzufriedenheit mit Ihrem Leben Sie dauerhaft beeinträchtigen wird.

Das Hauptproblem unserer unerfüllten Bedürfnissen besteht darin, dass sie zu allen möglichen negativen Verhaltensweisen führen – wir essen zu viel, rauchen, trinken, spielen, geben zu viel Geld aus und haben keine Ahnung, warum. Sie können sich durchaus bewusst sein, dass Sie etwas tun, was Sie eigentlich nicht sollten, aber trotzdem einen inneren Zwang dazu verspüren – und sich dann eben doch den zweiten Schokoladen-Donut in den Mund stopfen. So mächtig sind unsere unerfüllten Bedürfnisse. In Wirklichkeit können die meisten Menschen ihre Bedürfnisse nicht einmal richtig artikulieren. Statt gegen Ihr Suchtverhalten anzukämpfen, sollten Sie lieber versuchen, sich mit dem unbewussten Bedürfnis auseinanderzusetzen, das dahintersteckt. Das ist viel produktiver, denn schlechte Angewohnheiten wie diese lassen sich dann meistens sehr leicht ablegen. Sie werden nie genug Schokoladen-Donuts essen können, wenn sich dahinter ein unerfülltes Bedürfnis nach Liebe verbirgt! Von Dingen, die man eigentlich gar nicht braucht, kann man nie genug bekommen.

Wahrscheinlich werden Sie große Lust haben, diesen Teil meines Buches zu überspringen. Die meisten Menschen wehren sich mit jeder Faser ihres Seins, die Übungen zu ihren persönlichen Bedürfnissen zu machen. Deshalb mache ich es Ihnen mit dem nun folgenden Quiz so einfach wie möglich, sich über Ihre vier wichtigsten persönlichen Bedürfnisse klarzuwerden. Wenn Sie diesen Abschnitt überspringen, tun Sie es auf eigene Gefahr: Ihre Bedürfnisse werden sich nämlich nur noch mehr verstärken, wenn Sie sie verleugnen oder ignorieren. Wenn Sie sich hingegen um sie kümmern, verschwinden sie im Handumdrehen.

Die einfachste Möglichkeit, Ihre persönlichen und emotionalen Bedürfnisse kennenzulernen, besteht darin, das Personal Requirements Quiz unter www.lifecoach.com zu machen: Es verrät Ihnen, welches Ihre vier wichtigsten Bedürfnisse sind. Tragen Sie Ihre Ergebnisse ruhig dort ein, die Webseite speichert weder Ihre Antworten noch Angaben zu Ihrer Person. Wenn Sie keinen Zugang zu einem Computer haben, können Sie das Quiz auch hier im Buch machen. Die Punkte zusammenzuzählen, kostet Sie nur ein paar Minuten Zeit zusätzlich.

Persönliche-Bedürfnisse-Quiz

Und so wird es gemacht: Kreuzen Sie bei allen hier beschriebenen und auf Sie zutreffenden Szenarien das Bedürfnis an, das Ihrem Charakter am ehesten entspricht. Gemeint ist das unterschwellige Bedürfnis, das Ihr Verhalten lenkt. Wenn die beschriebene Situation in Ihrem Leben keine Rolle spielt oder nicht auf Sie zutrifft, überspringen Sie sie einfach und gehen Sie zur nächsten Frage über. Lassen Sie sie auch dann außen vor, wenn das Szenario zwar auf Sie zutrifft, Ihnen aber keines der aufgelisteten Bedürfnisse reell erscheint. Wahrscheinlich werden Sie etliche Fragen überspringen müssen, die nicht auf Sie passen. Machen Sie sich jedoch bitte auch keine Sorgen, wenn Sie viele Punkte ankreuzen; das ist völlig normal, denn wir alle haben Bedürfnisse – manche Leute mehr, andere weniger. Falls Sie sich bei einer Frage nicht sicher sind, fragen Sie einen Freund oder Angehörigen, der Sie gut kennt, nach seiner Einschätzung.

1. Das Verhältnis zwischen Arbeit und Freizeit muss in Ihrem Leben ausgewogen sein, um sich wirklich wohlzufühlen. Wenn Sie zu viel arbeiten, verlieren Sie Ihren Sinn für Humor; und wenn Sie zu häufig Vergnügen nachgehen, werden Sie träge oder teilnahmslos.
   - ☐ Bedürfnis nach Ausgewogenheit

2. Sie sind in einer Besprechung, und zwei Leute fangen an, sich zu streiten. Sie fühlen sich unwohl und versuchen, den Konflikt entweder zu schlichten, oder Sie ziehen sich zurück.
   - ☐ Bedürfnis, akzeptiert/gemocht zu werden
   - ☐ Bedürfnis nach Frieden/Harmonie

3. Sie tun anderen ständig einen Gefallen, auch wenn es auf Ihre eigenen Kosten geht.
   - ☐ Bedürfnis, akzeptiert/gemocht zu werden
   - ☐ Bedürfnis nach Wertschätzung
   - ☐ Bedürfnis, sich nützlich zu machen/gebraucht zu werden

4. Sie halten andere Menschen auf Distanz, weil Sie nicht verletzt werden möchten.
   - ☐ Bedürfnis, akzeptiert zu werden
   - ☐ Bedürfnis nach Sicherheit/Geborgenheit

5. Sie scheuen keine Mühe, um anderen Menschen zu helfen, obwohl Sie eigentlich gar keine Zeit dazu haben.
   - ☐ Bedürfnis nach Frieden/Harmonie
   - ☐ Bedürfnis, sich nützlich zu machen/gebraucht zu werden
   - ☐ Bedürfnis nach Verantwortung/das Richtige zu tun

6. Sie schicken Ihren Kollegen ständig nette E-Mails, Kärtchen oder Geschenke als kleine Aufmerksamkeit.
   - ☐ Bedürfnis nach Wertschätzung
   - ☐ Bedürfnis, akzeptiert/gemocht zu werden/dazuzugehören
   - ☐ Bedürfnis nach Liebe

7. Sie hassen es, wenn man Ihnen ins Wort fällt.
   - ☐ Bedürfnis, angehört zu werden/sich mitzuteilen
   - ☐ Bedürfnis nach Kontrolle/Macht

8. Die Leute nehmen das, was Sie sagen, nicht ernst.
   - ☐ Bedürfnis, angehört/verstanden zu werden

9. Sie haben das Gefühl, den Wald vor lauter Bäumen nicht zu sehen. Es gibt so viele Dinge, die Ihre Aufmerksamkeit beanspruchen, dass Sie gar keine Zeit mehr haben, Ihrer wahren Berufung zu folgen.
   - ☐ Bedürfnis nach Ordnung
   - ☐ Bedürfnis nach Ausgewogenheit/Frieden
   - ☐ Bedürfnis nach Klarheit

10. Sie werden reizbar und übellaunig, wenn Ihre Wohnung unaufgeräumt ist.
    - ☐ Bedürfnis nach Ordnung/Sauberkeit
    - ☐ Bedürfnis nach Klarheit

11. Sie können erst klar denken, wenn Ihr Schreibtisch aufgeräumt ist.
    - ☐ Bedürfnis nach Ordnung/Sauberkeit
    - ☐ Bedürfnis nach Klarheit

12. Sie engagieren sich ehrenamtlich im Obdachlosenheim, in der Kirche oder anderen Wohltätigkeitsorganisationen. Ihre Familie weiß aber gar nicht richtig zu schätzen, was Sie für sie und Ihre Gemeinde alles leisten.
    - ☐ Bedürfnis, gebraucht zu werden/sich nützlich zu machen
    - ☐ Bedürfnis nach Wertschätzung/Anerkennung/gemocht zu werden
    - ☐ Bedürfnis nach Verantwortung/danach, eine Mission zu haben oder sich für etwas einzusetzen

13. Wenn Ihr Chef jeden Ihrer Schritte kontrolliert, fühlen Sie sich erdrückt und denken: »Warum verlässt er sich nicht einfach darauf, dass ich meine Arbeit richtig mache?«
    - ☐ Bedürfnis nach Unabhängigkeit/Freiheit
    - ☐ Bedürfnis, akzeptiert/respektiert zu werden
    - ☐ Bedürfnis nach Macht/Kontrolle/Autorität
    - ☐ Bedürfnis, Recht zu haben/die anderen sollen sich fügen

14. Es ärgert Sie, dass Ihr Mann oder Partner sich nur dann an der Hausarbeit beteiligt (zum Beispiel die Geschirrspülmaschine einräumt), wenn Sie ihn darum bitten.
    - ☐ Bedürfnis, umsorgt/unterstützt zu werden
    - ☐ Bedürfnis nach Liebe

15. Wenn Ihr Mann oder Partner Kleinigkeiten im Haushalt erledigt, ohne dass Sie ihn darum bitten, fühlen Sie sich:
    - ☐ geschätzt/geliebt
    - ☐ unterstützt/umsorgt

16. Wenn bürokratischer Kleinkram Sie daran hindert, schnell voranzukommen, sind Sie frustriert.
    - ☐ Bedürfnis nach Freiheit/Unabhängigkeit
    - ☐ Bedürfnis, etwas zu leisten/zu erreichen
    - ☐ Bedürfnis nach Macht/Kontrolle/Autorität

17. Sie werden nervös oder unruhig, wenn Sie gerade kein Projekt haben, an dem Sie arbeiten können. Sie gehen gerne bis an die äußersten Grenzen Ihrer Kraft, um zu sehen, was alles machbar ist.
    - ☐ Bedürfnis, etwas zu leisten/zu erreichen
    - ☐ Bedürfnis nach Beschäftigung/Arbeit
    - ☐ Bedürfnis nach Verantwortung/eine Mission zu haben oder sich für etwas einzusetzen

18. Sie essen immer wieder vor dem Fernseher oder direkt aus dem Kühlschrank, obwohl Sie eigentlich gar keinen Hunger haben.
    - ☐ Bedürfnis nach Liebe
    - ☐ Bedürfnis, unterstützt/umsorgt zu werden
    - ☐ Bedürfnis nach Sicherheit/Geborgenheit
    - ☐ Bedürfnis nach Beschäftigung/Arbeit

19. Ihre Kollegen können Ihren Standpunkt nicht nachvollziehen. Sie sagen etwas, und niemand scheint auf Sie zu hören oder Sie zu verstehen.
    - ☐ Bedürfnis, angehört/verstanden zu werden
    - ☐ Bedürfnis nach Anerkennung/Aufmerksamkeit
    - ☐ Bedürfnis nach Wertschätzung

20. Sie wollen immer die Fernbedienung des Fernsehers in der Hand halten.
    - ☐ Bedürfnis nach Kontrolle/Macht

21. Sie können es nicht ausstehen, wenn Ihr Chef oder Kollege die Anerkennung für Ihre Leistungen einheimst.
    - ☐ Bedürfnis nach Anerkennung/Aufmerksamkeit/Beachtung
    - ☐ Bedürfnis nach Wertschätzung/Bestätigung

22. Es frustriert und/oder ärgert Sie sehr, wenn Sie im Berufsleben nicht die Anerkennung bekommen, die Sie verdient haben.
    - ☐ Bedürfnis nach Anerkennung/Beachtung
    - ☐ Bedürfnis nach Wertschätzung/Bestätigung

23. Sie fühlen sich einsam und isoliert und verlieren das Bedürfnis nach Sex, wenn Sie keine Beziehung führen.
    - ☐ Bedürfnis, berührt/in den Arm genommen zu werden
    - ☐ Bedürfnis nach Liebe

24. Sie stellen fest, dass Ihre Kollegen etwas planen, ohne Sie mit einzubeziehen. Selbst wenn Sie wissen, dass Sie sowieso nicht dabei sein können, ärgern Sie sich, sind wütend, verletzt oder enttäuscht. Sie möchten eingeladen werden, auch wenn Sie keine Zeit haben.
    - ☐ Bedürfnis, dazuzugehören/gemocht zu werden

25. Es ärgert Sie sehr oder regt Sie auf, wenn andere Menschen ohne Ihr Wissen etwas tun oder planen.
    - ☐ Bedürfnis nach Macht/Kontrolle
    - ☐ Bedürfnis nach Klarheit/Bescheid zu wissen/informiert zu werden

26. Sie haben eine Menge Geld auf der Bank, Ihnen fehlt aber trotzdem das Gefühl von Sicherheit. Irgendwie ist es nie genug.
    - ☐ Bedürfnis nach Sicherheit/Geborgenheit
    - ☐ Bedürfnis nach Luxus/Komfort

27. Kein Mensch verliert gerne, aber Sie können es nicht ertragen, der Unterlegene zu sein. Sie müssen immer gewinnen.
    - ☐ Bedürfnis, zu siegen/der Beste zu sein

28. Ihre Mitmenschen finden Sie stur oder rechthaberisch, weil Sie immer Ihren Standpunkt durchsetzen müssen.
    - ☐ Bedürfnis, angehört zu werden/sich mitzuteilen
    - ☐ Bedürfnis, Recht zu haben/verstanden zu werden
    - ☐ Bedürfnis nach Verantwortung/das Richtige zu tun/Ihre Pflicht zu erfüllen
    - ☐ Bedürfnis zu siegen

29. Sie sagen Ihrem Partner oder Ihrer Partnerin gern, wie er/sie aus der Einfahrt herausfahren soll.
    - ☐ Bedürfnis nach Kontrolle

30. Es gefällt Ihnen, wenn Ihr Chef, Ihre Familie und Ihre Freunde mit dem, was Sie machen, einverstanden sind. Widerspruch bringt Sie aus der Fassung.
   - ☐ Bedürfnis, akzeptiert zu werden/nach Zustimmung
   - ☐ Bedürfnis nach Wertschätzung

31. Bei Partys und ähnlichen Anlässen müssen Sie immer im Mittelpunkt der Aufmerksamkeit stehen und tun alles Mögliche, um das zu erreichen (Witze erzählen, Lieder zum Besten geben, herumalbern, auffallende Kleidung tragen usw.).
   - ☐ Bedürfnis nach Anerkennung/Aufmerksamkeit/Beachtung/gesehen zu werden

32. Es fällt Ihnen schwer, nichts zu tun. Selbst im Urlaub arbeiten Sie gern noch an irgendeinem Projekt.
   - ☐ Bedürfnis, sich nützlich zu machen/gebraucht zu werden
   - ☐ Bedürfnis, etwas zu leisten/zu erreichen
   - ☐ Bedürfnis beschäftigt zu sein/zu arbeiten

33. Wenn Sie nicht jeden Tag mindestens zehn Minuten der Ruhe ganz für sich allein haben, bringt das Ihren ganzen Tag aus dem Gleichgewicht.
   - ☐ Bedürfnis nach Frieden/Ausgewogenheit/Alleinsein

34. Es ist sehr wichtig für Sie, aufgrund Ihrer Position Macht oder Autorität auszuüben. Sie müssen immer das Sagen haben – bei der Arbeit ebenso wie zu Hause.
   - ☐ Bedürfnis nach Kontrolle/Macht/Autorität

35. Sie können keine Beziehung führen, in der Ihr Partner oder Ihre Partnerin Ihnen nicht treu ist. Eine offene Beziehung ist nichts für Sie.
   - ☐ Bedürfnis nach Kontrolle/Macht
   - ☐ Bedürfnis nach Verantwortung/Pflichterfüllung/Loyalität
   - ☐ Bedürfnis nach Liebe

36. Sie sind ein Perfektionist und können es nicht ertragen, wenn irgendetwas nicht so läuft, wie es eigentlich sollte.
   - ☐ Bedürfnis nach Perfektion/Ordnung

37. Sie gehen mehrmals in der Woche einkaufen, was Ihnen einen Kick gibt. Hinterher haben Sie jedoch ein schlechtes Gewissen, weil Sie die Sachen mit Ihrer Kreditkarte bezahlen und Ihre Schulden nicht begleichen können. Trotzdem kaufen Sie immer weiter ein, obwohl Sie wissen, dass Sie es eigentlich nicht sollten.
    - ☐ Bedürfnis nach Liebe
    - ☐ Bedürfnis nach Luxus/Komfort/Überfluss

38. Manchmal gehen Sie ins Restaurant, obwohl Sie gar nichts essen wollen – nur um zu sehen, ob dort jemand sitzt, den Sie kennen.
    - ☐ Bedürfnis, gesehen/bewundert/erkannt zu werden/bekannt zu sein

39. Sie können nachts nicht schlafen, ohne vorher geprüft zu haben, ob auch wirklich alle Türen abgeschlossen sind.
    - ☐ Bedürfnis nach Sicherheit/Geborgenheit

40. Sie haben immer eine gewisse Menge an Vorräten und Haushaltsgegenständen parat.
    - ☐ Bedürfnis nach Luxus/Komfort/Überfluss
    - ☐ Bedürfnis nach Sicherheit/Geborgenheit

41. Sie haben das Gefühl, immer das Richtige tun zu müssen – egal in welcher Hinsicht.
    - ☐ Bedürfnis nach Ehrlichkeit/Integrität
    - ☐ Bedürfnis nach Pflichterfüllung/Verantwortung/Gerechtigkeit

42. Sie geben es zwar nicht gern zu – aber Sie verabreden sich kein zweites Mal mit jemandem, der beim ersten Treffen nicht die Rechnung übernimmt. Sie lassen sich gern einladen und haben das Gefühl, dass Ihr Rendezvous kein besonders großes Interesse an Ihnen haben kann, wenn er/sie die Rechnung nicht bezahlen will.
    - ☐ Bedürfnis, unterstützt/versorgt zu werden
    - ☐ Bedürfnis nach Liebe

43. Sie lieben Klatsch und Tratsch und können der Versuchung nicht widerstehen, hinter vorgehaltener Hand pikante Geschichten weiterzuerzählen.
    - ☐ Bedürfnis nach Anerkennung/Aufmerksamkeit/bekannt zu sein
    - ☐ Bedürfnis, dazuzugehören/akzeptiert/gemocht zu werden
    - ☐ Bedürfnis, angehört zu werden/sich mitzuteilen/Geschichten zu erzählen

44. Für Sie ist es selbstverständlich, dass die Gäste, die Sie zu Ihrer Geburtstagsfeier einladen, Geschenke mitbringen. Wenn Ihnen jemand nichts schenkt, sind Sie verärgert.
    - ☐ Bedürfnis, umsorgt/unterstützt zu werden

45. Sie würden niemals in ein Restaurant mit schlechtem Service gehen, auch wenn das Essen hervorragend ist.
    - ☐ Bedürfnis, umsorgt/unterstützt zu werden/dass man sich um Sie kümmert
    - ☐ Bedürfnis nach Luxus/Komfort

46. Sie müssen unbedingt wissen, dass Ihr Liebhaber oder Partner Sie begehrt. Es reicht Ihnen nicht, wenn er oder sie es Ihnen einfach nur sagt. Sie sind erst dann zufrieden, wenn Sie eindeutige Beweise dafür haben.
    - ☐ Bedürfnis, unterstützt/umsorgt zu werden
    - ☐ Bedürfnis, berührt/liebkost zu werden

47. Sie geraten immer wieder in heikle oder schwierige Situationen, aber glücklicherweise ist dann stets irgendjemand da, der Sie rettet oder Ihnen weiterhilft.
    - ☐ Bedürfnis, gerettet/unterstützt zu werden

48. Ehe Sie (bei der Arbeit ebenso wie im Privatleben) Ihr Bestes geben können, muss die andere Seite erst einmal eine feste Verpflichtung eingehen – sei es ein Arbeits- oder Ehevertrag.
    - ☐ Bedürfnis nach Sicherheit/Geborgenheit
    - ☐ Bedürfnis nach Klarheit/Gewissheit

49. Sie stellen anderen Menschen oft Suggestivfragen, um sie zu Komplimenten zu bewegen, zum Beispiel: »Wie gefällt dir mein Kleid/mein Anzug/meine Frisur?«
    - ☐ Bedürfnis, geliebt/begehrt/angebetet zu werden
    - ☐ Bedürfnis nach Bewunderung/Anerkennung
    - ☐ Bedürfnis nach Komplimenten/Wertschätzung
    - ☐ Bedürfnis nach Unterstützung/Ermutigung

50. Nach einem schlechten Tag gibt es nichts, was Ihnen mehr hilft, als liebevoll in den Arm genommen zu werden.
    - ☐ Bedürfnis, berührt/umarmt zu werden
    - ☐ Bedürfnis, unterstützt/umsorgt zu werden
    - ☐ Bedürfnis nach Liebe/begehrt zu werden

51. Wenn es nichts gibt, wofür Sie sich einsetzen können, kommt Ihnen das Leben banal und belanglos vor.
    - ☐ Bedürfnis nach Verantwortung/sich für eine Sache oder Mission einzusetzen
    - ☐ Bedürfnis nach Leistung
    - ☐ Bedürfnis zu arbeiten/beschäftigt zu sein

52. Sie schreiben oft Briefe an Redaktionen, um falsche oder ungerechte Darstellungen zu korrigieren.
    - ☐ Bedürfnis, sich für eine Sache oder Mission einzusetzen/Bedürfnis nach Pflichterfüllung/Verantwortung
    - ☐ Bedürfnis, Recht zu haben
    - ☐ Bedürfnis nach Ehrlichkeit/Integrität

53. Sie müssen bei jeder Auseinandersetzung das letzte Wort haben.
    - ☐ Bedürfnis, Recht zu haben
    - ☐ Bedürfnis zu gewinnen
    - ☐ Bedürfnis nach Macht/Kontrolle

54. Sie hassen es, Unrecht zu haben.
    - ☐ Bedürfnis, Recht zu haben
    - ☐ Bedürfnis zu gewinnen

55. Wenn es jemanden gibt, der Sie ermutigt, strengen Sie sich immer ganz besonders an.
    - ☐ Bedürfnis, sich nützlich zu machen/gebraucht zu werden
    - ☐ Bedürfnis nach Unterstützung/Ermutigung

56. Wortspiele und Doppeldeutigkeiten ärgern Sie.
    - ☐ Bedürfnis nach Klarheit/Gewissheit

57. Sie machen lieber anderen Geschenke, als selbst welche zu bekommen, weil Sie sich Ihren Mitmenschen gegenüber nicht verpflichtet fühlen möchten.
    - ☐ Bedürfnis, keine Verpflichtungen zu haben/unabhängig zu sein

58. Sie haben immer ein paar kleine Aufmerksamkeiten auf Vorrat, um bei feierlichen Anlässen jederzeit ein Geschenk machen zu können.
    - ☐ Bedürfnis, keine Verpflichtungen zu haben/unabhängig zu sein

59. Sie haben das Gefühl, immer alles offen sagen zu müssen, auch wenn das manchmal vielleicht gar nicht in Ihrem Interesse ist.
    - ☐ Bedürfnis, sich mitzuteilen/zu kommunizieren/angehört zu werden
    - ☐ Bedürfnis nach Ehrlichkeit/Integrität

60. Sie weigern sich, Geld von Freunden oder Angehörigen anzunehmen, obwohl es Ihnen das Leben erleichtern würde.
    - ☐ Bedürfnis, keine Verpflichtungen zu haben/unabhängig zu sein

61. Wenn ein Fehler passiert, sind Sie immer schnell bereit, sich den Schuh anzuziehen, selbst wenn Sie nur teilweise oder gar nicht die Verantwortung dafür tragen.
    - ☐ Bedürfnis nach Pflichterfüllung/Verantwortung
    - ☐ Bedürfnis nach Ehrlichkeit/Integrität

62. Sie können es nicht ertragen, Anweisungen zu erhalten.
    - ☐ Bedürfnis nach Unabhängigkeit/Freiheit
    - ☐ Bedürfnis nach Kontrolle/Macht

63. Sie hassen es, an Projekten zu arbeiten, die Sie nicht selbst zu Ende bringen können.
    - ☐ Bedürfnis nach Leistung
    - ☐ Bedürfnis nach Kontrolle
    - ☐ Bedürfnis nach Perfektion/Ordnung

64. Sie lieben Checklisten und erstellen jeden Tag welche für sich selbst. Es macht Ihnen Spaß, einen Punkt nach dem anderen abzuhaken.
    - ☐ Bedürfnis nach Klarheit
    - ☐ Bedürfnis nach Ordnung/Checklisten
    - ☐ Bedürfnis, etwas zu leisten/zu erreichen
    - ☐ Bedürfnis zu arbeiten/beschäftigt zu sein

65. Wenn Sie nicht jeden Tag meditieren, können Sie keine wirklich guten Leistungen erbringen.
    - ☐ Bedürfnis nach Frieden/Ausgewogenheit/Alleinsein

66. Ihre liebsten Tage sind von der ersten bis zur letzten Minute mit Aktivitäten angefüllt. Sie genießen das Gefühl, etwas geschafft zu haben.
    - ☐ Bedürfnis nach Beschäftigung/Arbeit
    - ☐ Bedürfnis, etwas zu leisten/zu erreichen
    - ☐ Bedürfnis, sich nützlich zu machen/gebraucht zu werden

67. Sie tun stets mehr, als Sie eigentlich müssten – nicht nur bei der Arbeit, sondern auch im sozialen Bereich.
    - ☐ Bedürfnis, sich nützlich zu machen/gebraucht zu werden/unentbehrlich zu sein
    - ☐ Bedürfnis nach Wertschätzung
    - ☐ Bedürfnis nach Anerkennung
    - ☐ Bedürfnis, zu gewinnen/am besten zu sein

68. Sie kochen ehrenamtlich bei kirchlichen Veranstaltungen oder für die Suppenküche Ihrer Stadt.
    - ☐ Bedürfnis, gebraucht zu werden/sich nützlich zu machen
    - ☐ Bedürfnis, das Richtige zu tun/nach Pflichterfüllung/Verantwortung
    - ☐ Bedürfnis nach Wertschätzung

69. Sie investieren viel Zeit und Energie für wohltätige Zwecke oder Umweltschutzorganisationen.
    - ☐ Bedürfnis, gebraucht zu werden/sich einzubringen
    - ☐ Bedürfnis nach Verantwortung/Pflichterfüllung/das Richtige zu tun

70. Sie können erst dann guten Gewissens eine Entscheidung treffen, wenn Sie über alle Fakten im Bilde sind.
    - ☐ Bedürfnis nach Information/Klarheit
    - ☐ Bedürfnis nach Sicherheit

71. Sie übertreten gern Regeln oder stellen Ihre eigenen Regeln auf.
    - ☐ Bedürfnis nach Freiheit/Unabhängigkeit/keinen Einschränkungen unterworfen zu sein

72. Sie sind von einer Firma zu einem opulenten Essen eingeladen und können es nicht ertragen, dass all die übrig gebliebenen Speisen weggeworfen werden. Daher bitten Sie den Kellner, Ihnen ein paar Behältnisse zu bringen, damit Sie die Reste mit nach Hause nehmen können.
    - ☐ Bedürfnis nach Sicherheit/Geborgenheit
    - ☐ Bedürfnis nach Komfort/Überfluss/Luxus

73. Es macht Ihnen nichts aus, länger zu arbeiten, wenn Sie wissen, dass Ihr Chef Ihr Bemühen zu schätzen weiß.
    - ☐ Bedürfnis nach Wertschätzung
    - ☐ Bedürfnis zu gewinnen/der Beste zu sein
    - ☐ Bedürfnis nach Zustimmung/gemocht zu werden
    - ☐ Bedürfnis nach Bewunderung/Anerkennung
    - ☐ Bedürfnis nach Unterstützung/Ermutigung

74. Sie würden sich in einem Inlokal niemals die Reste einpacken lassen, wenn Sie nicht alles aufessen können. Sie haben das Gefühl, dass das keinen guten Eindruck macht oder »uncool« ist.
    - ☐ Bedürfnis, akzeptiert/gemocht/respektiert zu werden
    - ☐ Bedürfnis nach Bewunderung/Anerkennung

75. Sie essen gern fein säuberlich verpackte Lebensmittel (Joghurt, Bananen, Tiefkühlgerichte, Fertigmüsli usw.).
    - ☐ Bedürfnis nach Ordnung/Perfektion

76. Sie kontrollieren Ihre Ausgaben und Einnahmen jeden Monat genau und überziehen niemals Ihr Konto.
    - ☐ Bedürfnis nach Ordnung/Perfektion
    - ☐ Bedürfnis nach Klarheit/Gewissheit
    - ☐ Bedürfnis nach Sicherheit/Geborgenheit

77. Sie sagen bei einer Besprechung lieber nicht Ihre Meinung, wenn Sie wissen, dass das zu einem Streit führen würde.
    - ☐ Bedürfnis nach Harmonie/Frieden
    - ☐ Bedürfnis nach Zustimmung/Sympathie

78. Sie regen sich jedes Mal auf, wenn Ihnen jemand den Erhalt Ihrer E-Mails nicht bestätigt oder Sie nicht zurückgerufen werden, wenn Sie eine Nachricht auf dem Anrufbeantworter hinterlassen haben.
    - ☐ Bedürfnis nach Klarheit
    - ☐ Bedürfnis nach Anerkennung
    - ☐ Bedürfnis, etwas zu erreichen/zu leisten

79. Sie gehen nie aus dem Haus, ohne vorher überprüft zu haben, ob Ihre Frisur in Ordnung ist, ob Sie gepflegt aussehen und gut angezogen sind.
    - ☐ Bedürfnis nach Bewunderung/Anerkennung
    - ☐ Bedürfnis nach Ordnung/Perfektion
    - ☐ Bedürfnis nach Wertschätzung/Komplimenten

80. Bei sich zu Hause oder in Ihrem Büro haben Sie stolz alle Preise, Auszeichnungen, Zeugnisse oder sonstigen Anerkennungen und Leistungsnachweise aufgehängt, die Sie in Ihrem Leben je erhalten haben.
    - ☐ Bedürfnis nach Anerkennung/Bewunderung/wichtig zu sein
    - ☐ Bedürfnis, respektiert/akzeptiert zu werden

81. Sie fühlen sich immer ganz besonders geliebt, wenn Ihr Partner Ihre Hand hält, Ihnen Worte der Zärtlichkeit ins Ohr flüstert oder Ihnen seine Liebe durch andere Gesten zeigt. Wenn er das nicht tut, fehlt Ihnen etwas, oder Sie haben das Gefühl, dass er Sie nicht richtig liebt.
    - ☐ Bedürfnis nach Liebe/Wertschätzung

82. Sie bekommen unheimlich gern Geschenke. Es muss nicht unbedingt etwas Großes sein, Sie freuen sich auch über kleine Aufmerksamkeiten und Überraschungen. Wenn die Menschen, die Sie lieben, Ihnen nicht regelmäßig etwas schenken, fühlen Sie sich irgendwie vernachlässigt oder ungeliebt.
    - ☐ Bedürfnis, umsorgt/unterstützt zu werden
    - ☐ Bedürfnis nach Liebe

83. Sie gehen gern ab und zu auf Partys und zu anderen gesellschaftlichen Anlässen. Sie haben aber auch das Bedürfnis, hin und wieder allein zu sein, um neue Energie aufzutanken. Bei großen Gesellschaften haben Sie manchmal das Gefühl, unbedingt hinausgehen und eine kleine Verschnaufpause einlegen zu müssen.
    - ☐ Bedürfnis nach Frieden/Ausgewogenheit/Alleinsein

84. An Feiertagen oder bei Familienfesten empfinden Sie den geselligen Umgang in großer Runde mit der Zeit als anstrengend. Meistens haben Sie dann das Bedürfnis, allein einen Spaziergang zu machen oder sich in ein anderes Zimmer zurückzuziehen, um zu lesen oder fernzusehen.
    - ☐ Bedürfnis nach Frieden/Ausgewogenheit/Alleinsein

85. Sie fragen nicht gern nach dem Weg und hassen es, wenn Ihr Beifahrer Ihnen vorschreiben will, wie Sie fahren sollen.
    - ☐ Bedürfnis nach Kontrolle
    - ☐ Bedürfnis, Recht zu haben

86. Sie neigen dazu, Ihre ganze Energie auf das zu verwenden, was Sie gerade tun, sind aber eigentlich glücklicher und produktiver, wenn ein harmonisches Gleichgewicht zwischen Arbeit und Freizeit herrscht.
    - ☐ Bedürfnis nach Ausgewogenheit

87. Sie lassen sich nicht gern von anderen Menschen berühren, auch wenn Sie wissen, dass diese es gut meinen oder Sie nur trösten wollen.
    - ☐ Bedürfnis nach Kontrolle

88. Sie mögen es, umarmt zu werden und andere Menschen in den Arm zu nehmen. Sie berühren auch andere gern an der Hand oder am Arm, vor allem, wenn sie traurig oder gekränkt sind.
    - ☐ Bedürfnis, berührt/in den Arm genommen zu werden
    - ☐ Bedürfnis nach Liebe
    - ☐ Bedürfnis, unterstützt/umsorgt zu werden

89. Wenn Sie eine Party geben oder eine Veranstaltung planen, achten Sie stets darauf, alle einzuladen. Sie wissen, was für ein furchtbares Gefühl es ist, übergangen zu werden.
    - ☐ Bedürfnis, akzeptiert zu werden/dazuzugehören
    - ☐ Bedürfnis nach Liebe

90. Wenn Sie etwas falsch machen, nehmen Sie sich das sehr zu Herzen.
    - ☐ Bedürfnis, Recht zu haben
    - ☐ Bedürfnis nach Perfektion/Ordnung
    - ☐ Bedürfnis, am besten zu sein/zu gewinnen

91. Sie erwarten von Ihren Mitmenschen, dass sie sich klar und deutlich ausdrücken. Sie können es nicht leiden, wenn jemand nuschelt, schwafelt oder vom Hundertsten ins Tausendste kommt.
    - ☐ Bedürfnis nach Klarheit
    - ☐ Bedürfnis nach Perfektion/Ordnung

92. Sie sagen stets, was Sie denken, auch wenn das nicht immer angebracht ist.
    - ☐ Bedürfnis nach Ehrlichkeit/Integrität
    - ☐ Bedürfnis, angehört zu werden/sich mitzuteilen
    - ☐ Bedürfnis, Recht zu haben
    - ☐ Bedürfnis nach Verantwortung/das Richtige zu tun

93. Sie regen sich auf, werden wütend oder sind beunruhigt, wenn man nicht offen mit Ihnen kommuniziert. Sie möchten lieber die Wahrheit hören, auch wenn sie schwer zu verkraften ist.
    - ☐ Bedürfnis nach Ehrlichkeit/Integrität
    - ☐ Bedürfnis nach Klarheit

94. Wenn Sie auf Reisen gehen, nehmen Sie alles von zu Hause mit, was Ihr Leben bequem und angenehm macht. Sie würden lieber gar nicht verreisen, als dabei auf Ihren gewohnten Komfort zu verzichten.
    - ☐ Bedürfnis nach Komfort/Luxus

95. Sie haben das Bedürfnis, in den unterschiedlichsten Situationen nach Möglichkeit die Oberhand zu behalten.
    - ☐ Bedürfnis nach Kontrolle/Macht
    - ☐ Bedürfnis, Recht zu haben
    - ☐ Bedürfnis zu gewinnen/der Beste zu sein

96. Es muss immer alles so laufen, wie Sie es sich vorstellen. Falls jemand damit nicht einverstanden ist, suchen Sie sich jemand anderen, der genau das tut, was Sie wollen.
    - ☐ Bedürfnis nach Kontrolle/Macht
    - ☐ Bedürfnis, Recht zu haben
    - ☐ Bedürfnis zu gewinnen

97. Sie sind bekannt dafür, dass Sie alle Projekte termingerecht abschließen.
    - ☐ Bedürfnis, etwas zu erreichen/zu leisten
    - ☐ Bedürfnis, anerkannt zu werden/bekannt zu sein
    - ☐ Bedürfnis zu gewinnen/der Beste zu sein
    - ☐ Bedürfnis nach Arbeit/Beschäftigung

98. Sie haben keinen Respekt vor Menschen, die schlecht organisiert oder unordentlich sind.
    - ☐ Bedürfnis nach Ordnung/Perfektion

99. Sie fühlen sich gegenüber Ihrer Kirche, Ihrer Familie und Ihrem Land verpflichtet.
    - ☐ Bedürfnis nach Pflichterfüllung/Verantwortung
    - ☐ Bedürfnis, sich nützlich zu machen/gebraucht zu werden/zu dienen

100. Manche Menschen scheinen sich bei Lärm und inmitten von Chaos erst richtig wohlzufühlen. Sie dagegen könnten in einer lauten Umgebung weder klar denken noch effizient arbeiten.
    - ☐ Bedürfnis nach Frieden/Harmonie/Ausgewogenheit/Alleinsein

101. Sie sagen immer die Wahrheit, obwohl es manchmal vielleicht einfacher oder besser wäre, es nicht zu tun.
    - ☐ Bedürfnis nach Ehrlichkeit/Integrität
    - ☐ Bedürfnis nach Verantwortung/das Richtige zu tun/Gerechtigkeit

102. Sie würden für Ihren persönlichen Gebrauch nicht einmal eine Briefmarke aus dem Büro mitnehmen.
    - ☐ Bedürfnis nach Ehrlichkeit/Integrität
    - ☐ Bedürfnis nach Pflichterfüllung/Verantwortung

103. Unabhängig von der Situation bemühen Sie sich stets, sich anzupassen.
    - ☐ Bedürfnis, akzeptiert/gemocht zu werden/dazuzugehören/Bedürfnis nach Zustimmung

104. Ein ausgewogenes Leben? Das ist doch bloß was für Schlappschwänze!
- ☐ Bedürfnis nach Beschäftigung/Arbeit
- ☐ Bedürfnis, etwas zu leisten/zu erreichen
- ☐ Bedürfnis zu gewinnen/der Beste zu sein

105. Sie sind übermäßig großzügig und bestehen darauf, Ihre Freunde und Angehörigen einzuladen, obwohl Sie es sich eigentlich gar nicht leisten können.
- ☐ Bedürfnis nach Wertschätzung/gemocht zu werden
- ☐ Bedürfnis nach Liebe

106. Wenn Sie mit jemandem zum Essen verabredet sind, bestehen Sie darauf, Ihre Rechnung selbst zu bezahlen, auch wenn Ihr Rendezvous Sie gern einladen möchte.
- ☐ Bedürfnis nach Freiheit/Unabhängigkeit/keine Verpflichtungen zu haben

107. Sie wollen unbedingt der Chef sein. Notfalls würden Sie sich auch selbstständig machen, um dieses Ziel zu erreichen.
- ☐ Bedürfnis nach Macht/Autorität/Kontrolle
- ☐ Bedürfnis nach Freiheit/Unabhängigkeit

108. Sie wollen jedes Spiel gewinnen. Sie überlassen anderen um keinen Preis den Sieg.
- ☐ Bedürfnis zu gewinnen/der Beste zu sein

109. Sie sind kein guter Verlierer. Sie hassen es zu unterliegen, und es fällt Ihnen sehr schwer, das zu verbergen.
- ☐ Bedürfnis zu gewinnen/der Beste zu sein

110. Sie leiten eine Besprechung am liebsten selbst, auch wenn es gar nicht Ihre Angelegenheit ist.
- ☐ Bedürfnis nach Kontrolle/Macht
- ☐ Bedürfnis nach Freiheit/Unabhängigkeit/keinen Einschränkungen unterworfen zu sein

111. Sie fühlen sich ungeliebt, wenn Ihr Partner nicht mit Ihnen kuschelt oder zärtlich zu Ihnen ist.
    ☐ Bedürfnis nach Berührung/Liebkosungen

112. In Stresssituationen greifen Sie normalerweise zum Telefonhörer und besprechen Ihre Probleme mit einem Freund oder einer Freundin.
    ☐ Bedürfnis, angehört zu werden/sich mitzuteilen

113. Ihre Freunde sagen, dass Sie Angst vor einer festen Bindung haben, doch in Wirklichkeit fürchten Sie eigentlich eher, Ihre Unabhängigkeit oder die Kontrolle über die Situation zu verlieren.
    ☐ Bedürfnis nach Freiheit/Unabhängigkeit
    ☐ Bedürfnis nach Kontrolle/Macht

114. Sie können es nicht ausstehen, wenn Ihr Partner beim Essen die Zeitung liest, statt mit Ihnen zu reden oder Ihnen zuzuhören.
    ☐ Bedürfnis, angehört zu werden/sich mitzuteilen

115. Sie berühren häufig andere Menschen.
    ☐ Bedürfnis nach Kontakt

116. Manchen Leuten kommt es bei Geschenken auf die nette Geste an, Sie lassen sich von kleinen Aufmerksamkeiten oder billigem Tand jedoch nicht beeindrucken. Sie möchten von Menschen, die Sie lieben, mit echtem Schmuck oder teuren Geschenken erfreut werden.
    ☐ Bedürfnis nach Luxus/Überfluss
    ☐ Bedürfnis, umsorgt/unterstützt zu werden

117. Sie nehmen Ihren Partner öfters in den Arm oder verwöhnen ihn mit einer Massage, während er am Computer sitzt.
    ☐ Bedürfnis nach Berührung/Liebkosungen

UND SO WIRD DAS QUIZ AUSGEWERTET

Nachdem Sie alle Fragen beantwortet haben, zählen Sie bitte zusammen, wie oft Sie ein bestimmtes Bedürfnis angestrichen haben. Vielleicht haben Sie »Zustimmung« fünfmal angekreuzt, »Liebe« zweimal, »Kontrolle« dreimal usw. Ihre vier wichtigsten Bedürfnisse sind die mit den meisten Kreuzen. Listen Sie sie hier auf:

MEINE VIER WICHTIGSTEN BEDÜRFNISSE

1. ______________________________

2. ______________________________

3. ______________________________

4. ______________________________

Herzlichen Glückwunsch! Sie haben nun den ersten Schritt zur Erfüllung Ihrer Bedürfnisse getan – indem Sie sich zunächst einmal darüber klar werden! Jetzt können wir anfangen, daran zu arbeiten. Nähere Ausführungen zum Thema persönliche Bedürfnisse (und wie man sie sich erfüllt) finden Sie auf meiner Webseite www.lifecoach.com oder in meinem Buch *Coach dich selbst, sonst coacht dich keiner*. Sobald Sie sich Ihre persönlichen Bedürfnisse erfüllt haben, werden Sie feststellen, dass sie ganz von selbst »verschwinden« und Sie auf Ihren jetzigen Chef oder potenzielle zukünftige Arbeitgeber wie von allein anziehender wirken. (Es gibt nichts Abstoßenderes als einen Menschen mit unerfüllten Bedürfnissen!)

Warum Sie anderen Menschen Grenzen setzen müssen, um sich Ihre persönlichen Bedürfnisse zu erfüllen

Nun, da Sie Ihre vier wichtigsten persönlichen Bedürfnisse kennen, müssen Sie herausfinden, wie Sie sich diese ein für allemal erfüllen können, damit sie sich endgültig in Wohlgefallen auflösen. Das geschieht in zwei Schritten, die zwar einfach zu befolgen sind, was jedoch nicht bedeutet, dass sie Ihnen unbedingt leichtfallen. Aber glauben Sie mir: Sie können es schaffen.

Im ersten Schritt werden Sie Ihre bereits bestehenden Grenzen verstärken. Das heißt, Sie werden Ihren Mitmenschen noch engere Grenzen setzen, als Sie es bisher getan haben. Dadurch werden Sie mehr Selbstvertrauen gewinnen. Außerdem macht Sie das für Ihren jetzigen oder zukünftigen Arbeitgeber noch anziehender. Denn wir fühlen uns von Natur aus zu Menschen hingezogen, die uns klare Grenzen setzen. Wir behandeln sie unwillkürlich mit mehr Respekt.

Als zweiten Schritt werden Sie lernen, ohne Umschweife um all das zu bitten, was Sie brauchen. Die beste Methode, sich Ihre Bedürfnisse zu erfüllen, besteht darin, Ihren Mitmenschen genau zu erklären, was sie es ausdrücken sollen oder was sie dafür tun sollen.

Außerdem werden Sie ein System etablieren, mit dessen Hilfe sich Ihre vier wichtigsten Bedürfnisse dauerhaft, mühelos und automatisch erfüllen lassen. Anfangs kostet es zwar ein bisschen Mühe, sich an diese Vorgehensweise zu gewöhnen, doch sobald es fertig ist, können Sie bis ans Ende Ihrer Tage die Früchte Ihrer Arbeit genießen.

Nachdem Sie die Übungen in diesem Teil des Buches gemacht haben, werden Sie auf Ihren jetzigen oder zukünftigen Arbeitgeber (oder auf Ihre Kunden, falls Sie selbstständig sind) sehr viel anziehender wirken, nämlich weil Sie Ihre bisherige Bedürftigkeit abgelegt haben – egal, ob Sie sich Ihrer unerfüllten Bedürfnisse bewusst waren oder nicht. Die nun folgenden Übungen sind nicht immer einfach, und vielleicht werden Sie dabei ab und zu einen inneren Widerstand verspüren. Ich empfehle Ihnen aber, sie trotzdem zu machen – insbesondere wenn Sie keine Lust dazu haben, denn genau dann werden Ihnen die Übungen am meisten bringen. Wenn sie Ihnen leichtfielen, würden die Bedürfnisse ja gar nicht mehr bestehen, da Sie sich diese schon längst erfüllt hätten. Also raffen Sie sich jetzt dazu auf – es lohnt sich, denn hinterher werden Sie ein tiefes Gefühl innerer Befriedigung und ein ganz neues Selbstvertrauen verspüren – vielleicht mehr als je zuvor in Ihrem Leben.

Setzen Sie Ihrem Umfeld engere Grenzen, als es erforderlich scheint

Der erste Schritt zur Erfüllung Ihrer Bedürfnisse besteht darin, Ihren Mitmenschen klare Grenzen zu setzen, um sicherzugehen, dass man Sie auch wirklich respektvoll behandelt. Den meisten von uns fällt es am Arbeitsplatz sehr schwer, doch ohne ausreichende Grenzen haben Sie keine Chance auf dauerhafte Erfüllung Ihrer Bedürfnisse. Ganz einfach ausgedrückt: Grenzen sind dafür da, damit niemand Sie verletzt. Die meisten Menschen haben Grenzen um sich herum errichtet, auch wenn ihnen das vielleicht gar nicht bewusst ist. Ein gutes Beispiel dafür ist Folgendes: »Ich lasse mich von niemandem schlagen.« Das würde sich kaum einer gefallen lassen. Falls jemand es doch tun sollte, würden Sie die Polizei rufen und den Kontakt zu dieser Person sofort beenden.

Die Einhaltung physischer Grenzen ist elementar. Manche von uns setzen ihren Mitmenschen jedoch nicht einmal diese Grenze und bleiben in einer Beziehung, obwohl sie von ihrem Partner geschlagen oder, noch schlimmer, misshandelt werden.

Zu sagen: »Ich lasse mich von niemandem anschreien«, weist darüber hinaus. Damit gehen Sie noch einen Schritt weiter. Und wenn Sie es dabei nicht belassen möchten, könnten Sie zum Beispiel sagen: »Niemand darf unhöfliche Bemerkungen über mich machen oder mich schlechtmachen«, gefolgt von: »Niemand darf mich ungefragt kritisieren.« Und wenn Sie noch einen Schritt weitergehen wollen: »Niemand darf in meiner Gegenwart andere Menschen böse oder unfreundlich behandeln oder streiten.«

Welche Grenzen Sie aufstellen möchten, ist Ihre Entscheidung. Je strenger sie sind, umso besser. Sie brauchen viel klarere Grenzen, als Sie glauben. In der nun folgenden Übung werden Sie eine Liste der zehn Grenzen aufstellen, die Sie gerne um sich herum errichten möchten. Als kleine Starthilfe hier ein paar typische Beispiele:

- Niemand darf in meine Privatsphäre eindringen.
- Ich lasse mich nicht anschreien.

- Niemand darf mich ungefragt kritisieren.
- Niemand darf sich in meiner Gegenwart streiten.
- Niemand darf in meiner Gegenwart mürrisch oder schlecht gelaunt sein.
- Ich lasse mir von niemandem ins Wort fallen.
- Ich dulde es nicht, dass Menschen, mit denen ich verabredet bin, zu spät kommen.
- Niemand darf über mich oder mir nahestehende Menschen unhöfliche oder abfällige Bemerkungen oder Witze machen.
- Ich dulde keinen Klatsch und Tratsch.
- Ich lasse mich von niemandem ausnutzen.
- Ich dulde es nicht, dass jemand in meiner Gegenwart rassistische Witze macht.
- Ich lasse es nicht zu, dass andere Menschen meine Zeit vergeuden.
- Niemand darf ohne meine Erlaubnis Dinge benutzen, die mir gehören.
- Ich lasse mich nicht anlügen.
- Niemand darf in meiner Gegenwart Schimpfwörter gebrauchen.
- Ich lasse mich von niemandem schäbig behandeln.
- Ich lasse es nicht zu, dass man mich ignoriert.
- Niemand darf in meiner Wohnung oder in meiner Nähe rauchen.
- Niemand darf mich vor neun Uhr morgens oder nach neun Uhr abends anrufen.
- Niemand darf mich in meiner Freizeit, meinem Privatleben oder meiner Ruhe stören.
- Ich lasse mir von niemandem Arbeit aufbürden, die er eigentlich selbst erledigen sollte.
- Niemand darf mich schlechtmachen oder meine Äußerungen beziehungsweise Ansichten geringschätzig abtun.
- Ich lasse mich von niemandem anschnauzen.
- Niemand darf so mit mir reden, dass ich mir wie ein Idiot vorkomme.
- Niemand darf die Probleme, die er mit anderen Menschen hat, an mir auslassen.
- Ich lasse mich nicht ungerecht behandeln.

Sie können aus dieser Aufzählung die Grenzen auswählen, die Sie für sinnvoll halten, und in der untenstehenden Liste Ihre eigenen hinzufügen. Nehmen Sie sich einen Augenblick Zeit, um die wichtigsten zehn Grenzen aufzuschreiben, die Sie in Ihrem Leben gern etablieren möchten:

MEINE ZEHN WICHTIGSTEN GRENZEN

1. ______________________________

2. ______________________________

3. ______________________________

4. ______________________________

5. ______________________________

6. ______________________________

7. ______________________________

8. ______________________________

9. ______________________________

10. ______________________________

»Wunderbar!«, werden Sie jetzt wahrscheinlich denken. »Nun habe ich also die Regel aufgestellt >Niemand darf mich anschreien oder anschnauzen<. Und was mache ich, damit die Leute sich auch wirklich daran halten?«

Ich habe schon Tausenden meiner Klienten ein sehr wirksames Vier-Schritte-Kommunikationsmodell zur Durchsetzung ihrer persönlichen Grenzen beigebracht. Zunächst einmal müssen Sie sich über Folgendes klar werden: Jemand überschreitet eine Ihrer Grenzen, weil Sie es ihm oder ihr erlaubt haben. Wenn Sie möchten, dass jemand sein Verhalten ändert, müssen Sie es ihm auf liebenswürdige Weise unmissverständlich zu verstehen geben. Ich will Ihnen nun ein Beispiel geben, wie es Ihnen gelingt, dass man mit Ihnen Ihren Vorstellungen entsprechend umgeht. (Bitte passen Sie gut auf, meine Damen – Frauen fällt so etwas nämlich besonders schwer!)

1. **Darauf hinweisen.** Zum Beispiel: »Merkst du eigentlich, dass du schreist?« oder: »Ist dir klar, dass du mich mit dieser Bemerkung verletzt hast?« oder: »Ich habe dich nicht um deine Meinung gebeten.« Falls Ihr Gesprächspartner das unerwünschte Verhalten trotzdem fortsetzt, machen Sie mit Schritt 2 weiter – aber erst, nachdem Sie es mit Schritt 1 versucht haben.
2. **Bitten.** Bitten Sie Ihr Gegenüber, mit dem unerwünschten Verhalten aufzuhören. Zum Beispiel: »Bitte hör jetzt auf, mich anzuschreien« oder: »Ich möchte nur konstruktive Kritik hören.« Wenn derjenige es trotzdem immer noch nicht begriffen hat und weitermacht, versuchen Sie es mit Schritt 3.
3. **Fordern oder insistieren.** »Ich bestehe darauf, dass du jetzt aufhörst zu schreien.« Falls er oder sie trotzdem weiterschreit, kommt Schritt Nummer 4.
4. **Weggehen (und zwar ohne pampige Antwort oder bissige Retourkutsche).** »Ich kann mich nicht weiter mit dir unterhalten, solange du mich anschreist. Ich gehe jetzt hinaus.«

Das Erfolgsgeheimnis dieser vier Schritte besteht darin, dass man zum anderen in neutralem Tonfall spricht. Werden Sie dabei auf gar keinen Fall lauter und sprechen Sie nicht akzentuierter als sonst. Achten Sie darauf, dass in Ihrer Stimme weder Wut noch Abwertung mitschwingt. Denken Sie daran: Sie informieren Ihren Gesprächspartner lediglich über etwas, bleiben Sie also ruhig. Durchlaufen Sie diese vier Schritte auf die gleiche Weise, wie wenn Sie sagen würden: »Der Himmel ist blau.« Um sich erfolgreich eine neue Karriere aufbauen zu können, müssen Sie ein Umfeld schaffen, in dem Ihre Mitarbeiter, Kollegen und Vorgesetzten Ihre Grenzen respektieren.

Warum Grenzen am Arbeitsplatz so wichtig sind

Wie können Sie mit sich selbst im Reinen sein, wenn andere Sie dauernd anschreien? Wie können Sie das Gefühl haben, dass Ihre Mitmenschen Sie schätzen, wenn Sie ständig kritisiert werden? Es ist sehr schwierig, seine positive Einstellung zu bewahren, wenn Sie zu Hause oder am Arbeitsplatz ständig von Pessimismus und Nörgelei umgeben sind. Auch wenn es alles andere als persönlich gemeint sein sollte – es ist einfach nicht zu akzeptieren, dass andere Menschen Sie anschreien. Und damit basta.

Als ich noch bei der Chase Manhattan Bank arbeitete, erklärten mir meine Vorgesetzten, was sie unter gutem Kundendienst verstehen: Man müsste wütende Kunden erst einmal ihrem Frust und ihrem Ärger Luft machen lassen und ihnen dann seine Hilfe anbieten. Während meiner sechs Jahre im Bankgewerbe musste ich mir jeden Tag anhören, wie Kunden sich beklagten und uns anschrien. Damals fühlte ich mich jeden Abend ausgelaugt und erschöpft. Hatte kein Kunde sich aufgeregt, war es ein guter Tag gewesen. War jedoch alles in Ordnung, kam normalerweise niemand in unsere Filiale. Hatten die Kunden wirklich einen Grund, sich so aufzuregen? Ja, meistens schon. Aber das bedeutete noch lange nicht, dass ich als Bankangestellte unbedingt der seelische Mülleimer für ihren Ärger und ihren Frust sein musste. Diese Einsicht war für mich eine echte Offenbarung. Doch ehrlich gesagt bezweifelte ich, ob es tatsächlich funktionieren würde, den Kunden meiner Bank Grenzen zu setzen. Schließlich hat der Kunde immer Recht.

Testweise stellte ich zunächst einmal folgende elementare Verhaltensregel auf: »Ich lasse mich von niemandem anschreien.« Und es kam, wie es kommen musste – dieser Grundsatz wurde sofort auf die Probe gestellt. Ich saß in meinem Büro und hörte, wie ein Mann einen meiner Kundenberater anschrie. »Na, denn mal ran an den Feind«, dachte ich und ging zum Schalter, wo ein Mann um die 40, der nach Alkohol roch, mit meinem Mitarbeiter herumbrüllte. Ich ging auf ihn zu und fragte ihn in neutralem Tonfall: »Ist Ihnen eigentlich klar, dass Sie schreien?« Daraufhin wurde der Mann sichtlich nervös und antwortete, immer noch laut: »Natürlich. Aber ich bin ja gar nicht wütend auf Sie. Ich bin wütend auf die Bank.« »Ich verstehe«, sagte ich. »Und Sie schreien immer noch. Bitte hören Sie jetzt damit auf, damit wir Ihnen weiterhelfen können.« Er murmelte etwas vor sich hin und ging zum Kassenschalter, um sein Anliegen zu erledigen. Anschließend kehrte er zum Kundenserviceschalter zurück und entschuldigte sich bei meinem Mitarbeiter für sein Verhalten. Danach kam er zu mir und entschuldigte sich ebenfalls. Der Mann verließ die Bank als zufriedener Kunde, und soweit ich weiß, hat er in unserer Filiale nie wieder geschrien. Es ging also doch! Und wenn es bei einem angetrunkenen, aggressiven Mann funktionierte, den ich gar nicht kannte, dann würde es sicherlich auch bei allen anderen Menschen funktionieren, dachte ich mir.

Also erklärte ich allen Mitarbeitern mein Vier-Schritte-Programm zur Etablierung von Grenzen und versprach ihnen, dass ich sie dabei unterstützen würde, solange sie in ruhigem, neutralem Tonfall sprachen. Sobald sie einem Kunden gegenüber ihre Stimme erhoben oder wütend würden, müssten sie selbst sehen, wie sie zurechtkamen. Innerhalb einer Woche hatte sich die Arbeitsatmosphäre in unserer Filiale von Grund auf gewandelt. Die Kunden begannen, die Bankangestellten respektvoll zu behandeln. Zum ersten Mal in meinem Leben war es angenehm, dort zu arbeiten – man hatte nicht mehr das Gefühl, in einem Irrenhaus, sondern an einem ruhigen, friedlichen Ort zu sein. Eines Tages kam ein Mann zu uns und erklärte mir, er habe sich entschlossen, ein Konto in unserer Filiale zu eröffnen, weil bei uns die beste Atmosphäre herrsche. Da wusste ich, dass wir mit unserer Art zu kommunizieren auf dem richtigen Weg waren.

Sind Grenzen denn nicht gleichbedeutend mit Kontrolle?

Manche Menschen machen sich Sorgen, man könnte sie als zu kontrollsüchtig empfinden, wenn sie anderen Grenzen setzen. Schließlich leben wir in einem freien Land: Haben nicht alle Menschen das Recht, zu tun oder zu sagen, was sie möchten, solange sie damit keine Gesetze brechen? Ja, das haben sie durchaus – und Sie haben das Recht zu entscheiden, ob Sie diese Menschen weiterhin um sich haben wollen oder nicht. Anderen Grenzen zu setzen hat nichts mit Kontrolle zu tun. Jeder tut ohnehin das, was er will. Grenzen sind dazu da, Sie vor anderen Leuten zu schützen. Wenn Sie Ihre Mitmenschen über Ihre Grenzen informieren, erklären Sie ihnen damit nur, wie Sie von ihnen behandelt werden möchten.

Jeder hat seine eigenen Grenzen. Ihnen macht es vielleicht nichts aus, wenn jemand zu spät zu einer Verabredung kommt; jemand anderen bringt Unpünktlichkeit hingegen zur Raserei. Und da die Grenzen von Mensch zu Mensch so unterschiedlich sind, ist es eine große Hilfe für Ihr Umfeld, wenn Sie gleich bei der ersten Grenzüberschreitung freundlich darauf hinweisen. Warten Sie nicht damit. Es ist viel einfacher, ruhig und gelassen zu bleiben, wenn man Probleme sofort zur Sprache bringt. Hier ein ganz einfacher Dialog als Beispiel:

»Ist dir klar, dass du zehn Minuten zu spät gekommen bist?«

»Tut mir leid, ich bin in einen Stau geraten.«

»Kein Problem. Ich weiß doch, dass du auf meine knapp bemessene Zeit Rücksicht nimmst.«

So geben Sie dem anderen die Möglichkeit, sein Gesicht zu wahren, und weisen ihn gleichzeitig auf das gewünschte Verhalten hin – Rücksichtnahme und Respekt. Lassen Sie sich nicht dazu verleiten, sein Fehlverhalten höflich zu übergehen! Viele Leute denken: »Bis jetzt ist es ja nur ein einziges Mal vorgekommen.« Oder: »Ich will wegen so einer Kleinigkeit kein Theater machen.« Aber das erste Mal ist genau der richtige Zeitpunkt, um Ihre Mitmenschen auf Ihre Grenzen hinzuweisen. Sie könnten zum Beispiel sagen: »Das ist unsere erste Verabredung. Sie können also nicht wissen, wie wichtig Pünktlichkeit für mich ist.« Oder einfacher: »Ist Ihnen klar, dass Sie fünfzehn Minuten zu spät gekommen sind?« Oder: »Ich wäre dir dankbar, wenn du beim nächsten Mal pünktlich kommen würdest.« Stellen Sie sich vor, dass Sie damit Ihrem Gegenüber einen Spiegel vorhalten, in dem es sein Fehlverhalten erkennen kann.

95 Prozent aller Menschen werden Ihre Botschaft verstehen und bei der nächsten Verabredung mit Ihnen pünktlich sein. Falls es jemand nicht sein sollte, machen Sie mit Schritt 2 weiter: Bitten. »Ich bitte dich, in Zukunft pünktlich zu sein.«

Viele machen den Fehler, anderen den erstmaligen Verstoß gegen ihre Regeln durchgehen zu lassen. Vor allem Frauen neigen dazu, denn wir wurden so erzogen, dass wir glauben, »nett« zu sein, wenn wir ein Problem nicht sofort zur Sprache bringen. Wenn Sie unerwünschte Verhaltensweisen grundsätzlich gleich beim ersten Mal ansprechen, wird es Ihnen leichter fallen, das in neutralem Ton zu tun – ohne Zorn, Ärger oder Wertung. Erst wenn wir zu lange damit warten, Probleme offen zu thematisieren, staut sich Wut in uns an, sodass wir das Zusammensein mit dem betreffenden Menschen nicht mehr genießen können.

Andere behandeln Sie nur deshalb so, weil Sie es ihnen erlaubt haben. Sie selbst tragen die Verantwortung für die »Erziehung« Ihrer Mitmenschen. Machen Sie sich doch das Leben leichter und geben Sie anderen – vor allem denen, die Sie lieben – eine Chance, ihr Verhalten zu ändern. Freunde und Familienangehörige sollten Sie zunächst ein paarmal auf ihr Fehlverhalten hinweisen und sie freundlich bitten, es zu ändern, ehe Sie anfangen zu fordern und zu insistieren.

Halte ich meine Mitmenschen nicht zu sehr auf Distanz, wenn ich ihnen Grenzen setze?

An dieser Stelle müssen wir eine wichtige Unterscheidung machen. Grenzen sind durchlässig: Nette Leute können den Graben überspringen und ins Innere der Burg gelangen. Nur mit Mauern halten Sie alle Menschen von sich fern. Wenn Sie Ihrem Umfeld keine klaren Grenzen setzen, werden Sie zwangsläufig irgendwann verletzt, und dann werden Sie Mauern um sich herum errichten, um sich vor weiteren Kränkungen zu schützen. Nur wenn wir Grenzen setzen, können wir uns für andere Menschen öffnen und intime Beziehungen eingehen, weil wir uns dann sicher fühlen. Je stabiler Ihre Grenzen sind, umso sicherer und entspannter werden Sie sich fühlen, und umso leichter wird es Ihnen fallen, tiefe, intensive Kontakte zu anderen Menschen aufzubauen. Und sicherlich wissen Sie schon, dass starke, enge Beziehungen der Schlüssel zu beruflichem Erfolg sind. Das gilt für alle Branchen!

Und wenn das Vier-Schritte-Programm nicht funktioniert? Dann müssen Sie Schritt 4 noch ein bisschen konsequenter beherzigen: Beenden Sie die Beziehung zu der betreffenden Person. Schließlich ist es Ihre eigene freie Entscheidung, ob Sie eine Beziehung fortsetzen möchten oder nicht. Aber es gibt auch eine gute Nachricht: Ich habe noch niemals erlebt, dass es sich am Ende nicht gelohnt hätte, auf der Einhaltung seiner Grenzen zu bestehen. Manchmal enden dadurch Freundschaften, Beziehungen oder Arbeitsverhältnisse, und es entsteht Raum für neue, bessere Chancen und Kontakte in Ihrem Leben. Ich habe auch schon erlebt, dass Klientinnen oder Klienten von mir ihren Job aufgaben, wenn es gar nicht mehr anders ging. Der Chef einer Klientin wollte ihre Hinweise einfach nicht verstehen und machte weiterhin sexistische und abfällige Bemerkungen über sie. Daraufhin kündigte sie und fand eine neue Stelle, wo sie respektvoll behandelt wurde – und obendrein auch noch mehr Geld verdiente!

Unserem Umfeld Grenzen zu setzen hat also nichts mit Kontrollsucht zu tun. Wir können andere Menschen gar nicht voll kontrollieren und sie erst recht nicht dazu zwingen, uns auf eine bestimmte Art und Weise zu behandeln. Aber wir können uns vor schlechtem Umgang schützen und uns das Umfeld, in dem wir uns bewegen, ganz gezielt aussuchen.

Wirke ich mit diesen vielen Forderungen denn nicht zu anspruchsvoll?

Haben Sie keine Angst, zu energisch rüberzukommen, wenn Sie dieses Kommunikationsmodell einsetzen. Klare Forderungen sind ja erst der dritte Schritt meines Programms. Zunächst einmal informieren Sie Ihr Gegenüber über Ihre Grenzen und bitten darum, diese zu respektieren. Wenn Sie das in neutralem Ton tun (dabei also nicht fordernd oder selbstgerecht klingen), werden Sie sich damit automatisch Respekt verschaffen. Selbst wenn Ihre Mitmenschen entscheiden sollten, sich nicht an Ihre Grenzen zu halten, werden sie Sie wahrscheinlich dennoch mehr respektieren als vorher. Beginnen Sie mit den Grenzen, die Ihnen am wichtigsten sind, und arbeiten Sie Ihre Liste dann nach und nach ab.

Grenzen sind keine Einbahnstraße. Unsere Forderungen sind auch ein Standard, der für unser eigenes Verhalten gilt. Es ist nicht angebracht, von anderen zu verlangen, dass sie Sie nicht anschreien dürfen, während Sie selbst keine Hemmungen haben, mit anderen Leuten herumzubrüllen. Wenn Sie Ihrem Umfeld strengere Grenzen setzen, hat das vielleicht auch den positiven Nebeneffekt, dass Sie die Messlatte für Ihr eigenes Verhalten in Zukunft höher hängen müssen.

Eine meiner Klientinnen erwartete immer sehr viel von ihren Mitmenschen und geriet schnell in Rage. Dann schrie sie ihre Kollegen und Mitarbeiter an und verlangte, dass diese ihr schlechtes Benehmen akzeptierten. Einer von ihnen setzte ihr schließlich eindeutige Grenzen, indem er ihr erklärte, dass sie ihn auf gar keinen Fall laut angehen dürfe – egal aus welchem Grund. Er wolle nicht in einer Firma bleiben, in der er so schlecht behandelt werde. Immer wenn sie wieder einmal laut zu werden drohte, wies er sie freundlich, aber bestimmt darauf hin. Meine Klientin verstand seine Botschaft, respektierte ihn dafür und lernte, sich besser zu beherrschen. Die Grenze, die er ihr aufzeigte, hat sie dazu gebracht, strengere Maßstäbe an ihr eigenes Verhalten anzulegen.

Die Vorteile strenger Grenzen

Den meisten Menschen ist gar nicht klar, dass sie anderen sehr viel strengere Grenzen setzen könnten. Dadurch lässt sich nicht nur das Gros beruflicher Probleme lösen, es hat gleichzeitig den Vorteil, dass auch Ihre privaten Beziehungen dadurch besser werden. Mächtige, einflussreiche Leute werden Sie sehr viel anziehender finden, wenn Sie klar definierte Grenzen formulieren.

1. **Machen Sie sich ruhig die Mühe, Ihrem Umfeld engere Grenzen zu setzen, denn dann werden Sie mehr geachtet.** Wir haben automatisch Respekt vor Menschen mit klaren Grenzen, während wir Leute, die keine Grenzen setzen, oft nicht so recht für voll nehmen. (Das sind die »Prügelknaben«, die wir mit Füßen treten.) Die Versuchung ist groß, Letztere schlecht zu behandeln. Vielleicht geht das immer noch auf das uralte Prinzip vom Überleben des Stärksten zurück: Schwache und kranke Tiere werden aus dem Rudel oder der Herde ausgeschlossen, damit die stärkeren eher überleben. Genau wie Tiere spüren auch wir sofort, ob uns jemand Grenzen setzt oder nicht, wobei uns diese Fähigkeit sehr zugute kommt. In dem Augenblick, in dem Sie eine neue Grenze setzen (zum Beispiel: »Niemand darf mich kritisieren.«), werden die anderen diese entweder sofort austesten, oder es wird Sie von nun an tatsächlich niemand mehr kritisieren. Die meisten Menschen erspüren Ihre neuen Grenzen instinktiv und verhalten sich entsprechend. Es ist wie eine starke neue Aura, die Sie in Ihre Umgebung projizieren.
2. **Nur Menschen mit starken Grenzen werden befördert.** Wir fühlen uns unwillkürlich zu Leuten hingezogen, die wir achten – Menschen, die einen Sinn für Würde haben und auch sich selbst mit Respekt begegnen. Mit klaren, strengen Grenzen wird es Ihnen also leichter fallen, die entsprechenden beruflichen Chancen anzuziehen und befördert zu werden. Niemand respektiert oder befördert einen Prügelknaben. Wenn Sie das Gefühl haben, an Ihrem Arbeitsplatz ausgenutzt oder falsch behandelt zu werden, müssen Sie Ihrem Umfeld wahrscheinlich erst einmal Grenzen setzen, sonst werden Sie den Durchbruch in die obersten Managementebenen nicht schaffen. Sicherlich haben Sie noch nie erlebt, dass jemand eine Führungskraft kritisiert oder ihr gegenüber abwertende Bemerkungen macht. Dazu kommt es einfach nicht, weil leitende Angestellte sich von vornherein mit starken Grenzen umgeben haben. Je eher auch Sie diese errichten, umso größer wird Ihre Chance auf eine Beförderung.
3. **Ihre Bedürfnisse nehmen ab, und Ihr Selbstbewusstsein wächst.** Sobald Sie Ihre zehn wichtigsten Grenzen zu Papier gebracht und begonnen haben, die Menschen in Ihrem Umfeld darauf aufmerksam zu machen, werden Sie feststellen, dass Sie

gar nicht mehr so »bedürftig« sind wie zuvor. Bedürfnisse entstehen nämlich oft durch unzureichende Grenzen. Wenn es Ihnen zum Beispiel um Respekt geht, und Ihre Freunde und Kollegen verspäten sich bei Verabredungen mit Ihnen dauernd oder sie fallen Ihnen ständig ins Wort, werden Sie sich vielleicht ungebührlich behandelt fühlen. Doch sobald Sie Ihre Grenze etabliert haben, werden andere automatisch besser mit Ihnen umgehen. Und je besser wir von unseren Mitmenschen behandelt werden, umso wohler fühlen wir uns in unserer Haut, und umso mehr Selbstbewusstsein und Selbstvertrauen haben wir. Das ist ein ganz normaler, natürlicher Prozess, der absolut mühelos vonstatten geht. Sie müssen sich also nur von Anfang an bemühen, die Menschen in Ihrem Umfeld richtig zu erziehen und ihnen klarzumachen, wie man mit Ihnen umgehen soll. Sobald Sie dazu übergegangen sind, wird es Ihnen auch leichter fallen, Ihre Mitmenschen um die Erfüllung bestimmter Bedürfnisse zu bitten. Nähere Informationen dazu finden Sie in dem Buch *Coach dich selbst, sonst liebt dich keiner,* in dem ich ausführlich auf dieses Thema eingehe und genau beschreibe, was Ihre Freunde und Angehörigen tun können, um Ihnen Ihre Bedürfnisse zu erfüllen.

SCHRITT 3

Wie würde Ihr ideales Leben aussehen?

Nimm das Leben nicht so ernst. Du kommst da ja doch nicht lebend raus.

ELBERT HUBBARD

Gut. Nun haben Sie also Ihren bisherigen Job perfektioniert (auch wenn Sie diese Tätigkeit nur vorübergehend ausüben werden, um finanziell über die Runden zu kommen, während Sie sich in Sachen Wunschkarriere umtun) und Klarheit über Ihre Prioritäten und persönlichen Bedürfnisse gewonnen. Schon allein dadurch wird es Ihnen leichter fallen, neue, bessere berufliche Chancen anzuziehen. Nun stellt sich die Frage, was Sie eigentlich gerne machen würden. Vielleicht wissen Sie die Antwort bereits – oder Sie haben noch keine Ahnung. Egal, ob Sie sich selbstständig machen oder eine andere Laufbahn einschlagen möchten: als Nächstes sollten Sie sich überlegen, wie Ihr ideales Leben aussehen würde. Wo möchten Sie wohnen? Mit was für Menschen hätten Sie gerne zu tun? Womit wollen Sie sich beschäftigen? Zunächst einmal sollten Sie sich von medial inspirierten Vorstellungen von Erfolg freimachen. Wenn Sie davon träumen, Kindern in Afrika Englisch beizubringen, brauchen Sie kein großes Haus, kein schickes Auto und keine teuren Kleider.

Als Coach kann ich Ihnen mehrere Kollegen nennen, die genau dafür stehen, denn ihr Leben an sich war ihnen wichtiger als ein luxuriöser Lebensstil. Sie haben darauf geachtet, dass ihr Beruf genau zu ihrer Vorstellung eines idealen Lebens passt. Thomas Leonard, der Gründer von Coach U, kaufte sich einen großen Campingbus und reiste damit quer durch Amerika, während er seine Klienten telefonisch und via Internet beriet – der erste Coach auf Rädern! Und Jeffery Raim, einer der ersten Präsidenten der International Coach Federation, schulte seine Klienten immer nur montags und nahm sich den Rest der Woche frei, um Skifahren zu gehen. Die meisten Menschen halten es genau umgekehrt: Sie pflegen einen luxuriösen Lebensstil und müssen dann einen Beruf ausüben, der ihnen keine besondere Freude macht, um sich dieses Leben leisten zu können. Vielleicht müssen Sie Ihrem Traum von einem hohen Lebensstandard adieu sagen, um das Leben führen zu können, das Sie sich wirklich wünschen.

Den meisten meiner Klienten geht es finanziell besser, wenn sie ihr Leben nach ihren persönlichen Fähigkeiten, Stärken, Werten und Leidenschaften ausrichten. Manche Leute entscheiden sich aber auch für eine Karriere, die sie zwar innerlich ausfüllt, ihnen finanziell aber nicht unbedingt viel einbringt. Es stimmt nun mal leider nicht immer, dass das Geld automatisch zu fließen beginnt, wenn man einem Beruf nachgeht, den man liebt – Vincent van Gogh ist das beste Beispiel dafür. Doch die meisten meiner Klienten haben jetzt ein höheres Einkommen als früher, als sie sich noch mit einem Job abrackern mussten, der ihnen eigentlich gar keinen Spaß machte – manchmal sogar sehr viel mehr Geld! Die nun folgenden Übungen und Spiele sollen Sie dazu inspirieren, über den Tellerrand hinauszuschauen, gewohnte Denkmuster abzulegen und sich das Leben auszumalen, von dem Sie insgeheim schon immer geträumt haben. Ich wünsche Ihnen viel Spaß dabei!

Wenn Geld keine Rolle spielte …

Ab und zu ist es hilfreich, über das, was unserer eingeschränkten Vorstellung nach möglich ist, hinauszudenken. Wenn Sie sich beruflich neu orientieren möchten, sollten Sie sich überlegen, wie Ihr ideales Leben (und Berufsleben) aussehen würde. Ich selber mache diese Übung normalerweise bei Familientreffen nach dem Abendessen mit meiner Mutter und meinen Schwestern. Dabei fragt man seine Freunde und Angehörigen, was sie tun würden, wenn sie so viel Geld hätten, wie sie möchten. Anschließend geht man von einem zum anderen und hört sich die Antworten an. Stattdessen können Sie auch einfach Papier und Bleistift zur Hand nehmen und mindestens 100 Dinge aufschreiben, die Sie gerne täten, was sie gerne wären oder hätten, wenn Geld keine Rolle spielte. Dabei brauchen Sie sich keinerlei Beschränkungen aufzuerlegen. Lassen Sie Ihrer Fantasie freien Lauf!

> *Ich brauche nur genug Geld, um Körper und Seele auseinanderzuhalten.*
>
> DOROTHY PARKER

Zusätzlich können Sie sich noch eine weitere interessante Frage stellen: »Was würdest du tun, wenn du nur noch sechs Monate oder ein Jahr zu leben hättest?«

Oder Sie spielen das »Flaschengeist-Spiel«: Stellen Sie sich vor, Sie gehen am Strand spazieren, und plötzlich liegt eine Flasche vor Ihnen. Sie heben sie auf, und heraus kommt ein Flaschengeist, der Ihnen Papier und Bleistift in die Hand drückt und sagt: »Ich kann dir alles erfüllen, was du gerne machen, sein oder haben möchtest. Du brauchst deine Wünsche nur innerhalb der nächsten fünf Minuten auf dieses Blatt Papier zu schreiben.« Tun Sie das – und zwar jetzt gleich! Es gibt keine Einschränkungen. Wenn Sie gern zum Mond fliegen möchten – kein Problem. Wenn Sie Bundeskanzler werden wollen – auch kein Problem. Wenn Sie schon immer davon geträumt haben, ein berühmter Schauspieler zu werden – setzen Sie es auf Ihre Liste. Wenn Sie sich einen gelben Mini Cooper wünschen – schreiben Sie es auf. Und wenn Sie sich nach einem Haus in den Bergen oder am Strand sehnen, gehört auch diese Herzensangelegenheit auf Ihre Liste. Schreiben Sie auch Erlebnisse auf, die Ihnen erstrebenswert erscheinen. Träumen Sie davon, die Pyramiden in Ägypten zu besichtigen, auf der Chinesischen Mauer spazieren zu gehen, den Grand Canyon zu sehen oder Salsa tanzen zu lernen? Bringen Sie alle Ihre Wünsche zu Papier.

Nichts ist unmöglich, zu teuer oder zu schwierig. Schreiben Sie so schnell und so spontan wie möglich alle Herzensangelegenheiten auf, die Ihnen einfallen – ohne sie zu bewerten oder einer Zensur zu unterwerfen. Vielleicht klingen Ihre Wunschvorstellungen verrückt oder nicht machbar, bei dieser Übung geht es ja auch nicht darum, logisch zu denken oder der Vernunft zu folgen. Sie sollen jede Vorsicht über Bord werfen und Ihre verrücktesten Träume schriftlich festhalten. Also überlegen Sie sich mindestens 100 verschiedene Dinge, die Sie gerne täten, was sie gerne wären oder hätten. Schreiben Sie alle Wünsche, Sehnsüchte, Fantasien und Hoffnungen auf, die Ihnen einfallen. Die meisten Leute geraten dabei schon nach kurzer Zeit ins Stocken. Diesen »toten Punkt« müssen Sie überwinden, indem Sie einfach weitermachen. Strengen Sie Ihre grauen Zellen an, dann werden Ihnen schon noch mehr Wünsche einfallen – Dinge, die Sie für unerreichbar halten, aber trotzdem insgeheim ersehnen. Machen Sie sich keine Sorgen, Sie brauchen das nicht alles in die Tat umzusetzen. Der Sinn dieser Übung besteht lediglich darin, Ihre begrenzten Vorstellungen davon zu überwinden, was Sie in diesem Leben alles erreichen können und sollten. Und die meisten Leute planen ihr Leben eine Nummer zu klein!

Nun, da Sie Ihre Liste in der Hand halten, sollten Sie daraus zehn Dinge auswählen, die Sie sich wirklich wünschen. Was möchten Sie in diesem Leben unbedingt sein, machen oder haben? Stellen Sie sich vor, Sie liegen im Sterben und schauen auf Ihr Leben zurück: Bei welchem der Wünsche auf Ihrer Liste würden Sie es bereuen, ihn sich nicht erfüllt zu haben? Notieren Sie diese zehn Dinge in Ihre Top-Ten-Liste auf der nächsten Seite. Falls Sie nicht so weit vorausdenken können, fragen Sie sich stattdessen, was Sie tun würden, wenn Sie nur noch sechs Monate oder ein Jahr zu leben hätten. Wählen Sie die zehn wichtigsten Punkte aus, und tragen Sie sie in Ihre Liste ein.

Noch eine kleine Randbemerkung zum Thema Reue hinsichtlich der Dinge, denen man nicht nachgekommen ist: Normalerweise tut es uns hinterher leid, irgendetwas nicht getan oder gesagt zu haben – dabei geht es um Versäumnisse wie jemandem zu verzeihen, sich bei jemandem zu entschuldigen, mehr Zeit mit geliebten Menschen verbracht, ein ganz besonderes Erlebnis gehabt oder sich einen geheimen Traum erfüllt zu haben. Das nehmen wir uns später einmal zu Herzen. Ich habe noch nie gehört, dass jemand auf seinem Sterbebett bedauerte, sich die Rolex-Uhr mit den Diamanten oder den schicken Sportwagen nicht gekauft zu haben.

WENN GELD KEINE ROLLE SPIELTE, WÜRDE ICH …

1. ______________________________

2. ______________________________

3. ______________________________

4. ______________________________

5. ______________________________

6. ______________________________

7. ______________________________

8. ______________________________

9. ______________________________

10. ______________________________

»Wenn Geld keine Rolle spielte …« Geschichten aus dem wahren Leben

Thomas Leonard, der Gründer von Coach U, verkaufte eines Tages sein Haus in Colorado, erwarb einen Campingbus und fuhr damit kreuz und quer durch Amerika, während er gleichzeitig Klienten coachte und sein Telefon-Coaching-Programm entwickelte. Das machte er über ein Jahr lang und reduzierte dadurch seine Kosten auf ein Minimum, sodass er genügend Zeit, Energie und die finanziellen Mittel hatte, um ein Coaching-Unternehmen zu gründen. Es hat sich gelohnt: Später konnte Leonard seine Firma für 2 Millionen Dollar verkaufen.

Karen Kingston, Autorin des Buches *Heilige Orte erschaffen mit Feng Shui,* verbringt die eine Hälfte des Jahres in England und die andere auf Bali.

Eine meiner Klientinnen, Ali Brown, stammte aus New York und träumte davon, in Kalifornien zu leben. Sie hängte ihren Job in einer Werbeagentur an den Nagel und begann, freiberuflich als Werbetexterin zu arbeiten. So konnte sie nach Los Angeles ziehen – in die Stadt ihrer Träume. Sie mietete sich eine Wohnung am Meer mit Swimmingpool, hielt sich fit, um eine Top-Figur zu bekommen, nahm Schauspielunterricht und wirkte sogar in ein paar Werbespots mit. Als Nächstes veröffentlichte sie online ein Buch im Eigenverlag. Inzwischen ist sie Multimillionärin, coacht andere Unternehmer und verhilft ihnen so zu Erfolg.

Timothy Ferriss, Autor des Buches *Die 4-Stunden-Woche,* hat sich sein Unternehmen so eingerichtet, dass er jeden Tag ein paar Stunden Sport treiben kann und genügend Zeit und Geld hat, um die Welt zu bereisen, neue Sprachen zu lernen und in Brasilien Tangostunden zu nehmen. Es ging ihm jedoch nicht immer so gut: Zu Beginn seiner Karriere musste er rund um die Uhr ackern und sich um alles selber kümmern. Erst als er lernte, zu delegieren und outzusourcen, begann er gut zu verdienen und Zeit für ein seinen Vorstellungen entsprechendes Leben zu haben. Dieser Mann ist der beste Beweis dafür, dass man nicht unbedingt höhere Einnahmen hat, wenn man mehr arbeitet. Im Gegenteil: Je weniger Timothy Ferriss arbeitete, umso mehr Geld floss ihm zu. Ist das nicht eine ermutigende Geschichte? Wenn Sie sich von vornherein überlegen, wie Ihr ideales Leben aussieht, ersparen Sie sich all die Mühen, die Ferriss auf sich nehmen musste, als er sein Unternehmen gründete.

> *Versuche nie, mit den anderen mitzuhalten. Zieh sie lieber auf dein Niveau herunter. Das ist billiger.*
>
> QUENTIN CRISP

Ein anderer Klient von mir war Chiropraktiker. Er kam auf mich zu, weil er nicht sicher war, ob er seine Praxis vergrößern sollte oder nicht. Ich fragte ihn, was er gern in seiner Freizeit machte, und erfuhr, dass er immer mit dem Fahrrad auf einen Berg in der Nähe seiner Heimatstadt fuhr, um da oben Bücher zu lesen. Außerdem verbrachte er viel Zeit mit seinem zehnjährigen Sohn – keine besonders kostenintensiven Freizeitaktivitäten also. Folglich entschied er sich schließlich dafür, seine Praxis zu verkleinern und sein Leben zu vereinfachen, wodurch er mehr Zeit für seinen Sohn und die geliebten Lesestunden auf seinem Berg hatte. Und zu unserem großen Erstaunen machte er mit seiner kleineren Praxis sogar mehr Gewinn und hatte mehr Freizeit als je zuvor. Ein größeres Unternehmen bringt nicht unbedingt immer mehr Profit ein – im Fall dieses Klienten machte es nur mehr Mühe!

Melissa Todd, deren »Erfolgsstory« ich im ersten Kapitel erzählt habe, arbeitete als Personalchefin in einer Anwaltskanzlei. Obwohl ihr Chef und ihre Kollegen ihre Arbeit sehr schätzten, war sie nicht zufrieden, denn ihre wahre Leidenschaft sind schon immer Hunde gewesen. Sie träumte davon, sich selbstständig zu machen, wobei sie mit Hunden arbeiten könnte. Und während sie nach wie vor ihren Vollzeitjob ausübte, begann sie, abends ihr eigenes Unternehmen aufzubauen. Ihr Ziel war es, die beste Hundetagesstätte in Austin, Texas, zu eröffnen: Hip Hounds. Und da sie ja nach wie vor jeden Tag acht Stunden in ihrem festen Job arbeitete und sich in der Zeit also nicht vor Ort darum kümmern konnte, war sie von vornherein gezwungen, Personal und eine Geschäftsführung einzustellen und einzuarbeiten.

Im ersten Jahr brauchte Melissa ein Business-Darlehen, um das nötige Kapital für ihr Unternehmen aufzubringen. Doch schon nach zwei Jahren machte sie ausreichend Umsatz, um ihren Brot-und-Butter-Job in der Anwaltskanzlei kündigen zu können. Während dieser zwei Jahre hatte sie alle Hände voll zu tun, ihre Festanstellung half ihr jedoch, die schwierige Anfangszeit zu überstehen – eine Phase, in der die meisten mit ihrem neu gegründeten Unternehmen scheitern, weil es ihnen an Kapital fehlt und weil sie noch nicht genügend einnehmen, damit sich das Ganze selber trägt. Außerdem war Melissa wegen ihres Vollzeitjobs von Anfang an gezwungen zu delegieren, und sie musste ein System entwickeln, mit dem sie ihr Team virtuell managen konnte. Dank dieses Arrangements konnte sie ihre Hundetagesstätte betreiben und gleichzeitig die Weine von Napa Valley verkosten – ein weiteres Hobby von ihr. Melissas Geschichte ist ein hervorragendes Beispiel dafür, wie man sein Leben gänzlich an dem ausrichtet, was einem am wichtigsten ist!

Wie würde Ihr idealer Tag aussehen?

Wenn es Ihnen nicht gelingen sollte, sich Ihr ideales Leben vorzustellen, dann beginnen Sie doch einfach mit einem einzigen Tag. Schreiben Sie auf, wie ein für Sie idealer Tag aussehen müsste: von dem Augenblick an, wenn Sie morgens aufwachen, bis zu dem Moment, wenn Sie abends schlafen gehen – und zwar so genau wie möglich. Einer meiner Klienten hat diese Übung gemacht, woraufhin ihm klarwurde, dass er sich eigentlich schon jetzt einen Tag so gestalten konnte, dass er seinen Idealvorstellungen entsprach.

> *Es muss im Leben doch noch mehr geben, als alles zu haben.*
>
> **MAURICE SENDAK**

Wenn Sie damit fertig sind, überlegen Sie, ob sich diese Beschreibung auf eine ganze Woche voll idealer Tage erweitern lässt. Und dann gehen Sie dazu über, möglichst viele Elemente Ihres idealen Tages in Ihr jetziges Leben zu integrieren. Wenn Sie davon träumen, morgens beim Aufwachen von einem Butler begrüßt zu werden, der Ihnen Croissants und Kaffee ans Bett bringt, sollte es Sie nicht beunruhigen, dass Sie noch keinen Butler haben – fangen Sie einfach für sich mit Croissants und Kaffee an.

MEIN IDEALER TAG

____

____

____

____

____

Einer meiner Klientinnen wurde bei dieser Übung klar, dass der ideale Tagesbeginn für Sie darin bestand, morgens hinaus auf ihre Veranda zu gehen, von wo aus sie über herrliche Wälder blickte, sich eine Tasse heißen Tee und einen frischgebackenen Heidelbeermuffin zu gönnen und Tagebuch zu schreiben. Also buk sie einen Vorrat an Muffins, fror ihn ein, kaufte sich ein Tagebuch und legte los! Und dieser wunderschöne Start in den Tag eröffnete ihr die Chance für eine traumhafte neue Karriere: Sie entdeckte ihre Leidenschaft fürs Schreiben, begann Artikel in Zeitschriften zu veröffentlichen und arbeitet inzwischen an ihrem ersten Buch. Selbst wenn Sie nicht gleich alle Aspekte Ihres idealen Tages in Ihr Leben einbauen können, fangen Sie ruhig schon mal mit den Dingen an, die sich bereits jetzt verwirklichen lassen. Das, was noch fehlt, wird sich mit der Zeit schon ergeben.

Oft sind wir so sehr mit unserer Karriere beschäftigt, dass es unser ganzes Leben auffrisst. Es ist nichts dagegen einzuwenden, wenn Sie Ihre Arbeit lieben, doch wenn dem nicht so ist, ist es alles andere als erstrebenswert. Überlegen Sie sich also, wie Ihr ideales Leben aussehen müsste, und suchen Sie dann nach einer Tätigkeit, die dazu passt. So ersparen Sie sich viel unnötigen Ärger. Und sollte es für Sie bedeuten, dass Sie sich finanziell deutlich einschränken müssen, dann gehen Sie eben dazu über! Ihr Leben ist wichtiger als irgendein Lebensstil. Auch wenn Sie deswegen anfangs womöglich die Kritik Ihrer Familie einstecken müssen – sie wird sich schon daran gewöhnen und nach einer gewissen Zeit der Umstellung bestimmt damit glücklich sein – schlicht und ergreifend weil *Sie* glücklicher sind.

Ein Klient von mir – ein extrem leistungsorientierter Top-Manager mit sechsstelligem Gehalt – war beruflich ständig unterwegs und hatte deswegen nur wenig Zeit für seine Familie. Er hängte trotz Erfolg seine Karriere an den Nagel und begann, als Polizist zu arbeiten. Das hatte er sich eigentlich schon immer gewünscht, aber immer das Gefühl gehabt, seine Familie wäre enttäuscht, wenn er einen Job annahm, in dem er erheblich weniger verdiente. Das bedeutete, dass er das große Haus verkaufen, sich vom Drittwagen trennen und eine bescheidenere Bleibe suchen musste. Doch seine Frau unterstützte ihn in seinem Entschluss, und inzwischen sind alle glücklicher, weil er nicht mehr so unter Stress steht und mehr Zeit für die Kinder hat. Ihnen bedeutete das große Haus sowieso nichts, sie wollten einfach nur mit ihrem Vater spielen. Die Dinge, die Menschen am wichtigsten sind, kosten häufig keinen Cent.

Basteln Sie eine Collage

Kommen Ihnen immer noch keine Ideen für Ihr ideales Leben? Dann rate ich zu einer Strategie, auf die Innenarchitekten gern zurückgreifen: Blättern Sie einmal ein paar Zeitschriften durch, und schneiden Sie alles aus, was Ihnen ins Auge springt und in Ihrem idealen Leben eine Rolle spielen könnte. Hängen Sie diese Bilder an eine Pinnwand oder kleben Sie sie an ein Whiteboard. Dann basteln Sie daraus eine Collage und hängen diese dort auf, wo Sie sie jeden Tag sehen – als kleine Erinnerung, damit Sie das Ziel, das Sie erreichen wollen, nicht aus den Augen verlieren. Visuelle Gedächtnisstützen wie diese sind ein sehr wertvolles Hilfsmittel!

Beschreiben Sie Ihren idealen Arbeitsplatz

Nun, da Sie sich Ihr ideales Leben ausgemalt haben, sollten Sie als Nächstes Klarheit darüber gewinnen, wie Ihr idealer Arbeitsplatz aussehen soll. Beschreiben Sie Ihren idealen Job, Ihre Traumkarriere oder -arbeit so genau wie möglich. Stellen Sie sich vor, dass Sie die ultimative Stellenanzeige formulieren: ein Jobangebot, das Ihnen sofort ins Auge springt und nicht mehr aus dem Kopf geht – wo Sie beim Lesen Herzklopfen bekommen. »So einen Job gibt es doch gar nicht!«, denken Sie jetzt vielleicht. Machen Sie sich nichts daraus – vielleicht gibt es ihn tatsächlich nicht, und Sie müssen ihn erst erfinden.

Meinen Beruf – Lifecoaching – gibt es auch erst seit etwas mehr als zehn Jahren, obwohl im Sport Coachs schon viel länger vertreten sind. Wenn ich den Leuten früher erzählte, ich sei »Coach«, fragten sie mich immer, für welche Sportart ich denn tätig sei. Inzwischen sagen sie: »Ach ja? Ich kenne auch einen Lifecoach. Sie heißt ...« Heutzutage hat fast jeder schon einmal von einem Lifecoach gehört oder kennt sogar einen persönlich. Denn dieser noch relativ junge Berufszweig hat sich rasant ausgebreitet. Da die Welt und unsere modernen Technologien sich ständig verändern, entstehen neue Bedürfnisse und Tätigkeitsbereiche, die es früher noch nicht gab. Vor kurzem hörte ich eine Rundfunksendung, in der eine junge Frau den Verlust ihres Jobs beklagte. Wie sollte sie je wieder Arbeit in ihrer Branche finden, bla bla bla ... Als ich dann hörte, dass sie Webdesignerin war, musste ich laut lachen. Schließlich stammte sie nicht von einer langen Ahnenreihe von Webdesignern ab, und es war nicht so, dass es für sie nichts anderes auf der Welt gab, was sie hätte tun können. Das Internet ist schließlich noch eine relativ neue Erfindung, und der Beruf des Webdesigners erst recht. Machen Sie sich also keine Sorgen, falls der Traumjob aus der Beschreibung Ihres idealen Arbeitsplatzes noch nicht existiert. Es wird ihn bald geben!

Es gibt nur eines, was sich gewiss nie ändern wird – und das ist die Veränderung. Wir leben in einem Zeitalter rasanten Wandels. Die Phase der Industrialisierung liegt hinter uns (während ich dies schreibe, stellt der letzte amerikanische Autohersteller seinen Betrieb ein), und wir leben mitten im Informationszeitalter. Erfinden Sie Ihre ideale Karriere, sollte sie noch nicht existieren! Dieser Ratschlag ist gar nicht so verrückt, wie er vielleicht klingt. Viele Dinge, die ich früher nie für möglich gehalten habe, sind inzwischen längst Geschichte. Ich habe zum Beispiel nie geglaubt, dass ich das Ende des Kalten Krieges und den Fall der Berliner Mauer noch erleben würde. Die Computer, die früher so groß waren, dass sie ganze Gebäude ausfüllten, sind inzwischen so winzig, dass man sie in einer Tasche mit sich herumtragen kann. Über das Internet kann man sofort und kostenlos mit Menschen auf der ganzen Welt kommunizieren – und bei YouTube geht das inzwischen sogar per Video! Gleichzeitig gibt es aber auch ein paar ganz einfache Erfindungen, die unglaublich lange brauchten, bis endlich jemand darauf kam: Computer gab es beispielsweise schon, ehe jemand die geniale (und naheliegende) Idee hatte, Räder an Koffer zu montieren. Über diesen Witz haben sich die Götter sicher kaputtgelacht! Kurz und gut: es gibt keine bessere Zeit als jetzt, um sich beruflich neu zu erfinden und sich eine Tätigkeit auszudenken, die genau zu Ihren ganz besonderen Talenten und Fähigkeiten passt.

Bitte nicht vergessen: die Beschreibung Ihres idealen Arbeitsplatzes sollte so detailliert wie möglich ausfallen. Was für ein Arbeitsumfeld bevorzugen Sie? Arbeiten Sie gern in einem Büro, zusammen mit anderen Leuten? Wenn ja, dann beschreiben Sie diese Szene ganz genau in all ihren Details: Wie soll Ihr Büro aussehen? Oder würden Sie lieber den ganzen Tag draußen im Freien arbeiten oder ständig unterwegs sein? All das sollten Sie sich genau überlegen, damit Sie hier nicht am Ziel vorbeischießen. Ein Freund von mir erklärte, dass er beruflich am liebsten dauernd in der Welt herumreisen würde. Inzwischen ist er Investmentbanker und tatsächlich ständig auf Achse, kommt aber fast nie aus dem Flughafengebäude und den Hotelkonferenzräumen heraus, sodass er gar keine Gelegenheit hat, sich die Städte, die er aufsucht, auch anzusehen. Das ist nicht gerade meine Vorstellung von genussvollem Reisen!

Wie hoch soll Ihr Einkommen sein? Mit wem würden Sie gerne zusammenarbeiten, an welche Kunden denken Sie? Kleine Kinder, Babys, Erwachsene, ältere Menschen, Fachkräfte oder Akademiker? Möchten Sie mit den Händen arbeiten oder lieber einer abstrakten Tätigkeit nachgehen? Notieren Sie alles, was Ihnen einfällt – je genauer, desto besser. Sie können dazu eine Liste erstellen, die sämtliche Punkte enthält, ein Stellengesuch verfassen oder Ihren Traumjob einfach ausführlich beschreiben. Machen Sie sich keine Sorgen, wenn das Ganze Ihnen nicht umsetzbar, unvernünftig oder unmöglich erscheint. Machen Sie sich nichts daraus, wenn es eine Umschulung oder Fortbildung voraussetzt. Auf diesen Punkt kommen wir später noch zu sprechen. Vorerst sollen Sie nur einen Entwurf Ihres idealen Berufslebens zu Papier bringen. Um die Feinheiten kümmern wir uns in Schritt 6. Der Sinn dieser Übung besteht darin, alles festzuhalten, was Sie zum jetzigen Zeitpunkt bereits über Ihren Traumjob wissen. Später werden wir diese Arbeitsplatzbeschreibung ausbauen und verfeinern.

BESCHREIBUNG MEINES IDEALEN ARBEITSPLATZES

Prima! Nun, da Sie Ihren idealen Arbeitsplatz in groben Zügen zu Papier gebracht haben, wird es Ihnen viel leichter fallen, potenziellen Arbeitgebern zu erklären, was Sie wollen. Und mit diesem Wissen werden Sie auch eher die Laufbahn einschlagen oder neu erfinden können, die Sie sich erträumen, statt sich einfach nur mit den Jobs zufriedenzugeben, die gerade zur Verfügung stehen. Einige meiner Klienten stellen erleichtert fest, dass ihr ideales Leben eigentlich schon in Reichweite ist und sie nur noch ein paar Kleinigkeiten an ihrer jetzigen Situation verändern müssen. Bei anderen ist eine »Generalüberholung« ihres jetzigen Lebens erforderlich: Sie müssen eine ganz neue Richtung einschlagen. Einer meiner Klientinnen, Nadine, wurde bei dieser Übung klar, dass sie eigentlich mit gar nichts zufrieden war: weder mit ihrem Job noch mit ihrer Beziehung, noch mit der Stadt, in der sie lebte. Also machte sie kurzen Prozess: Sie kündigte ihre Stelle, trennte sich von ihrem Freund, packte ihre Sachen, zog nach Chicago und fing ein ganz neues Leben an. Die meisten Leute brauchen ihr Leben nicht so drastisch zu verändern, sollte es in Ihrem Fall jedoch tatsächlich notwendig sein, tun Sie es ruhig. Warum wollen Sie noch eine weitere Minute Ihrer kostbaren Zeit im falschen Leben verharren?

Wenn Sie schon in beruflicher Hinsicht einen neuen Weg einschlagen, können Sie ebenso gut auch alle anderen Aspekte, die Ihr ideales Leben ausmachen, mitberücksichtigen. Wenn Sie zum Beispiel schon immer davon geträumt haben, in New York zu leben, hat es nicht viel Sinn, eine Stelle in Kansas City anzunehmen. Ihr Job ist nur ein Teilbereich Ihres idealen Lebens. Wenn Sie sich bei kaltem Wetter hundeelend fühlen, ist die Anstellung in Alaska nichts für Sie, auch wenn sich das Jobangebot noch so verlockend anhört!

ERFOLGSSTORY

Die Werbeassistentin, die ihren Job kündigte und Multimillionärin wurde

Ali Brown ist CEO des von ihr gegründeten Unternehmens Ali International (www.alibrown.com), angefangen hat sie jedoch als bescheidene Assistentin in einer Werbeagentur, wo sie beim Schreiben von Werbetexten mithalf. Eines Tages kündigte sie ihren Job und machte sich selbstständig. Inzwischen, zehn Jahre sind seitdem vergangen, ist sie Multimillionärin und hat gerade ihre erste Zeitschrift gegründet: *Ali,* ein Magazin für Geschäftsfrauen und Unternehmerinnen. Daneben partizipieren über 40.000 Frauen an ihren Online-Programmen.

Ich coachte Ali vor zehn Jahren, als sie mit ihrem jetzigen Unternehmen ganz am Anfang stand. Wir lernten uns bei einem Netzwerktreffen in New York kennen. Damals hatte Ali einen Job in einer kleinen Werbeagentur, den sie verabscheute. Sie war eine typische »Job-Hopperin« – alle zwei Jahre eine neue Stelle. Schuld daran war ihre große Rastlosigkeit: Sie wollte stets etwas verändern, um den Firmenerfolg zu erhöhen, doch man sagte ihr immer nur, sie solle sich um ihre eigenen Aufgaben kümmern. Allmählich glaubte sie schon, für keinen Arbeitgeber zu gebrauchen zu sein, und überlegte verzweifelt, was für ein Arbeitsumfeld denn zu ihr passen könnte. Ihr letzter fester Job war der in der Werbeagentur. Obwohl sie dort nicht glücklich war, durfte sie wenigstens direkt mit Kunden arbeiten und eigene Projekte betreuen, was ihr zumindest das Gefühl gab, einen gewissen Handlungsspielraum zu haben.

Mit 35.000 Dollar war ihr Jahresgehalt ziemlich mager und reichte für ein Leben in New York eigentlich kaum aus. Ali erzählte mir, wie sehr sie einen freiberuflichen Werbetexter beneidete, der für die Agentur arbeitete und kommen und gehen konnte, wann es ihm passte. Eines Tages landete versehentlich eine seiner Rechnungen auf ihrem Schreibtisch. Entsetzt stellte sie fest, dass er der Agentur für ein einziges Projekt einen höheren Betrag berechnete als ihr Jahresgehalt! Das habe ihr die Augen geöffnet, sagt Ali: »Vorher hatte ich nicht gewusst, dass man als

Freiberufler so viel Geld verdienen kann.« Die Aussicht, ein höheres Auskommen zu haben und gleichzeitig noch ein freieres Leben zu führen, reizte sie. Außerdem schienen ihre Vorgesetzten nicht besonders clever zu sein. »Wenn diese Schwachköpfe eine Werbeagentur leiten und damit einen Umsatz von einer Million Dollar im Jahr machen können, schaffe ich das als Freiberuflerin vielleicht auch und verdiene dann wenigstens genug, um davon leben zu können«, dachte sie.

Als sich die Chance ergab, freiberuflich in Teilzeit für eine andere Firma zu arbeiten, kündigte Ali ihren Job bei der Werbeagentur. Diese neue Tätigkeit, in der sie sich ihre Arbeitszeit flexibel einteilen konnte, war ihr Sicherheitspolster – vom Honorar konnte sie ihre Miete bezahlen, während sie begann, ihr eigenes Unternehmen aufzubauen.

Hier ein Interview von Talane mit ihrer Klientin Ali:

Wie hast du den Sprung in deine neue Karriere geschafft?

Am Anfang hatte ich zwar noch keine Kunden, konnte jedoch einfach nicht mehr für jemand anders arbeiten. Natürlich hatte ich große Existenzängste, ich fand das alles aber gleichzeitig auch sehr aufregend, und dieses Gefühl war stärker als jede Angst. Tatsächlich hatte ich allen Grund, mir Sorgen zu machen, denn ich besaß überhaupt keine Ersparnisse. Also überlegte ich mir, was schlimmstenfalls passieren könnte: Wenn alle Stricke reißen, müsste ich eben wieder zu meinen Eltern ziehen. Ich weiß noch, dass ich am Tag meiner Kündigung mit einer befreundeten Kollegin etwas trinken ging. Als ich ihr eröffnete, dass dies mein letzter Arbeitstag in der Werbeagentur war, wurde sie blass. »Aber was willst du denn jetzt anfangen?«, fragte sie entsetzt. Ich erklärte ihr, dass ich mich selbstständig machen wolle. »Und wie willst du das anstellen?« Ehrlich gesagt, hatte ich noch keine Ahnung; aber dadurch ließ ich mich nicht entmutigen. Ich gründete mein neues Unternehmen einfach auf Kredit. Auch dein Coaching-Honorar musste ich über ein Darlehen finanzieren.

Warum hast du einen Coach engagiert?

Außer dir hatte ich niemanden, mit dem ich über meine Pläne reden konnte und der an mich glaubte. Du warst der Katalysator, der mir die

Zuversicht schenkte, dass ich es schaffen würde. Sonst gab es niemanden in meinem Leben, der mich ermutigte. Ich weiß noch, dass ich einmal 20 Dollar vom Bankautomaten abheben wollte und sie nicht bekam, weil ich nur noch 18,56 Dollar auf meinem Konto hatte. Das war mein absoluter Tiefpunkt. Einmal versuchte ich verzweifelt, mich in QuickBooks einzuarbeiten, außerdem hatte ich wieder mal kein Geld. Da dachte ich: »Ich bin einfach nicht intelligent genug, um mein eigenes Business aufzuziehen. Vielleicht sollte ich mir doch lieber wieder einen festen Job suchen.« Aber du hast mir klargemacht, dass ich meine Buchhaltung nicht selber machen muss, und mich davon überzeugt, eine virtuelle Assistentin dafür zu engagieren, obwohl ich eigentlich glaubte, mir so etwas noch gar nicht leisten zu können. Sie hat sich inzwischen in mein Unternehmen eingekauft und ist meine Partnerin!

Was war für dich die größte Veränderung?

In der Schule und in herkömmlichen Beschäftigungsverhältnissen wird uns beigebracht, dass man sich Schritt für Schritt hocharbeiten muss. Wenn man selbstständig ist, gibt es weder Regeln noch Einschränkungen. Eigentlich gab es für mich keinen Grund, eine Zeitschrift zu verlegen: Ich hatte keinerlei Erfahrung damit, außerdem war es ein sehr riskanter Schritt, mitten in der tiefsten Rezession, wenn andere Zeitschriftenverlage pleitegehen, ein neues Magazin zu starten. Für mich ist das Ganze ein Spiel. Schon als elfjähriges Mädchen habe ich eine Zeitschrift namens Cool Girl *»erfunden«, indem ich Bilder aus anderen Magazinen ausschnitt und in ein Heft klebte.*

Natürlich jagt mir die Sache manchmal immer noch Angst ein. Aber wenn ich mir etwas in den Kopf gesetzt habe, unterstützt mich das Universum dabei. Und dann geschehen plötzlich wahre Wunder. Du hast mir ja schon vom Gesetz der Anziehung erzählt, als ich das Buch The Secret *noch gar nicht kannte. Ich denke überhaupt nicht daran, dass ich mit meinem Vorhaben scheitern könnte, das ist für mich einfach keine Option. Zu Beginn war es lediglich ein vierseitiger gedruckter Newsletter, inzwischen bin ich bei einem Hochglanzmagazin mit 124 Seiten angelangt. In meiner Anfangszeit berechnete ich für mein Unternehmerinnen-Coaching nur 19.000 Dollar pro Jahr, mittlerweile sind es 100.000 Dollar. Und es funktioniert tatsächlich: Zurzeit habe ich zehn Klientinnen, die dieses Honorar bezahlen. Wenn man selbstständig ist, muss man nicht in kleinen Schritten expandieren.*

Unsere heutige Zeit ist prädestiniert für Frauen, die sich selbstständig machen wollen, denn sie können ihr Vorhaben entsprechend ihrer Persönlichkeit und ihren Werten ausrichten. Es ist das Zeitalter der Frau, denn wir haben ein besonderes Talent dafür, zu kommunizieren, Beziehungen aufzubauen und mit unserer Arbeit unsere persönlichen Werte zu verwirklichen und ein sinnvolles Ziel zu verfolgen. Viele Frauen fangen mit einem Hobby an, und im Laufe der Zeit wird daraus ein rentables Geschäft.

Was würdest du heute anders machen?

Ich hätte schon viel eher einen Lifecoach engagieren sollen – und zwar als ich noch in meinem alten verhassten Beruf arbeitete. Außerdem hätte ich den Wechsel in die Selbstständigkeit langsamer und wohlüberlegter angehen sollen. Zum Beispiel hätte ich gern ein paar Ersparnisse als Startkapital gehabt, was mir sehr geholfen hätte. Ich hatte damals auch noch keine Ahnung, wie man Klientinnen findet; also hätte ich vorher lieber ein bisschen recherchieren sollen, wie man das anstellt, statt gleich ins kalte Wasser zu springen. Paradoxerweise habe ich meinen Klientinnen zu Beginn meiner Coaching-Karriere genau das beigebracht: Kunden im Internet zu akquirieren. Denn das hatte ich selber erst lernen müssen, um erfolgreich zu sein.

Was empfiehlst du Leuten, die ihren Job hassen, aber Angst vor dem Sprung in die Selbstständigkeit haben?

Wenn man in einem Job festgefahren ist, hat man den nächsten Schritt nicht unbedingt immer genau vor Augen. Man muss ihn einfach gehen. Man sieht nicht alle Schritte klar vor sich liegen, doch sobald man den ersten getan hat, ergibt sich der zweite ganz von selbst. Ich weiß vorher nie genau, wie ich eine Sache anpacken werde. Man muss sich einfach umhören, recherchieren – eben seine Hausaufgaben machen. Und man darf sich bei seinen Entscheidungen nicht daran orientieren, wo man gerade steht, sondern wo man hinwill. Ich würde mich beispielsweise fragen: »Was würde Ali, die Chefin eines Unternehmens mit sechsstelligem Umsatz, jetzt tun?« Sie würde ihr Honorar erhöhen und könnte sich dann wahrscheinlich ein paar schickere Hosen leisten! Ich weiß noch, wie ich nach meiner Scheidung auf Wohnungssuche war und der Makler mir lauter Einzimmerwohnungen zeigte – ich dachte nur, wie wunderbar es wäre, ein zweites Zimmer zum Arbeiten zu haben, damit ich meinen Schreibtisch nicht in irgendeine Wohnzimmerecke quetschen muss. Die Zweizimmerwohnung mit Blick aufs Meer kostete 400 Dollar mehr, was für mich damals eine Menge Geld war. Trotzdem wagte ich den Schritt und nahm sie, obwohl ich Angst hatte, mir sie eigentlich gar nicht leisten zu können. Und dann zog ich tatsächlich die Klientinnen und das Einkommen an, das ich brauchte, um die Miete für meine Wohnung bezahlen zu können.

Was ist für dich das Beste an deinem neuen Leben?

Die innere Ruhe, die ich dadurch gewonnen habe. Ich kann für mich selbst sorgen. Und ich kann meine Mutter versorgen. Außerdem macht es mir Freude, auf andere Menschen Einfluss zu haben, die dann wiederum etwas in der Welt bewirken. Das ist so eine Art Dominoeffekt.

Besuchen Sie Ali auf ihrer Webseite www.alibrown.com.

SCHRITT 4

Werden Sie sich über Ihre Talente und Fähigkeiten klar

Fähigkeiten schreien danach, genutzt zu werden, und hören erst damit auf, wenn man sie sinnvoll einsetzt.

ABRAHAM MASLOW

Je mehr Leute ich coache, umso mehr verfestigt sich in mir die Überzeugung, dass wir alle mit bestimmten angeborenen Begabungen und Fähigkeiten auf die Welt kommen. Wir werden nicht als Tonklumpen geboren, die von unseren Eltern und unserem Umfeld erst in Form gebracht werden müssen. Nein, wir treffen weitgehend vorgefertigt auf diesem Planeten ein. So kann man Kinder schon im Alter von sechs Jahren auf drei Fähigkeiten hin testen, die musikalische Begabung ausmachen: Rhythmusgedächtnis, Tonhöhenunterscheidung und Tongedächtnis. Und mit 15 Jahren wies Ihr Gehirn bereits einen Großteil der Muster auf, die es für den Rest Ihres Lebens beibehalten wird. Ab diesem Alter können Sie einen computergestützten Test machen, der Ihnen verrät, ob Sie in der Lage sind, Gegenstände dreidimensional wahrzunehmen (hilfreich für jemanden, der Architekt werden will). Es gibt auch Tests, die zeigen, ob Sie ein Visionär sind und sich die Zukunft vorstellen können oder ob Sie eher taktisch denken und sich auf Ihre jetzige Aufgabe konzentrieren.

> *Die meisten Leute glauben zu wissen, was sie gut können. Normalerweise täuschen sie sich.*
>
> **PETER DRUCKER**

Haben Sie vielleicht eine Begabung für höhere Mathematik, Medizin, Architektur, das Schreiben oder Schauspiel? Manche Menschen kommen mit einer Reihe bestimmter Fähigkeiten zur Welt, mit denen sich sehr gut eine Richtung einschlagen lässt. Wenn Sie sich Objekte nicht dreidimensional vorstellen können, sind Berufe wie Maschinenbauingenieur oder Architekt wahrscheinlich nichts für Sie. Manche wiederum müssen mit ihren Händen arbeiten, damit eine Tätigkeit sie befriedigt: Sie brauchen ein greifbares Ergebnis, sonst meinen sie, nichts Ordentliches geschafft zu haben – obwohl sie in ihrem Beruf durchaus abstrakte Aufgaben erfüllen. Wieder andere haben ein so ausgeprägtes musikalisches Talent, dass sie nur dann glücklich sind, wenn Musik in ihrem Leben eine Rolle spielt oder sie ein Instrument erlernen können. Wissen Sie, ob Sie vom Naturell her ein Spezialist sind, der gern tief in ein Thema eintaucht, oder eher ein Generalist, der von vielen unterschiedlichen Gebieten oberflächliche Kenntnisse besitzt? Es ist nicht immer offensichtlich, wozu man neigt. Ich hielt mich früher für eine Generalistin, die die verschiedensten Dinge gut kann. Als ich dann jedoch einen computergestützten Persönlichkeitstest machte, stellte ich zu meinem Erstaunen fest, dass ich in Wirklichkeit eine Spezialistin bin. Ich weiß zum Beispiel eine Menge über Coaching und Persönlichkeitsentwicklung, von Geschichte etwa habe ich keine Ahnung.

Vielleicht gehören Sie zu den glücklichen Menschen, die ihr angeborenes Talent schon sehr früh zufällig entdeckt und sich ganz darauf konzentriert haben. Doch selbst der aufregendste Job kann mit der Zeit langweilig werden. Einer meiner englischen Klienten war ein echter Rockstar, doch nachdem er jahrelang als Berufsmusiker mit seiner Band kreuz und quer durch die Welt gereist war, bekam er mit über 40 allmählich Lust auf etwas Neues. Seine Freundin arbeitete in Amerika, weshalb er einen Job suchte, den er dort ausüben konnte. Natürlich war er mit seiner Band auch in den USA auf Tournee gewesen, jetzt wollte er aber etwas ganz anderes machen. Das Musikgeschäft kannte er in- und auswendig, nun war er bereit für eine Veränderung. Er absolvierte The Highlands Program (ein Test, der Menschen alles über ihre Talente verrät), und es überraschte uns nicht, dass er demnach alle drei Fähigkeiten besaß, die auf musikalische Begabung hindeuten. Damit hatten wir von vornherein gerechnet, interessanterweise brachte mein Klient aber auch alle Voraussetzungen mit, die man braucht, um Krankenpfleger zu werden: Er kümmert sich gerne um Menschen und hat Freude an praktischer Arbeit. Ein Pflegeberuf wäre also genau das Richtige für ihn, denn in Amerika werden Pflegekräfte gesucht, was ihm eine Einwanderung in die USA erleichtern würde. Darüber freute er sich sehr, denn er hatte tatsächlich schon daran gedacht, einen solchen Beruf zu ergreifen.

> *Am wichtigsten ist es, man selbst zu sein, ohne sich dafür zu schämen.*
>
> **ROD STEIGER**

Auch wenn Sie bereits einige Ihrer Begabungen kennen, kann es also durchaus sein, dass Ihnen nicht alle Ihre angeborenen Talente und Fähigkeiten bewusst sind. Manche Menschen bekommen nie die Chance, ihre wahre Begabung zu entdecken, weil sie einen Beruf erlernt haben, den sie eigentlich ganz gern ausüben und der auch gut bezahlt ist – zumindest so gut, dass es sich in ihren Augen nicht lohnt, auf eine andere, befriedigendere Arbeit umzusteigen.

Manche Menschen gehen erst nach ihrer Pensionierung der Tätigkeit nach, von der sie schon immer geträumt haben. Aber so lange brauchen Sie nicht zu warten, fangen Sie jetzt gleich damit an. Je eher Sie beginnen, umso größer sind Ihre Chancen, darin erfolgreich Karriere zu machen. Sie haben dann mehr Zeit, Ihre Talente weiter auszubauen, bis Sie ein Meister Ihres Fachs sind. Vielleicht geht es Ihnen ja auch wie mir: Ich erkannte erst im Alter von 29 Jahren, dass ich der geborene Coach bin. Und obwohl ich schon damals eine vage Vorstellung hatte, dass ich nach meiner Pensionierung vielleicht Wildwestromane schreiben würde, war mir nicht bewusst, dass ich auch ein schriftstellerisches Talent besitze. Mir fällt es leicht, Menschen zu coachen, Vorträge zu halten und zu schreiben, weil mein Gehirn darauf programmiert ist. Und obwohl ich als Filialleiterin bei der Bank sehr erfolgreich war und meine Leistungen gut bewertet wurden, weiß ich inzwischen, dass Management seltsamerweise eine meiner größten Schwachstellen ist. Ich staunte nicht schlecht, als ich erfuhr, dass etwas, das ich für eine meiner besonderen Stärken gehalten hatte und worin ich auch erfolgreich gewesen war, sich eigentlich gar nicht für mich eignet. Kein Wunder, dass ich bei der Bank immer das Gefühl hatte, nicht mein wahres Potenzial auszuschöpfen!

Hören Sie auf die innere Stimme, wenn Sie auch das Gefühl haben, dass in Ihrem Leben irgendetwas fehlt oder dass Sie Ihre eigentlichen Fähigkeiten nicht richtig nutzen. Ich bin immer wieder entsetzt darüber, wie viele Menschen Antidepressiva einnehmen oder sich mit Alkohol und anderen Substanzen betäuben, um einen Job zu ertragen, der ihnen keinen Spaß macht, nur weil er gut bezahlt ist. Wie kann man glücklich sein, wenn man acht Stunden pro Tag oder noch länger einer Tätigkeit nachgeht, die man verabscheut? Wenn Sie mit Ihrer jetzigen Arbeit nicht glücklich sind, versuchen Sie nicht, Ihr Unglück zu ignorieren oder mit Drogen zu betäuben. Ihre Unzufriedenheit ist eine Botschaft Ihres Körpers und Ihrer Seele: »Hol mich hier raus!« Wenn Sie ein bisschen Zeit und Geld investieren, um Ihren verborgenen Talenten und wahren Leidenschaften auf die Spur zu kommen, werden Sie bald sehr viel glücklicher sein. Denn dann wird Ihre Arbeit Sie in einen natürlichen Zustand der Euphorie versetzen, weil sie Ihnen Freude macht. Dann müssen Sie morgens auch nicht mehr fünfzehnmal auf die Schlummertaste Ihres Weckers drücken: Wenn Sie einen interessanten Job haben, der Sie fasziniert, werden Sie jeden Morgen mit Begeisterung aus dem Bett springen und es gar nicht erwarten können, an die Arbeit zu gehen.

Unsere angeborenen Talente und Fähigkeiten sind ein so wichtiger Teil von uns, dass es uns damit manchmal geht wie mit unserer Atmung: Wir nehmen sie als selbstverständlich hin und finden gar nichts Besonderes dabei. Ich zum Beispiel hatte keine Ahnung, dass ich Menschen coachen kann. Selbst als mein eigener Lifecoach mir eröffnete, dass ich einen guten Coach abgeben würde, war ich skeptisch. Ich begann nur sehr widerstrebend und vorsichtig, in diesen Bereich hineinzuschnuppern. Das ist eigentlich auch kein Wunder, denn damals war Lifecoaching noch ein völlig neues Berufsbild. Ich war vernünftig genug, meinen guten Job bei der Bank nicht hinzuschmeißen – auch wenn ich dort nicht glücklich war –, um irgendeiner dubiosen neuen Beschäftigung nachzugehen. Doch zum Glück fand ich mit der Zeit heraus, dass Coaching, Vorträgehalten und Schreiben zu meinen besonderen Begabungen gehören. Es ist ungeheuer hilfreich zu wissen, wie das eigene Gehirn funktioniert. Außer dass Management nicht zu meinen besonderen Stärken zählt, erfuhr ich auch noch viele andere wertvolle Dinge über mich. Inzwischen habe ich sogar begriffen, was mir früher ein Rätsel war: warum ich keinen Line Dance hinbekomme, aber dafür Standardtänze mag. Ich schaffe es ja nicht einmal, an der richtigen Stelle zu klatschen – kein Rhythmusgedächtnis. Deshalb hat es mir auch im Sport immer an der nötigen Koordination gefehlt, obwohl ich eigentlich eine begeisterte Sportlerin bin.

Man kann nicht alles gut können, und wenn dem so wäre, hätte man auch ein Problem, denn die meisten Berufe erfordern nur ein oder zwei besondere Fähigkeiten. Wer zu breit begabt ist, wird in keinem Beruf hundertprozentig zufrieden sein. Menschen mit zu vielen verschiedenen Talenten wechseln häufig von einem Job zum anderen in der Hoffnung, bei ihrer nächsten Tätigkeit endlich jenes Gefühl der Zufriedenheit zu finden, das sie immer vermissen. Dabei müssten sie eigentlich nur dafür sorgen, ihre jetzige Arbeit so abwechslungsreich wie möglich zu gestalten.

Meine Schwester war bisher noch in keinem ihrer Jobs besonders glücklich. Das liegt hauptsächlich daran, dass sie so viele angeborene Begabungen und Fähigkeiten hat, die sich in keinem normalen Beruf gänzlich verwirklichen lassen. Wenn Sie ein ausgeprägtes Talent besitzen, wird es danach verlangen, zum Ausdruck zu kommen. Wenn Sie es nicht nutzen, werden Sie frustriert und mit Ihrer Arbeit unzufrieden sein. Die Lösung besteht darin, sich über alle Fähigkeiten klarzuwerden, die eine treibende Kraft in Ihrem Leben darstellen, und dann Wege zu finden, wie Sie diese Talente außerhalb Ihrer Arbeit realisieren können, wenn es in Ihrem Berufsleben keine Möglichkeit dazu gibt. Oder Sie entwerfen eine genau auf Sie zugeschnittene Karriere, in der Sie all Ihre Talente verwirklichen können – so wie ich es getan habe. Ich schreibe ein bisschen, coache ein bisschen und halte ab und zu Vorträge – und das alles im Rahmen meiner Tätigkeit als Lifecoach.

Wie entdeckt man seine angeborenen Talente?

> *Ich wollte immer jemand sein; aber wahrscheinlich hätte ich mein Ziel konkreter formulieren sollen.*
>
> LILY TOMLIN

Es gibt verschiedene Möglichkeiten, sich über Ihre besonderen Talente und angeborenen Fähigkeiten klarzuwerden. Vielleicht steht Ihnen Ihre Berufung schon nach einer der nächsten Übungen glasklar vor Augen. Hingegen kann es Ihnen auch weiterhelfen, alle Übungen zu machen, um so einen allgemeinen Überblick über Ihr Begabungsprofil zu bekommen und zu sehen, in welche Richtung Sie das führt. Falls Sie nach der Lektüre dieses Kapitels immer noch im Dunkeln tappen sollten, empfehle ich Ihnen, einen der bestens geeigneten Online-Persönlichkeitstests zu machen – danach dürften keine Fragen mehr offen sein.

Interviewen Sie Freunde, Angehörige und Kollegen

Normalerweise fällt es anderen Menschen leichter, Ihre angeborenen Fähigkeiten zu erkennen, als Ihnen selbst. Wenn ich mit meinen Klienten computergestützte Persönlichkeitstests mache, wissen sie in der Regel sehr viel besser, was sie nicht gut können, als was sie können. Wahrscheinlich ist Ihnen nur allzu bewusst, dass Sie es hassen, Ihre Steuererklärung zu machen oder sich mit Buchhaltung zu beschäftigen und dass Sie überhaupt nicht mit Zahlen umgehen können. Dass Sie aber ein sehr guter Vermittler wären, ist Ihnen vielleicht längst nicht so klar. Wir selbst erkennen häufig zuletzt, wo unsere Talente liegen – gerade weil sie uns so selbstverständlich vorkommen. Einem Fisch ist schließlich auch nicht bewusst, dass er hervorragend schwimmen kann, weil er sein Leben lang nichts anderes tut, als sich im Wasser fortzubewegen.

> *Der beste Spiegel ist ein alter Freund.*
>
> GEORGE HERBERT

Manchmal gehen wir irrtümlicherweise davon aus, etwas wäre keine »richtige« Arbeit oder würde kein Geld einbringen, nur weil es uns leichtfällt, wir es gut können oder das Gefühl haben, dass es uns Spaß machen würde. Wenn uns eine Aufgabe gut von der Hand geht oder Freude macht, fühlt sie sich nicht nach »harter Arbeit« an. Vielleicht liegt das daran, dass das puritanische Arbeitsethos noch tief in uns verwurzelt ist: Mit einer Sache, die Spaß macht, sollte man nicht seinen Lebensunterhalt verdienen. Diese Vorstellung ist im Unterbewusstsein vieler Menschen nach wie vor fest verankert. Ich kenne viele Coachs, denen es schwerfällt, Klienten ihre Arbeit in Rechnung zu stellen, weil sie ihnen so viel Freude macht. Wenn Sie meinen, erst dann für Ihre Leistung bezahlt werden zu können, wenn sie schwierig und anstrengend ist, sollten Sie erst einmal diesen Negativgedanken ablegen, denn er schränkt sie nur unnötig ein!

Meine Firma hat gerade einen potenziellen Kunden verloren, weil dieser Mann felsenfest davon überzeugt war, Arbeit müsse ein harter Kampf sein: Statt seine Karriere auf dem Fundament seiner Träume aufzubauen, beschloss er, einen Coach zu engagieren, der einen strengen Wochenplan für ihn aufstellte und regelmäßig abfragte, ob er denn auch all seine Ziele erreicht und sein Wochenpensum erfüllt habe – und das, obwohl der Mann seinen Beruf in der Immobilienbranche hasste. In meinem Coaching-Unternehmen arbeiten wir mit Träumen. Denn wenn Ihre Arbeit Ihnen verhasst ist, werden Sie darin nie Ihr Bestes geben können. Es wird immer jemanden geben, der diesen Beruf liebt und folglich einen potenziellen Kunden oder Klienten eher von sich überzeugen wird als Sie. Jetzt ist genau der richtige Zeitpunkt, sich darüber klarzuwerden, was Sie beruflich wirklich gern machen würden!

Also stellen Sie möglichst vielen Freunden, Familienangehörigen, Lehrern, Coachs und Kollegen die sechs Fragen in diesem Kapitel. Notieren Sie sich die Antworten, oder lassen Sie den Leuten eine Fotokopie oder E-Mail mit den Fragen zukommen, damit sie sie Ihnen schriftlich beantworten können. Sie sollten die Antworten weder kommentieren noch beurteilen. Ihre Aufgabe besteht lediglich darin, sich möglichst viele Informationen von möglichst vielen Leuten zu beschaffen und ihnen dann freundlich für ihre Mühe und ihr Feedback zu danken. Falls Sie sie persönlich oder telefonisch befragen, stellen Sie sich vor, Sie seien ein objektiver Journalist, der wichtige Anhaltspunkte für eine Geschichte über einen sehr interessanten Menschen (Sie!) sammelt. Sie können während dieser Gespräche beispielsweise immer wieder Dinge einwerfen wie: »Hmmm ... Das ist ja interessant. Warum glaubst du das?« Und dann notieren Sie sich die Antworten. Lassen Sie sich dabei nicht auf eine Diskussion oder Meinungsverschiedenheit ein. Am Schluss werden Sie all diese Informationen zusammenstellen und sehen, ob bestimmte Themen darin immer wieder auftauchen. Befragen Sie möglichst unterschiedliche Personen: Leute, die Sie schon seit einer Ewigkeit kennen, und Menschen, denen Sie erst vor kurzem begegnet sind. Es ist möglich, dass diese beiden Gruppen Sie jeweils anders wahrnehmen.

Falls Sie Ihre Fragen per E-Mail verschickt haben und keine Antwort bekommen, haken Sie mit einem Anruf oder einem freundlichen Reminder nach, und setzen Sie den Leuten einen Termin, etwa so: »Es wäre prima, wenn du mir deine Antworten innerhalb der nächsten zwei Wochen zukommen lassen könntest.« Schließlich sollen sie ernsthaft über Ihre Fragen nachdenken, sodass sie eine gewisse Zeit dafür benötigen. Wenn Ihnen jemand auch nach Aufforderung immer noch nicht antwortet, rufen Sie die betreffende Person an und schlagen Sie ein Telefoninterview vor – oder fragen Sie einfach jemand anderen. Insgesamt sollten es jeweils mindestens fünf bis zehn Antworten sein. Und am Ende nehmen Sie sich ein paar Minuten Zeit, um sich selbst zu befragen.

SECHS INTERVIEWFRAGEN FÜR ANGEHÖRIGE, FREUNDE UND KOLLEGEN

1. Was hältst du für meine größte Stärke?
2. Wo liegt meine größte Schwäche? (Normalerweise ist die Kehrseite unserer größten Stärke eine unserer größten Schwächen. Wer einen Blick für die großen Zusammenhänge hat, ist für gewöhnlich nicht gut im Umgang mit Details. Und wenn Sie sich gut vorstellen können, wie Ihr Leben in fünf oder zehn Jahren aussehen wird, fällt es Ihnen wahrscheinlich schwerer, sich mit dem, was jetzt konkret anliegt, zu beschäftigen, weil Sie gern Dinge auf die lange Bank schieben.)
3. Worin besteht deiner Meinung nach mein ganz besonderes Talent, meine spezielle Fähigkeit oder Begabung?
4. Gibt es irgendetwas Besonderes, was mir mühelos von der Hand gehtand geht?
5. Würde ich auf der Titelseite einer Zeitschrift abgebildet sein – was wäre das wohl für ein Magazin, und wovon würde der Artikel handeln? (Bei den Antworten auf diese Frage werden Sie vielleicht amüsante Überraschungen erleben!)
6. In welchen Situationen bringe ich dieses Talent, diese Fähigkeit oder Begabung am besten zum Ausdruck?

INTERVIEWFRAGEN FÜR SIE PERSÖNLICH

1. Für welche Fähigkeiten bekomme ich öfter ein Lob oder Kompliment?
2. Bei welchen Dingen bitten Menschen mich häufig um Hilfe oder um einen Gefallen?
3. Was mache ich so gut, dass die Leute sagen, ich müsste eigentlich Geld dafür verlangen?
4. Worin bin ich gut? (Zählen Sie alles auf, was Sie gut können, vom Tippen am Computer über das Reparieren von Sachen bis hin zum Zuhören. Bringen Sie all Ihre Fähigkeiten zu Papier. Es soll eine lange Liste werden!)
5. Was hat mir in meiner Kindheit Spaß gemacht? (Diese Frage sollten Sie auch Ihren Eltern unbedingt stellen, wenn Sie sie nach Ihren besonderen Stärken und Fähigkeiten befragen.)

Lassen Sie sich von Ihrer Kindheit inspirieren

Und nun denken Sie einmal daran zurück, was Sie als Kind gerne gemacht haben, es wird Sie inspirieren. Damals waren Sie unbedarft, hatten ein reines Gemüt und haben aus einem natürlichen Impuls heraus gespielt und sich mit Dingen beschäftigt, die Ihnen Spaß machten. Was waren damals Ihre Lieblingsbeschäftigungen? Schreiben Sie in die leeren Zeilen auf der übernächsten Seite, was Sie als Kind so alles getrieben haben, einfach weil es Ihnen Freude machte. Falls Ihnen nichts einfällt, fragen Sie Ihre Eltern, schauen Sie sich Videofilme aus Ihrer Kindheit an, kramen Sie alte Fotoalben hervor oder holen Sie sich Ihren alten Spielzeugkasten vom Dachboden. Vielleicht weckt der Inhalt in Ihnen Erinnerungen daran, was Sie früher gerne gemacht haben.

Diese Rückkehr in die eigene Kindheit ist aufschlussreicher, als Sie glauben. Ich habe mich gerade mit einer Kollegin darüber unterhalten, und dabei fiel mir ein, dass ich als Kind Tagebuch geführt habe. Meine Eltern waren sehr arm, also schnitt ich Stücke von gebrauchtem Computerpapier aus (mein Vater war Programmierer), tackerte die Seiten mit Heftklammern zusammen und bastelte mir auf diese Weise meine eigenen kleinen Bücher. Auf die leeren Seiten schrieb ich, was ich tagsüber alles erlebt hatte. Ein paar dieser Tagebücher liegen immer noch auf dem Dachboden im Haus meiner Mutter. Sie sind voller Rechtschreibfehler und in Blockbuchstaben geschrieben, weil ich damals noch keine Schreibschrift konnte. Meine Schwestern lasen viel, weshalb ich sie immer für intelligenter und mich für den einzigen Idioten in der Familie hielt. Als ich älter wurde, gewannen meine Schwestern Preise in Buchstabierwettbewerben, an denen ich nie teilnahm, weil ich furchtbar schlecht buchstabieren konnte. Trotzdem war ich die Einzige in der Familie, die immer ein Tagebuch geführt hat – trotz der vielen Rechtschreibfehler. Das tue ich übrigens auch heute noch. Und komischerweise kommt man am ehesten zu einem eigenen Buch, wenn man sich angewöhnt, jeden Tag zu schreiben.

Ich hatte nie das Gefühl, gut schreiben zu können, da mein Vater schriftstellerisch sehr begabt ist und sogar einen Roman verfasst hat. Ich wusste, dass ich es ihm nie gleichtun würde. Zu allem Überfluss las ich auch noch sehr langsam, und mit der Rechtschreibung stand ich ja auch auf Kriegsfuß. Trotz dieses Handikaps war Englisch in der Schule mein Lieblingsfach. Und nachdem ich an der School of Foreign Service in Georgetown mein Abitur gemacht hatte, studierte ich und machte meinen Magister in Englisch (einfach nur so zum Spaß). Einer meiner Professoren bat mich in sein Büro, weil er mit mir über eine Seminararbeit sprechen wollte, die ich geschrieben hatte. Mir fiel schon das Herz in die Hose, weil ich dachte, ich hätte etwas falsch gemacht. Aber er sagte,

> *Wüchsen die Kinder in der Art fort, wie sie sich andeuten, so hätten wir lauter Genies.*
>
> **JOHANN WOLFGANG VON GOETHE**

meine Arbeit sei hervorragend, gab mir eine 1+ dafür und meinte, eigentlich sollte man sie einer Zeitschrift zur Veröffentlichung anbieten. Er erbot sich sogar, mir dabei zu helfen, ich lehnte aber ab.

Wenn ich heute daran zurückdenke, kann ich überhaupt nicht verstehen, warum ich sein großzügiges Hilfsangebot nicht angenommen habe. Erstens wollte ich seine kostbare Zeit nicht für mich in Anspruch nehmen, und zweitens war ich so felsenfest davon überzeugt, nicht gut schreiben zu können, dass ich mir nicht vorstellen konnte, wer Interesse daran haben sollte, meine Seminararbeit zu veröffentlichen. Erst Jahre später, als ich ein kleines Büchlein mit dem Titel *In Einfachheit leben* von Elaine St. James las, kam ich auf die Idee, ein Buch zum Thema Coaching zu schreiben. Der Ratgeber von Elaine St. James ist ein Geschenkbüchlein mit 100 Tipps, wie man sein Leben entschleunigen und genießen kann – und es liest sich übrigens sehr gut. Jeder Tipp ist ungefähr drei Absätze lang.

Dieses Buch hat mich dazu inspiriert, selber ein kleines Coaching-Buch im gleichen Stil zu schreiben (damals gab es solche Bücher noch nicht auf dem Markt). Ich setzte mich einfach hin, fing an zu schreiben, und als ich nach etwa drei Monaten damit fertig war, schickte ich das Manuskript dem Hyperion-Verlag. Dort war die englische Originalausgabe von *In Einfachheit leben* erschienen. Folglich nahm ich naiverweise an, dass Hyperion Interesse haben würde, auch mein Buch herauszubringen. Sie schickten es mir jedoch zurück mit einem Standardbrief, in dem es hieß, der Verlag würde keine unverlangt eingesandten Manuskripte annehmen. Es war offensichtlich, dass sie es nicht einmal durchgeblättert hatten.

Da erkannte ich, dass ich vielleicht doch einen Agenten brauchte, unternahm zu diesem Zeitpunkt aber noch nichts. Ein paar Monate später bekam ich einen Anruf von einem Lektor des Scribner Verlags. Er hatte einen Artikel von mir im *Observer* (einer New Yorker Zeitung) gelesen und fragte, ob ich nicht Lust hätte, ein Buch über Coaching zu schreiben. Als ich ihm sagte, dass es schon längst vorliegen würde, bekam er fast die Krise – bis ich ihm erklärte, dass ich immer noch an dem Buch arbeitete. Daraufhin bat er mich, ihm das Manuskript vorbeizubringen; sobald er dazu gekommen sei, es zu le-

WAS HAT IHNEN ALS KIND AM MEISTEN SPASS GEMACHT?

Tragen Sie hier ein, womit Sie sich in Ihrer Kindheit am liebsten beschäftigt haben.

1. ______________________________
2. ______________________________
3. ______________________________
4. ______________________________
5. ______________________________
6. ______________________________
7. ______________________________
8. ______________________________
9. ______________________________
10. ______________________________

sen, würde er sich wieder bei mir melden. Ich wartete mit angehaltenem Atem und staunte nicht schlecht, als er mich schon ein paar Stunden später begeistert anrief: »Sie sind die geborene Schriftstellerin – Ihre Stimme springt einem förmlich aus jeder Buchseite ins Gesicht!« Danach kam mir erstmals der Gedanke, dass ich vielleicht tatsächlich eine schriftstellerische Begabung besitze. Damals war ich 29 Jahre alt, und mein erstes Buch trug den Titel *Coach dich selbst, sonst coacht dich keiner*. Es wurde von Contemporary Books (inzwischen McGraw-Hill) verlegt, und davon verkauften sich weltweit über 100.000 Exemplare. Es wurde in sieben Sprachen übersetzt und wird heute – zehn Jahre später – immer wieder nachgedruckt. Gar keine so schlechte Leistung für ein Mädchen, das nicht mal richtig buchstabieren konnte! Ich bin nicht der erste Mensch, der im Schatten eines talentierten Umfelds aufgewachsen ist und sich deshalb für unbegabt hielt.

RESÜMEE IHRER BESONDEREN STÄRKEN UND BEGABUNGEN

Und nun schauen Sie sich das Feedback der Leute an, die Sie befragt haben, und stellen Sie eine Liste Ihrer besonderen Stärken und Fähigkeiten auf. Erkennen Sie in den Bewertungen ein Muster? Haben unterschiedliche Menschen Sie immer wieder auf eine bestimmte Begabung hingewiesen? Zieht sich durch dieses Feedback ein roter Faden, der bis in Ihre Kindheit zurückreicht? Das könnte Ihre ganz besondere Begabung oder angeborene Fähigkeit sein.

1. ______________________________
2. ______________________________
3. ______________________________
4. ______________________________
5. ______________________________
6. ______________________________
7. ______________________________
8. ______________________________
9. ______________________________
10. ______________________________

Nehmen Sie sich einmal Zeit und denken Sie darüber nach, was Sie schon als Kind gern und unaufgefordert gemacht haben. Daraus muss zwar nicht unbedingt gleich die zündende Idee für eine neue Karriere hervorgehen, bestimmt kommen Sie dadurch auf ein paar Aktivitäten, die Sie auch im Erwachsenenalter pflegen können, um neue Energie zu tanken. Viele Videos, die meine Eltern von mir aufgenommen haben, zeigen mich im Matsch spielend. In jede Pfütze setzte ich mich hinein und war überglücklich. Ich aß den Matsch sogar. Kein Wunder, dass ich mich später im Erwachsenenalter für Töpferei interessierte. Das ist eines der entspannendsten und erdendsten Hobbys, mit denen ich mich je beschäftigt habe. Ich liebe das Gefühl von Ton zwischen meinen Fingern. Und einige meiner Arbeiten waren immerhin so gut, dass die Ladenbesitzerin sie in ihrem Schaufenster in New York ausstellte und auch verkaufte. Vielleicht stehen ja noch irgendwo ein paar »Talane-Vasen« herum! Und wer weiß – eventuell mache ich das Töpfern nach meiner Pensionierung ja sogar zum Beruf.

Eine Klientin erzählte mir, wie sie als Kind ein Spiel erfand, das sie »Immer der Katze nach« nannte. Sie lief einfach der Familienkatze hinterher und ließ sich von ihr durchs ganze Haus oder durch die Stadt führen. Das Unbekannte fasziniert und lockt sie auch heute noch: Ihr macht es Spaß, nicht zu wissen, was als Nächstes passieren oder wo eine Sache hinführen wird. Abenteuer und Entdeckungsreisen begeistern sie. Die »Erwachsenenversion« dieses Spiels besteht darin, einen Urlaub in einem fremden Land zu buchen und es dann einfach spontan zu erkunden!

Selbst wenn diese Listen Ihnen nicht den Weg zu einer potenziellen neuen Karriere zeigen, werden Sie darin doch bestimmt Anregungen für Aktivitäten finden, aus denen Sie neue Kraft schöpfen können und die sich schon allein deshalb als Hobby für Sie lohnen. Ich kenne keinen Menschen, der sich nicht mehr davon wünscht! Kinder stecken gerade deshalb so voller Energie, weil sie sich immer mit Dingen beschäftigen, die sie begeistern. Sie können diese Energie aus Ihrer Kindheit wieder einfangen, indem Sie sich einfach den »Erwachsenenversionen« Ihrer damaligen Lieblingsbeschäftigungen widmen. Falls Sie die Richtung, die Sie einschlagen möchten, immer noch nicht klar vor Augen sehen, experimentieren Sie einfach ein bisschen herum. Sie werden es schon merken, wenn Sie auf eine Tätigkeit stoßen, die wirklich zu Ihnen passt – einfach daran, dass Sie sich hinterher großartig fühlen!

> *Niemand kann genauso sein wie ich. Manchmal habe ich selber Probleme damit.*
>
> TALLULAH BANKHEAD

Woran merken Sie, dass Sie Ihr besonderes Talent entdeckt haben?

Hier ein paar Anzeichen dafür, dass Sie Ihre ganz besondere Begabung gefunden haben:

- Es macht Spaß und fällt Ihnen leicht.
- Sie können sich stundenlang damit beschäftigen und haben hinterher nicht weniger, sondern mehr Energie.
- Sie vergessen die Zeit, wenn Sie Ihrer angeborenen Begabung nachgehen.
- Sie erzielen hervorragende Ergebnisse, ohne sich besonders anstrengen zu müssen.
- Sie bereichern damit das Leben Ihrer Mitmenschen mühelos.
- Es fällt Ihnen leicht, damit erfolgreich zu sein.
- Sie sind dabei glücklich und fühlen sich innerlich ausgefüllt.
- Sie fühlen sich quicklebendig und haben das Gefühl, ganz Sie selbst zu sein.

Wenn Sie sich in Ihrem Job immer noch fehl am Platz fühlen wie ein Fisch auf dem Trockenen, wenn Sie Ihre Arbeit als Last empfinden, dabei etwas vermissen oder das Gefühl haben, nicht Ihr ganzes Potenzial voll auszuschöpfen, müssen Sie eben einfach noch ein bisschen weiter auf Entdeckungsreise gehen! Sobald Sie Ihre wahren Talente entdeckt haben, wird Ihr Leben deutlich leichter, erheblich mehr Spaß machen und Sie in finanzieller und privater Hinsicht auch mehr befriedigen.

Entdecken Sie Ihren persönlichen Stil

Können Sie sich Ihr zukünftiges Leben vorstellen, sehen Sie beispielsweise vor Ihrem inneren Auge, was Sie im Rentenalter tun werden, oder richten Sie Ihren Fokus hauptsächlich auf die Gegenwart und die nahe Zukunft? Wissen Sie mit Fragen wie »Wo werden Sie wohl in fünf Jahren sein?« nichts anzufangen, oder fallen Ihnen dazu plausible Antworten ein?

Genießen Sie Konflikte und brechen Sie womöglich selbst ab und zu einen Streit vom Zaun, oder scheuen Sie Auseinandersetzungen? Sind Sie ehrgeizig und dynamisch, oder halten Sie sich lieber im Hintergrund und überlassen anderen die Regie? Sind Sie gerne der Chef, der Anweisungen gibt, oder ist es Ihnen lieber, wenn andere Leute die Richtung vorgeben?

Sind Sie ein »Singletasker«, der am besten arbeiten kann, wenn er sich immer nur auf ein einziges Projekt oder einen einzigen Arbeitsschritt konzentriert? Oder sind Sie eher ein Multitasker und langweilen sich zu Tode, wenn Sie nicht immer mit mehreren Vorhaben gleichzeitig hin und her jonglieren können? Arbeiten Sie lieber langsam oder schnell? Brauchen Sie viele verschiedene Aufgaben, um im Job nicht einzuschlafen, oder überwältigt es Sie, wenn mehrere Anforderungen gleichzeitig an Sie gestellt werden, sodass Sie dann am Ende nichts Rechtes mehr zustande bringen?

Das sind nur ein paar Fragen, die Sie berücksichtigen sollten, wenn Sie über Ihre ideale Karriere nachdenken. Als introvertierter Mensch sollten Sie beispielsweise keinen Job im Vertrieb annehmen, bei dem Sie dauernd Präsentationen halten oder Kunden zum Essen einladen müssen. Bei so einer Arbeit wären Sie wahrscheinlich ständig total ausgelaugt und würden sehnsüchtig darauf warten, dass Sie endlich nach Hause gehen und ein gutes Buch lesen können. Wenn Sie dagegen eher extrovertiert sind, würden Sie im stillen Kämmerlein in der Buchhaltung, von morgens bis abends über Zahlen brütend, wahrscheinlich verkümmern, weil Sie den Kontakt und das Gespräch mit anderen Menschen brauchen. Das mag jetzt alles eigentlich ganz logisch sein, wenn man sich selbst jedoch nicht gut kennt, macht man leicht Fehler und nimmt einen Job an, in dem man sich im Handumdrehen todunglücklich und ausgepowert fühlt.

> *Versuche keine neue Persönlichkeit anzunehmen; das funktioniert nicht.*
>
> RICHARD M. NIXON

Für kurze Zeit können wir uns mit fast allem abfinden, doch wenn wir ständig in einem Umfeld ausharren müssen, das nicht zu unserem Arbeitsstil passt, erschöpft uns das sehr bald – und wenn wir dessen ungeachtet weitermachen wie bisher, kann das sogar zu Erkrankungen führen. Die Sache ist ernst, nehmen Sie das Thema nicht auf die leichte Schulter!

Eine meiner Klientinnen war Journalistin und in ihrem Job sehr glücklich – so lange, bis ihr Arbeitgeber die kleinen Büroräume seiner Mitarbeiter zu einem Großraumbüro zusammenlegte. Von da an gab es keine Privatsphäre mehr, und der Geräuschpegel stieg drastisch an. Eigentlich wollte man die Mitarbeiter dadurch zu mehr Ideenaustausch und Brainstorming anregen. Und ein extrovertierter Mensch kann so ein Arbeitsumfeld durchaus als stimulierend empfinden, doch für einen introvertierten Mitarbeiter ist es die Hölle. Bald merkte meine Klientin, dass ihre Arbeit darunter litt, sie konnte in dieser Umgebung keinen vernünftigen Satz mehr zustande bringen und engagierte mich schließlich als Coach: Sie hatte das Gefühl, eine andere berufliche Laufbahn einschlagen zu müssen. Bald fanden wir jedoch heraus, dass sie in Wirklichkeit einfach nur ein bisschen Ruhe und Frieden brauchte, um schreiben zu können. In ihrem Büro gab es das nicht, also schlug ich ihr vor, von zu Hause aus zu arbeiten oder sich mit ihrem Laptop in ein Café zu setzen. Damit war das Problem gelöst. Bald darauf knüpfte sie an ihre alten Leistungen an und war bei ihrem Chef wieder genauso gut angesehen wie früher. Die Journalistin hatte sich insgeheim schon für eine Versagerin gehalten. Dabei war ihr nur nicht klar gewesen, dass unser Arbeitsumfeld großen Einfluss auf unsere Leistungen hat – und welches Umfeld uns guttut, hängt von unserem persönlichen Arbeitsstil ab.

Eine andere Klientin war leitende Angestellte bei einer großen amerikanischen Bank. Sie machte sich Sorgen um ihre neue Assistentin, die seit ihrem Jobantritt keinen glücklichen Eindruck machte. Ich fragte, ob ich die Mitarbeiterin anrufen dürfte, um sie zu coachen. Nach ein paar Telefonaten stellten wir tatsächlich bald fest, dass die Assistentin es gewohnt gewesen war, zusammen mit vielen anderen Verwaltungsassistenten und Managern in einem Büro zu arbeiten. An ihrem jetzigen Arbeitsplatz saß sie ganz allein auf einem Stockwerk, wo sie sich einsam und unglücklich fühlte und es ihr sehr schwerfiel, sich zu irgendetwas aufzuraffen. Und da ihre Chefin in letzter Zeit geschäftlich öfters unterwegs war, fehlte ihr auch noch ihre direkte Ansprechpartnerin. Ihre Freunde und Angehörigen redeten ihr ein, sie solle doch froh sein, in dem neuen Büro ihre Ruhe zu haben, und machten ihr gutgemeinte Vorschläge wie etwa, sie solle doch ihr Radio mitnehmen, um sich nicht so einsam zu fühlen, was aber alles nichts nutzte. Irgendwann war es so weit, dass die arme Frau Antidepressiva einnehmen musste, um ihren Arbeitstag überhaupt durchstehen zu können. Was für ein Drama! Ich riet ihr, darauf zu bestehen, dass man ihren Schreibtisch in das Stockwerk mit all den anderen Mitarbeitern stellt – und damit war das Problem gelöst. Sie war ein extrovertierter Mensch und brauchte einfach ein paar Leute um sich herum, um nicht depressiv zu werden.

Nehmen Sie das Thema Arbeitsumfeld bitte sehr ernst. Sie sind nicht so anpassungsfähig, wie Sie glauben – wenn Sie sich mit Umständen abfinden, die nicht zu Ihnen passen, hat das auf Dauer gravierende negative Konsequenzen für Ihre Leistungsfähigkeit, Ihre Gesundheit und Ihr Lebensglück. Deshalb ist es so wichtig, Ihren persönlichen Stil kennenzulernen, denn dann wird es Ihnen viel leichter fallen, das für Sie am besten geeignete Arbeitsumfeld zu finden. Und mit einem objektiven computergestützten Persönlichkeitstest, dessen Ergebnis Sie schwarz auf weiß in der Tasche haben, werden Sie auch Ihren Chef leichter überzeugen können, was gut für Sie ist.

Jeder Mensch hat seinen eigenen Stil, also werden manche Leute vielleicht kein Verständnis dafür aufbringen, dass Sie ganz andere Bedürfnisse haben als sie. Nur allzu oft denken wir: »Wenn ich das kann, müssen die anderen es auch können.« Dabei ist diese Einstellung völlig unangebracht: Manche Menschen laufen im Chaos erst so richtig zu Hochform auf und lieben Veränderungen, während andere Ruhe und Stabilität brauchen, um sich wohlzufühlen. Andere wiederum können hervorragend Zukunftspläne machen, während sie sich bei der Erledigung alltäglicher Aufgaben jämmerlich verzetteln. Und wieder andere können am besten arbeiten, wenn sie Menschen um sich herum haben, und brauchen viel Abwechslung. Bitte nehmen Sie sich bei der Lektüre der folgenden fünf Abschnitte ein paar Minuten Zeit, um über Ihren persönlichen Stil nachzudenken und Ihre Einschätzung in Prozent in die dafür vorgesehenen leeren Felder einzutragen. Falls Sie sich etwas näher über computergestützte Persönlichkeitstests informieren möchten, gehen Sie auf meine Webseite www.lifecoach.com, und lassen Sie sich gegen eine kleine Gebühr eine genaue Beschreibung Ihres persönlichen Stils erstellen – oder Sie schauen im Abschnitt »Literaturhinweise und sonstige Tipps« im Anhang dieses Buches nach.

Mit ein bisschen Nachdenken kommen Sie Ihrem persönlichen Stil, sprich Ihrer individuellen Arbeits- und Vorgehensweise, schon auf die Spur. Auch dabei sollten Sie sich nicht scheuen, ein paar Leute, die Sie gut kennen, um Feedback zu bitten. Als kleiner Denkanstoß hier schon mal die Fragen, um die es geht:

- Sind Sie extrovertiert oder introvertiert?
- Denken Sie eher taktisch oder strategisch?
- Konzentrieren Sie sich lieber auf eine Aufgabe, oder sind Sie ein Multitasker?
- Sind Sie ein Praktiker oder ein Theoretiker?
- Geraten Sie schnell oder langsam in Wut?

Extrovertiert oder introvertiert?

Können Sie am besten Energie auftanken, wenn Sie allein sind? Fühlen Sie sich immer ganz erschöpft und ausgelaugt, wenn Sie den ganzen Tag Menschen um sich herum hatten? Wenn ja, dann sind Sie eher introvertiert als extrovertiert.

Gibt es Ihnen Auftrieb, mit anderen Leuten zusammen zu sein, wirken äußere Ereignisse anregend auf Sie? Sind Sie erschöpft oder deprimiert, wenn Sie den ganzen Tag allein arbeiten mussten? Verspüren Sie dann den unwiderstehlichen Drang, unter Leute zu gehen? Wenn ja, dann sind Sie eher extrovertiert als introvertiert und schöpfen Energie aus dem Umgang mit anderen Menschen und aus dem, was um Sie herum passiert.

Oder aber Sie gehören keiner dieser beiden Kategorien an, sondern liegen genau in der Mitte und brauchen ein ausgewogenes Gleichgewicht zwischen Kontakt zu anderen Leuten und Alleinsein. Wenn Sie tagsüber viel mit Menschen zu tun haben, verkriechen Sie sich abends vielleicht gern in Ihr Schneckenhaus und führen ein häusliches Leben. Finden Sie den goldenen Mittelweg und stehen Sie ausreichend zu anderen in Verbindung, haben aber auch genug Zeit für sich selbst, werden Sie sich den ganzen Tag über aktiv und energiegeladen fühlen.

Schätzen Sie nun jeweils anhand einer Skala von 100 Prozent ein, wie extrovertiert oder introvertiert Sie sind. Uns alle zeichnet eine Kombination aus beiden Wesenszügen aus: Selbst der extrovertierteste Mensch braucht ab und zu ein bisschen Zeit für sich allein, und auch sehr introvertierte Leute können nicht ganz ohne zwischenmenschliche Kontakte leben. Als Nächstes fragen Sie einen guten Freund und einen engen Familienangehörigen, wie er Sie anhand dieser Skala bewerten würde, damit Sie umgekehrt erfahren, was für einen Eindruck Sie auf andere Leute machen.

	MEINE EINSCHÄTZUNG	EINSCHÄTZUNG VON FREUNDEN, ANGEHÖRIGEN UND KOLLEGEN
Extrovertiert	______ %	______ %
Introvertiert	______ %	______ %
Insgesamt =	100%	100%

Taktiker oder Stratege?

Taktische Denker finden sich am besten in der Gegenwart zurecht. Sie haben ein großes Talent dafür, Aufgaben schnell und effizient zu erledigen, weil sie kurzfristig denken. Dafür fällt es ihnen oft schwer, sich auszumalen, wo sie in fünf, geschweige denn in zehn Jahren stehen werden. Manchmal konzentrieren sie sich so sehr auf das Hier und Jetzt, dass sie es völlig versäumen, Zukunftspläne zu machen. Ein strategischer Denker hingegen kann sich gut vorstellen, was die Zukunft wohl bringen mag und welche Konsequenzen sein gegenwärtiges Handeln auf die Dauer haben wird. Es kommt hier ganz darauf an, ob Ihr Gehirn auf kurzfristiges oder langfristiges Denken ausgerichtet ist. Es gibt aber auch Menschen, die mittelfristig planen und ungefähr fünf Jahre vorausdenken. Wenn Sie ein langfristiger Denker sind, neigen Sie vielleicht dazu, Dinge auf die lange Bank zu schieben, weil Sie immer das Gefühl haben, noch viel Zeit zu haben.

Beide Enden dieses Spektrums haben ihr Für und Wider: Kurzfristige Denker vergessen womöglich, Geld für ihren Lebensabend auf die hohe Kante zu legen, während ein langfristiger Denker gern Dinge auf morgen verschiebt – warum soll er sich abhetzen, wo doch noch so viel Zeit vor ihm liegt? Deshalb können manche Leute sehr gut taktisch oder kurzfristig denken, sind aber hoffnungslos verloren, wenn sie sich ausmalen sollen, wie ihr Leben in zehn oder zwanzig Jahren aussehen wird.

Mein Mann ist ein taktischer Denker und in seinem Element, wenn es darum geht, Aufgaben zu erledigen, während ich immer ungefähr 20 Jahre vorausdenke und dazu neige, meine täglichen Verpflichtungen auf morgen zu verschieben. Als ich ihn kennenlernte, hatte er noch keine Ersparnisse fürs Alter zurückgelegt. Als Team gleichen wir uns gegenseitig gut aus, obwohl es ihm manchmal furchtbar auf die Nerven geht, wenn ich mir irgendwelche Zukunftsszenarien ausmale! Er sagt dann immer: »Lass uns erst mal das hier erledigen. Über die Zukunft können wir uns später noch Gedanken machen.« Typisch für jemanden, dessen zeitlicher Horizont nur sechs Monate weit reicht!

Und nun nehmen Sie sich bitte wieder ein paar Minuten Zeit und überlegen Sie, in welchem Bereich dieses Spektrums Sie liegen. (Taktiker: Zeitrahmen von null bis fünf Jahren; Stratege: Zeitrahmen von fünf bis zehn Jahren oder länger.) Wenn Sie in der Mitte dieser beiden Extreme liegen, können Sie sich die Folgen Ihres Handelns in einem Zeitfenster von einem bis fünf Jahren vorstellen.

	MEINE EINSCHÄTZUNG	**EINSCHÄTZUNG VON FREUNDEN, ANGEHÖRIGEN UND KOLLEGEN**
Taktiker	______ %	______ %
Stratege	______ %	______ %
Insgesamt =	100%	100%

Singletasker oder Multitasker?

Fast alle meine Klienten halten sich für Multitasker – sie glauben, sich am wohlsten zu fühlen, wenn sie mehrere Dinge gleichzeitig zu erledigen haben. Vielleicht ist diese Einschätzung darauf zurückzuführen, dass wir in einer Multitasking-Welt leben. Oft bleibt uns gar nichts anderes übrig, als uns mit mehreren Sachen parallel zu beschäftigen, also tun wir es eben. Das bedeutet aber noch lange nicht, dass dies von Natur aus unserem Arbeitsstil entspricht oder dass wir es gerne tun. Laut dem Buch *The Universal Language DISC* von Bill Bonnstetter und seinem Team bei Target Training International sind mindestens 50 Prozent aller Menschen Singletasker: Sie können am besten arbeiten und sind am produktivsten, wenn sie sich nur auf eine einzige Sache konzentrieren müssen. Singletasker sind außerdem am leistungsfähigsten in einem ruhigen, gemütlichen Arbeitsumfeld, in dem sie für alle Aufgaben genügend Zeit haben. Wenn sie zu viele Dinge gleichzeitig erledigen müssen, sind sie überfordert und können nicht mehr effizient arbeiten. Ein Umfeld mit schnellem Arbeitstempo spricht normalerweise eher Multitasker an, weil sie es mögen, wenn es um sie herum ein bisschen chaotisch und hektisch zugeht.

Mit folgendem Experiment können Sie herausfinden, ob Sie ein typischer Singletasker sind: Räumen Sie Ihren Schreibtisch auf, leiten Sie alle Anrufe um und schalten Sie den Signalton aus, der Sie informiert, dass Sie eine E-Mail erhalten haben. Sagen Sie Ihren Kollegen und Mitarbeitern, dass Sie in den nächsten ein bis zwei Stunden nicht gestört werden möchten. Und dann widmen Sie sich nur einer einzigen Aufgabe und erlauben sich den Luxus, nichts anderes zu tun ... Na, wie ist es gelaufen? Haben Sie in relativ kurzer Zeit eine Menge geschafft? Und sind Sie mit dem Ergebnis rundum zufrieden? Wenn Sie manchmal am liebsten die Welt anhalten würden, um nicht dauernd abgelenkt zu werden, sind Sie höchstwahrscheinlich ein typischer Singletasker. Wenn es Ihnen in diesen ein bis zwei Stunden jedoch schwergefallen ist, sich zu konzentrieren, und Sie zwischendurch am liebsten auch noch andere Aufgaben erledigt hätten, sind Sie der geborene Multitasker: Sie können am effizientesten arbeiten, wenn Sie zwei oder drei Projekte gleichzeitig betreuen.

Einige meiner Klienten haben in ihrem Büro sogar zwei oder drei Schreibtische oder Workstations stehen, und überall nimmt ein anderes Vorhaben Gestalt an. Um dauerhaft motiviert zu sein, wandern sie von einem Arbeitsplatz zum anderen, wann immer sie das Gefühl haben, dass ihre Begeisterung oder Energie nachlässt. Mit diesem Arrangement sorgen sie dafür, dass ihre Freude an der Arbeit nicht erlahmt, und schaffen auf diese Weise auch mehr, als wenn sie immer nur ein einziges Projekt umsetzen würden – weil sie zu Tode gelangweilt wären. Also experimentieren Sie ruhig ein bisschen herum, dann werden Sie Ihrem persönlichen Arbeitsstil schon auf die Spur kommen.

Singletasker fühlen sich wie im Paradies, wenn sie nur eine einzige Aufgabe erledigen müssen, an der sie ununterbrochen arbeiten dürfen – so lange, bis sie fertig ist. Als mir jemand vorschlug, meine Koffer zu packen und mich zu einem verlängerten Autorenwochenende in eine Pension zurückzuziehen, um an diesem Buch zu arbeiten, lief mir vor Begeisterung fast das Wasser im Mund zusammen. Nichts anderes tun als schreiben? Mich um keine geschäftlichen Angelegenheiten kümmern, keine E-Mails beantworten, keine Kinder versorgen müssen? Das wäre wirklich fantastisch – zumindest für eine Woche. Gleichzeitig sprach diese Vorstellung auch die extrovertierte Seite meiner Persönlichkeit an, denn auf diese Weise konnte ich nach einem produktiven Arbeitstag am Computer abends mit den anderen Autoren zusammensitzen, mittags gemeinsam mit ihnen einen Happen essen gehen oder mir zwischendurch ab und zu eine kurze Gesprächspause gönnen. Ein wahres Eldorado! Die meisten Leute können sich nicht den Luxus leisten, immer nur an einer Aufgabe zu arbeiten, vor allem, wenn ihr Chef von ihnen erwartet, dass sie mehrere Projekte gleichzeitig betreuen. Also gönnen Sie sich wenigstens die Illusion des Singletaskings, indem Sie immer nur einen einzigen Vorgang auf Ihrem Schreibtisch liegen haben. Sie werden garantiert viel produktiver sein, wenn Sie Ihrem natürlichen Stil entsprechend arbeiten, statt ihn zu unterdrücken.

	MEINE EINSCHÄTZUNG	**EINSCHÄTZUNG VON FREUNDEN, ANGEHÖRIGEN UND KOLLEGEN**
Singletasker	_______ %	_______ %
Multitasker	_______ %	_______ %
Insgesamt =	100%	100%

Praktiker (konkret) oder Theoretiker (abstrakt)?

Manche Leute haben das Bedürfnis, mit den Händen zu arbeiten und am Ende ein greifbares Produkt oder Ergebnis hervorzubringen, während andere sich lieber mit abstrakten Dingen beschäftigen und auch ohne konkretes Resultat überzeugt davon sind, etwas geleistet zu haben. Und da es immer mehr abstrakte berufliche Tätigkeiten gibt, bei denen man mit anderen Menschen, Ideen und Konzepten zu tun hat, ist ein schriftlicher Bericht oder ein ausgedrucktes Memo heutzutage oft der einzige Beweis für einen anstrengenden Arbeitstag. Je abstrakter unsere Arbeitswelt wird, umso unzufriedener sind Menschen, die gerne etwas Greifbares produzieren möchten, an ihrem Arbeitsplatz. Manchmal ist das nur ein vages Unbehagen, es kann aber auch ein starkes Gefühl der Frustration sein.

Theoretiker, die eine Vorliebe für abstrakte Ideen haben, brauchen am Ende nicht unbedingt etwas Konkretes, um mit dem Schaffensprozess zufrieden zu sein. Ihnen ist es ganz recht, anderen die körperliche Arbeit zu überlassen, sie wollen sich nicht die Hände schmutzig machen. Praktikern dagegen verschafft es ein ungeheures Gefühl der Befriedigung, etwas manuell zu gestalten oder zu bauen – sie brauchen diese Art der Betätigung, sonst haben sie nicht das Gefühl, etwas auf die Beine gestellt zu haben. Abstrakte Arbeit ist eine der häufigsten Ursachen für Unzufriedenheit – und diese Unzufriedenheit stellt sich oft erst um das 40. Lebensjahr herum ein. Wenn Sie nach Feierabend mit dem Gefühl nach Hause kommen, eigentlich nichts Richtiges geschafft zu haben (obwohl Sie in Wirklichkeit eine ganze Menge erledigt haben), kann das bedeuten, dass Sie ein Bedürfnis nach manueller Beschäftigung haben. Falls Ihr Beruf Ihnen dazu keine Möglichkeit bietet, sollten Sie sich mit einem Hobby wie Töpfern, Gärtnern oder Holzarbeiten beschäftigen – irgendeiner Betätigung, die konkrete, greifbare Resultate liefert. Vielleicht ist so ein Steckenpferd das einzige Ventil, das Sie brauchen, um sich von Ihrem vagen Gefühl der Unzufriedenheit zu befreien. Nach dem 40. Lebensjahr wird das Bedürfnis, die praktische Seite unserer Persönlichkeit zu verwirklichen, normalerweise noch stärker. Manche Leute halten dieses Phänomen sogar für eine Art Midlife-Crisis.

Typische Beispiele für Berufe, die dieses Bedürfnis nach praktischer Arbeit befriedigen, sind: Maurer, Schreiner, Mechaniker, Chirurg, Koch, Physiotherapeut, Musiker, Zahnarzt, Chiropraktiker, Maler und Dekorateur. Zu den abstrakten Berufen hingegen gehören Lehrer, Coach, leitender Angestellter, Manager und Vertriebspersonal: Solche Leute haben hauptsächlich mit Ideen, Konzepten und Menschen zu tun und nicht mit Dingen oder Produkten.

	MEINE EINSCHÄTZUNG	**EINSCHÄTZUNG VON FREUNDEN, ANGEHÖRIGEN UND KOLLEGEN**
Praktiker	_______ %	_______ %
Theoretiker	_______ %	_______ %
Insgesamt =	100%	100%

Schnell in Wut zu bringen (jähzornig) oder langsam in Wut zu bringen (nachtragend)?

Wenn Sie schnell in Wut geraten, Ihr Zorn aber genauso schnell wieder verraucht, gehören Sie laut *The Universal Language DISC* wahrscheinlich zu den 10 Prozent der Menschen, die geborene Führungskräfte sind. Sie treffen Ihre Entscheidungen schnell und scheuen keine Konflikte. Manchmal provozieren Sie Auseinandersetzungen sogar, weil Sie es genießen, verbale Meinungsverschiedenheiten auszufechten. Wenn Sie Konflikte dagegen um jeden Preis zu vermeiden versuchen, sind Sie so wie die meisten Menschen und geraten normalerweise auch viel langsamer in Wut. Leuten, die Sie verärgert haben, tragen Sie das insgeheim aber oft jahrelang nach, ohne ein Wort darüber zu verlieren. Solchen Menschen fällt es oft schwer, zu einer schnellen Entscheidung zu kommen, weil sie immer erst über alle Alternativen nachdenken müssen.

Entschlussfreudige, willensstarke, ehrgeizige Leute landen dagegen häufig in der Führungsetage eines Unternehmens oder gründen sogar eine eigene Firma. Sie sind sich der Dringlichkeit ihrer Aufgaben bewusst, bekommen es nicht so leicht mit der Angst zu tun und haben ein Talent dafür, ihre Mitmenschen in Aktion zu versetzen. Kleiner Tipp für Leute, die ein bisschen Angst vor solchen Typen haben: Bieten Sie ihnen ruhig die Stirn, und verteidigen Sie bei Meinungsverschiedenheiten Ihren Standpunkt. Sie werden es Ihnen nicht übelnehmen, wenn Sie zu Ihrer Überzeugung stehen – im Gegenteil: So etwas flößt ihnen Respekt ein. Aber sagen Sie Ihre Meinung kurz und bündig, bereiten Sie sich gut auf das Gespräch vor, und reden Sie nicht lange um den heißen Brei herum.

	MEINE EINSCHÄTZUNG	**EINSCHÄTZUNG VON FREUNDEN, ANGEHÖRIGEN UND KOLLEGEN**
Jähzornig	______ %	______ %
Nachtragend	______ %	______ %
Insgesamt =	100%	100%

Machen Sie sich Ihre angeboren Talente und Ihren persönlichen Arbeitsstil zunutze

Die in diesem Kapitel besprochenen Persönlichkeitskategorien sind nur einige der Aspekte, mit denen Sie sich beschäftigen sollten, wenn Sie sich beruflich neu orientieren möchten. Es führt kein Weg daran vorbei: Wenn Sie eine geborene Führungspersönlichkeit sind, werden Sie es in einer untergeordneten Position, in der Sie keine Chance auf eine Beförderung oder sonstiges Vorwärtskommen haben, nicht lange aushalten. Sie werden garantiert irgendwann explodieren und etwas Unpassendes sagen, und dann wird man Sie entweder hinauswerfen, oder Sie gehen ganz von allein. Wenn Sie hingegen eine ruhige, friedliche Arbeitsatmosphäre brauchen, werden Sie an einem lauten, chaotischen Arbeitsplatz todunglücklich sein. Klar, für eine gewisse Zeit können wir uns mit fast allem abfinden. Doch je länger Sie in einer Umgebung ausharren, die nicht zu Ihrem persönlichen Arbeitsstil passt, umso unglücklicher und gestresster werden Sie sein. Manchmal besteht das Problem gar nicht darin, dass man den falschen Job hat, sondern dass das Arbeitsumfeld nicht zu einem passt.

Und nun hören Sie bitte einmal gut zu, liebe Chefs: Nur weil Ihnen ein bestimmter Arbeitsstil zusagt, bedeutet das noch lange nicht, dass Ihre Mitarbeiter sich dabei auch wohl fühlen. Um das Beste aus Ihrem Team herauszuholen, müssen Sie den individuellen Arbeitsstil Ihrer einzelnen Angestellten zum Vorteil Ihres Unternehmens nutzen. Und das bedeutet vielleicht auch, dass Sie Joe immer nur ein einziges Projekt zu bearbeiten geben, während Sie Jane lieber mit drei Aufgaben gleichzeitig beschäftigen sollten. Extrovertierte Mitarbeiter sprechen vielleicht gut auf die Arbeitsatmosphäre eines Großraumbüros an, aber halten Sie bitte auch ein paar ruhige Büroräume fernab dieser hektischen Betriebsamkeit bereit, in denen Ihre introvertierten Leute sich verkriechen können. Und überhaupt: warum versuchen Sie es nicht mal mit einer ganz radikalen Maßnahme und fragen Ihre Mitarbeiter einfach, was sie brauchen, um am besten arbeiten zu können?

Durch die bisherigen einfachen Übungen haben Sie nun schon einen erstaunlich guten Einblick in Ihre besonderen Talente und Fähigkeiten gewonnen, aber das mag für den einen oder die andere noch nicht genug sein. Sollten Sie bereits rundum zufrieden sein, weil Sie Ihre angeborene Begabung oder Fähigkeit inzwischen entdeckt haben, ist das hervorragend. Verfolgen Sie diesen Weg mit ganzer Energie. Wenn nicht oder wenn Sie immer noch ein bisschen unschlüssig sind, sollten Sie zusätzlich vielleicht auch noch ein paar computergestützte Persönlichkeitstests machen, zum Beispiel das StrengthsFinder Profile oder The Highlands Program. Wenn Sie die Ergebnisse eines objektiven Computertests schwarz auf weiß vor sich sehen, wird Ihnen vielleicht klar, dass Sie sich das alles nicht nur eingebildet haben: Ja, Sie besitzen tatsächlich eine besondere Fähigkeit, und es lohnt sich, Zeit, Geld und Energie in diese Begabung zu investieren! Ich empfehle meinen Klienten stets, diese Online-Tests zu machen, ehe sie Tausende von Dollars und Jahre ihres Lebens in irgendeine Umschulung oder Fortbildung investieren.

Vor kurzem beriet ich eine junge Frau, die sich noch nicht zu einem Studium hatte entschließen können, weil sie nicht wusste, was sie studieren sollte. Ich ging mit ihr The Highlands Program durch, und nach zweieinhalb Stunden hatten wir die Bestätigung dafür, dass sie ein ausgesprochenes Talent für künstlerisches und kreatives Design besaß. Sie gab zu, dass Designen ihr tatsächlich großen Spaß machte und dass sie schon immer gerne gelayoutet und Illustrationen angefertigt hatte. Sie war sich jedoch nicht sicher, ob ihr Talent ausreichen würde, um einen Beruf daraus zu machen oder davon leben zu können. Ich wies sie darauf hin, dass Andy Warhol ein äußerst erfolgreicher Künstler gewesen war und dass sie, selbst wenn keine berühmte Künstlerin aus ihr werden sollte, trotzdem immer noch gut von kreativer Arbeit wie Webdesign, Grafikdesign oder dem Layouten von Zeitschriften leben konnte – und dass sie dann wenigstens einen Beruf ausüben würde, der ihr wirklich Spaß machte. Als sie ihre Testergebnisse schwarz auf weiß vor sich sah, wurde ihr klar, dass sie sich ihr Talent nicht nur eingebildet hatte. Diese Erkenntnis gab ihr das Selbstvertrauen, die berufliche Richtung einzuschlagen, von der sie insgeheim schon immer geträumt hatte – eine künstlerische Betätigung! Sie belegte einen Grundkurs an einer Kunstschule, um möglichst viele verschiedene künstlerische Medien kennenzulernen und sich in aller Ruhe darüber klarzuwerden, welches ihr am meisten lag. Ihre Eltern waren fassungslos, denn ihre Tochter war plötzlich wie ausgewechselt, und sie bedankten sich bei mir für meinen Beitrag dazu. Im Abschnitt »Literaturhinweise und sonstige Tipps« im Anhang dieses Buches finden Sie nähere Informationen über diese hilfreichen computergestützten Persönlichkeitstests.

Sobald Sie sich über Ihre natürlichen Begabungen und Ihren persönlichen Arbeitsstil klargeworden sind, haben Sie die Basis für die Suche nach einer beruflichen Tätigkeit geschaffen, in der Sie diese Talente und Fähigkeiten nutzen können. Das ist einer der wichtigsten Schritte auf dem Weg zu Ihrer Traumkarriere. Nehmen Sie sich also genügend Zeit, um Ihre angeborenen Stärken kennenzulernen und diese von Ihren erlernten Fähigkeiten zu unterscheiden. Sobald Sie Ihre besonderen Begabungen kennen, besteht der nächste Schritt darin, Ihr ganzes Leben der Verwirklichung dieser einzigartigen und mitgegebenen Naturtalente zu widmen.

SCHRITT 5

Erkennen Sie Ihre Werte und Leidenschaften

Mit klar definierten Zielen setzen Sie Ihre persönliche Kraft frei, und dann nimmt alles seinen Lauf.

ZIG ZIGLAR

Ideal wäre es, bei sich eine angeborene Begabung oder Fähigkeit zu entdecken, die auch zu Ihren Interessen, Werten und Passionen passt. In der Praxis funktioniert das nur leider nicht immer so gut. Vielleicht ist Golfspielen Ihre große Leidenschaft, sollten Sie allerdings kein begabter Sportler sein, wird das Golfen für Sie vielleicht doch eher ein Hobby bleiben, aus dem Sie keinen ernsthaften Beruf machen können. Oder andersherum: Selbst wenn Ihre intellektuellen Kapazitäten für höhere Mathematik optimal sind, Sie sich aber nicht für dieses Fach interessieren, werden Sie es wohl auch nicht studieren. Unabhängig von den näheren Umständen würde ich einem Klienten aber auf jeden Fall raten, einer seiner zehn wichtigsten Fähigkeiten nachzugehen. Sobald wir nämlich etwas ausprobieren, wofür wir ein angeborenes Talent haben (selbst wenn wir von dieser Gabe vorher gar nichts wussten), entwickelt sich daraus am Ende oft eine sehr befriedigende und von Erfolg gekrönte Karriere. Das ist ja eigentlich auch ganz logisch, denn wenn wir ein angeborenes Talent besitzen, können wir es damit, eine entsprechende Ausbildung eingeschlossen, ziemlich schnell sehr weit bringen. Und in einer höheren Liga zu spielen, bereichert uns häufig nicht nur finanziell, sondern auch persönlich. Daran ist gar nichts Geheimnisvolles.

Das große Problem dabei ist nur, dass die meisten Menschen ihre angeborenen Talente und Fähigkeiten nicht kennen – ihnen sind ja nicht einmal ihre wichtigsten Werte bewusst. Ich zum Beispiel hatte keine Ahnung, dass Coachen eine meiner natürlichen Begabungen ist. Früher arbeitete ich bei einer Bank, und obwohl ich leicht Kontakt zu meinen Kunden fand, beriet ich sie sicherlich nicht darin, wie sie sich ein besseres Leben aufbauen, sondern konnte ihnen höchstens dabei helfen, ihre Finanzen zu ordnen oder sich für den günstigsten Kredit zu entscheiden. Nicht ohne Skepsis begann ich dann irgendwann, professionelle Coaching-Seminare zu belegen, und beriet meine ersten Klienten, während ich gleichzeitig immer noch bei der Bank arbeitete. Aber meine Tätigkeit als Coach machte

> *Such dir eine Arbeit, die du gerne tust. Dann brauchst du keinen Tag in deinem Leben mehr zu schuften.*
>
> **KONFUZIUS**

mir so viel Spaß und fiel mir so leicht, dass sie sich gar nicht wie Arbeit anfühlte. Noch ehe ich meine Ausbildung abgeschlossen hatte, brachte ich anderen Studentinnen und Studenten bei Coach U das Coachen bei, was mir ebenfalls leichtfiel – während ich nach einem Arbeitstag in der Bank total erschöpft und ausgelaugt nach Hause kam. Ich ließ mich dann erst mal auf die Couch fallen und machte ein Nickerchen, bevor ich wieder aufstand, um meine Klienten zu coachen. Und wenn ich gegen zehn Uhr abends damit fertig war, fühlte ich mich so energiegeladen, dass ich nicht einschlafen konnte. Den meisten Menschen geht es so wie mir: Wenn wir etwas tun, das uns im Blut liegt, sprich unserer angeborenen Begabung entspricht, und wenn diese Tätigkeit dann auch noch zu einem unserer wichtigsten Werte passt, beherrschen wir sie nicht nur ganz schnell, sondern schöpfen naturgemäß auch immer wieder neue Kraft aus dieser Arbeit.

Wenn Sie hingegen etwas tun, was nicht Ihrer Natur entspricht, kann Ihre Energie sehr schnell dahinschwinden. Das bedeutet nicht, dass Sie Ihre Sache nicht trotzdem gut machen. Wenn man intelligent genug ist oder sich ausreichend Mühe gibt, kann man alles Mögliche erlernen und damit überzeugen. Aber Sie müssen darauf gefasst sein, dass Sie das mehr Zeit, Energie und Übung kosten wird als andere Leute. Eine meiner Klientinnen hat drei akademische Abschlüsse, dennoch ist es ihr schon immer schwergefallen, sich hinterher daran zu erinnern, was sie gelesen hat. Als ich sie fragte, wie sie ihr Studium so erfolgreich hätte abschließen können, räumte sie ein, dass sie freitagabends, wenn alle anderen Pizza essen gegangen waren, ihre Lehrbücher eben noch ein drittes Mal gelesen hätte. Mit Interesse und Leidenschaft können wir fehlende Veranlagung durchaus kompensieren. Hingegen gibt es wahrscheinlich keinen Spitzenmusiker, der nicht wenigstens eine rudimentäre musikalische Begabung besitzt. Denn in diesem Bereich ist die Konkurrenz so groß, dass unbegabte Musiker bald von jenen überflügelt werden, die ein angeborenes Talent dafür haben. Madonna ist ein sehr gutes Beispiel für eine Sängerin, die dafür anfangs eigentlich keine besondere Ader hatte, ihre Singstimme aber im Lauf der Zeit deutlich verbessert hat. Also lassen Sie sich durch mangelnde Begabung nicht entmutigen, wenn irgendetwas Sie leidenschaftlich begeistert!

In diesem Zusammenhang spielen zwei Arten von Werten eine Rolle: zunächst einmal unsere unbewussten Werte, bei denen wir gar nicht merken, wie sehr sie uns in unserem täglichen Leben beeinflussen. Ich bezeichne sie als unsere »verborgenen Motive«. Das sind die Wertvorstellungen, die hinter unseren Entscheidungen stehen: was für ein Auto wir fahren, warum wir eine bestimmte Laufbahn einschlagen, wofür wir unser Geld ausgeben und so weiter. Das andere sind unsere Grundwerte. Damit meine ich die Dinge, die wir gern tun – unsere Leidenschaften. Diese Werte sind uns häufig, aber nicht immer, bewusster als unsere verborgenen Motive. Vielleicht wissen Sie, dass Sie beispielsweise leidenschaftlich gern gute Weine trinken, reisen oder Briefmarken sammeln, haben aber keine Ahnung, welche Grundwerte hinter diesen Vorlieben stecken. Sobald Sie sich darüber Klarheit verschafft haben, wird es Ihnen leichter fallen, auch noch andere dazu passende Aktivitäten und Karrieremöglichkeiten zu entdecken, die Sie glücklich machen würden – weil Sie jetzt begriffen haben, welche treibende Kraft dahintersteht. Aber zunächst einmal wollen wir Ihre verborgenen Motive ein bisschen näher unter die Lupe nehmen.

Die sechs verborgenen Motive

Das Wissen um die Motive, die hinter Ihren Entscheidungen stecken, kann Ihnen auch helfen, den für Sie richtigen beruflichen Weg einzuschlagen. Es gibt sechs treibende Kräfte, die Sie in Ihren Alltagsentscheidungen beeinflussen – von der Wahl Ihres Transportmittels bis hin zu der Frage, ob Sie Ihre Wohnung neu tapezieren sollen oder nicht:

- Geld/praktischer Nutzen
- Macht/Einfluss auf andere
- Schönheit/Harmonie
- Dienst an anderen
- Lebensmodell/Prinzipien
- Wissen/Wahrheit

> *Mich haben schon viele Leute gefragt, wie ich es schaffe, so viel zu arbeiten und dabei trotzdem so auszusehen, als würde ich ein ausschweifendes Leben führen.*
>
> ROBERT BENCHLEY

Denken Sie daran: wenn Sie die Triebkräfte in Ihrem Leben erkennen, werden Sie sich auch über Ihre wahren Werte und Leidenschaften klar werden, was Ihnen wiederum bei der Suche nach einer neuen, befriedigenderen Arbeit oder beruflichen Laufbahn helfen wird. Deshalb wollen wir uns nun ein bisschen genauer mit diesen Motiven beschäftigen.

Geld/praktischer Nutzen

Bevor ein praktisch denkender Mensch eine Entscheidung trifft, fragt er sich stets: »Welchen Nutzen hat das?« Praxisorientierte Leute arbeiten hart, um gut zu verdienen und für ihre Angehörigen zu sorgen. Geld ist ihnen wichtig; oft sind sie clevere Geschäftsleute, die sich sehr gut Ziele setzen können und diese meist auch erreichen. Häufig ist Geld für sie auch ein Beweis dafür, dass sie etwas geschafft haben. Und wenn sie wissen, dass sich etwas finanziell lohnt, ist das für sie Motivation genug, um sich anzustrengen. Oft pflegen sie auch Beziehungen zu Menschen, die ihnen in Zukunft nützlich sein oder helfen könnten. Alles in allem haben sie eine praxisorientierte Lebenseinstellung.

> *Geld ist besser als Armut – und wenn auch nur aus finanziellen Gründen.*
>
> **WOODY ALLEN**

Macht/Einfluss auf andere

> *Der Staat bin ich.*
>
> **LUDWIG XIV.**

Wer sich anstrengt, um Chef, Wegbereiter oder Manager zu werden, und gern auf andere einwirkt oder sie kontrolliert, bei dem ist Machtstreben die treibende Kraft. Diese Menschen gehen oft in die Politik oder suchen ähnliche Positionen, in denen sie Macht, Kontrolle und Einfluss haben oder die Führung übernehmen können – sei es als Unternehmenschef, Pfarrer oder Elternbeirat.

Schönheit/Harmonie

Falls Sie sich in Ihrem Leben von Schönheit und Harmonie leiten lassen, können Sie möglicherweise nicht an einem Ort arbeiten oder leben, der nicht stilvoll ist. Sie setzen alles daran, in einer ansprechenden Umgebung zu wohnen und überhaupt überall das Schöne zu sehen. Sie möchten gern ein möglichst guter Mensch sein und halten inneres Wachstum und Persönlichkeitsentwicklung für wichtig. Vielleicht ist Ihr Leben sogar selbst so etwas wie ein Artefakt. Man muss kein Künstler oder kreativer Mensch sein, um Wert auf Schönheit und Harmonie zu legen.

Dienst an anderen

Wenn Sie Ihr letztes Hemd hergeben würden, um einem anderen Menschen zu helfen, dann ist der Dienst an anderen Ihre treibende Kraft. Sie sind von Natur aus selbstlos und freigebig – auch wenn es auf Ihre eigenen Kosten geht. Vielleicht halten Sie Personen, die sich von anderen Motiven leiten lassen als Sie, für kalt oder eigennützig. Zu dieser Kategorie Mensch gehören Sozialarbeiter, Hausmeister, Assistenten, Vollzeiteltern, Krankenpfleger und Ärzte – die Mutter Teresas dieser Welt. Wenn Ihr wichtigstes Ziel im Leben darin besteht, Ihren Mitmenschen zu helfen und etwas für sie zu tun, dann ist Dienst an anderen Ihr Hauptmotiv.

Lebensmodell/Prinzipien

Ralph Waldo Trine hat einmal gesagt: »Es gibt Menschen, deren Leben sich weit unterhalb ihrer Möglichkeiten abspielt, weil sie ihre Individualität immer an andere Menschen abtreten. Möchtest du auf der Welt eine Rolle spielen? Dann sei du selbst. Sei dem Höchsten in deiner Seele treu; und lass dich nicht von Sitten oder Konventionen oder willkürlichen, von Menschen gemachten Regeln leiten, die nicht auf Prinzipien beruhen.« Damit ist die Lebenseinstellung regeltreuer Menschen auf den Punkt gebracht. Wenn Sie lieber sterben würden, als Ihre Grundsätze aufzugeben, oder ein festes, vielleicht sogar starres Lebensmotto haben, ist Prinzipientreue eines Ihrer verborgenen Motive. Bei manchen Menschen gründet sie auf einer Religion, die ihnen als Doktrin oder Verhaltenskodex dient. Möglicherweise sind Sie aber auch Umweltschützer, Yogi oder Veganer und lassen sich in Ihren Entscheidungen und Ihrer Lebensweise von dieser Grundüberzeugung leiten.

Prinzipientreue Menschen kämpfen für ihre Überzeugungen und widmen manchmal sogar ihr ganzes Leben der Verbreitung einer bestimmten Lehre. Mahatma Gandhi ist eines der berühmtesten Beispiele dafür. Ein Missionar, der sich in gefährliche, von Krankheiten heimgesuchte Landstriche begibt, um die dortige Bevölkerung zu seinem Glauben zu bekehren, muss zwangsläufig ein sehr prinzipientreuer Mensch sein, sonst würde er dafür nicht sein Leben riskieren. Ein etwas weltlicherer Vertreter dieses Typs Mensch ist der »Grüne«, der alles recycelt und auf all jene, die das nicht tun, unwillkürlich ein bisschen herabsieht. Leute, die sich in erster Linie von ihren Prinzipien leiten lassen, neigen überhaupt dazu, andere zu verurteilen, die anders sind als sie. Sie glauben ernsthaft daran, dass die Welt besser wäre, wenn alle nach dem gleichen Modell lebten wie sie.

> *Die Tat ist alles, nicht der Ruhm.*
>
> **JOHANN WOLFGANG VON GOETHE**

Wissen/Wahrheit

Zu dieser Kategorie Mensch gehören Sie, wenn Sie die Wahrheit erkennen und Wissen erwerben möchten. Ihre Arbeit muss Sie intellektuell fordern, damit Sie damit zufrieden sind. Ein Job wird für Sie uninteressant, sobald Sie alles gelernt haben, was es darin zu lernen gibt, Ihr Hirn lechzt dann nach einer größeren Herausforderung. Einstein ist ein berühmtes Beispiel für einen Menschen, der sein ganzes Leben dem

> *Lieber als Liebe, als Geld, als Ruhm gebt mir Wahrheit.*
>
> **HENRY DAVID THOREAU**

Streben nach Wissen und Wahrheit gewidmet hat. Wissenschaftler, Akademiker, Lehrer, Professoren, Schriftsteller, Journalisten – sie alle lassen sich häufig von der Suche nach Wissen leiten. Da es ihnen wichtig ist, immer wieder etwas Neues dazuzulernen, ergreifen sie möglicherweise einen Beruf, der nicht so gut bezahlt ist – wenn er ihnen nur genügend geistige Anregung und Anreize bietet. Falls Sie auch zu dieser Gruppe gehören, verbringen Sie vielleicht oft Stunden in Buchhandlungen und können sich von dem vielen bedruckten Papier gar nicht losreißen.

Entdecken Sie Ihre eigenen verborgenen Motive

Und nun gehen Sie die obige Liste der sechs verborgenen Motive noch einmal durch und wählen Sie die beiden aus, die für Sie am wichtigsten sind. Als Nächstes kreuzen Sie die beiden treibenden Kräfte an, die für Sie manchmal, aber nicht immer eine Rolle spielen, und schließlich die zwei Motive, die Ihnen gleichgültig sind. So stufen meine Klienten ihre Werte normalerweise ein: immer in Paaren, vom wichtigsten bis zum unwichtigsten Paar. Manchmal kommt es aber auch vor, dass ein Klient nicht nur zwei, sondern gleich drei starke Triebkräfte hat.

Welche Werte Ihnen wichtig sind, können Sie sehr gut an Ihrem fahrbaren Untersatz erkennen. Einer meiner Klienten fährt einen eleganten alten Jaguar, der alle zwei Wochen wegen irgendeines Problems in die Werkstatt muss. Aber das ist ihm egal, dieses Auto ist sein Ein und Alles. Der wichtigste Wert dieses Mannes ist Schönheit, weshalb es ihm nichts ausmacht, wenn der Wagen als solcher nicht so gut funktioniert. Immer wieder schweift sein Blick bewundernd über dessen schnittige Form und das luxuriöse Lederinterieur. Ob das Auto ihm zuverlässige Dienste leistet, ist ihm nicht so wichtig, denn Geld und praktischer Nutzen spielen für diesen Mann keine Rolle.

Eine andere Klientin, Rachel, ist immer der neuesten Mode entsprechend gekleidet. Auf den ersten Blick könnte man annehmen, dass sie Wert auf Schönheit legt, doch in Wirklichkeit sind Macht und Geld ihre verborgenen Motive. Sie zieht sich nur deshalb so schick an, damit ihre Karriere vorwärtsgeht und sie den Eindruck einer erfolgreichen Frau vermittelt. Wenn man sie beim Einkaufen beobachten würde, käme man schnell dahinter, dass sie alle ihre Kleider im Ausverkauf oder in Outlets ersteht. (Für Schnäppchenjäger ist Geld häufig das wichtigste Motiv. Sie opfern gern Zeit, um das gewünschte Objekt zu einem möglichst niedrigen Preis zu bekommen.) Rachel ist im Vertrieb tätig, ein Beruf, der gut zu ihren Wertvorstellungen passt. Sie gibt sich große Mühe, möglichst viele Geschäfte abzuschließen, damit sie hohe Provisionen einstreichen kann. Bei den meisten Menschen stehen Schönheit und Harmonie ganz unten auf der Motivationsliste, so erstaunlich das auch klingen mag.

> *Wir leben in einer Zeit, in der die Menschen nicht wissen, was sie wollen, aber alles tun, um es zu bekommen.*
>
> **DON MARQUIS**

Und dann ist da auch noch die selbstlose Janet, eine, wen wundert's, Sozialarbeiterin. Sie verdient zwar nicht viel Geld, ist aber trotzdem glücklich, bedürftigen Menschen helfen zu können. Sie weiß, dass sie mit ihrer Arbeit etwas bewirkt, und das ist ihr am allerwichtigsten. Janet geht ganz darin auf, anderen Menschen zu dienen und zu helfen. Ihr wäre es natürlich lieber, wenn ihre Arbeit besser bezahlt würde, dennoch spielt Geld für sie keine so wichtige Rolle.

Der Yogi, der regelmäßig meditiert und sich vegan ernährt, ist ein prinzipientreuer Mensch. Er unterwirft sein Leben einem strengen, genau strukturierten Plan und hat für alles Regeln: wann er abends zu Bett geht, was er essen darf, welchen ehrenamtlichen Tätigkeiten er sich widmen und wie lange er meditieren soll. Der Yogi, der einen Ashram leitet, ist möglicherweise nicht nur prinzipientreu, sondern hat gleichzeitig auch gern Macht oder Einfluss auf andere Menschen – auch wenn er Letzteres auf sanfte, liebenswürdige Weise ausübt.

Einem Menschen, der mit Leichtigkeit und Begeisterung ein paar Stunden in einer Buchhandlung zubringen könnte und oft auch eine Menge Bücher zu Hause hat, sind Wahrheit und Wissen wahrscheinlich sehr wichtig. Vielleicht sind Sie ganz einfach neugierig und möchten gern über alles im Bilde sein, auch wenn es dafür in Ihrem Leben keinen praktischen Verwendungszweck gibt. Ihrem Umfeld, das andere Wertvorstellungen hat als Sie, erscheint dieses Streben nach Wahrheit und Kenntnisreichtum manchmal unvernünftig. Ein eher praktisch denkender Mensch würde vielleicht sagen: »Warum willst du das unbedingt lernen? Ich sehe keinen Sinn darin.« Aber Ihnen geht es einfach nur darum, mehr Wissen zu erwerben. Wenn man so veranlagt ist, braucht man eine Arbeit, die hohe Anforderungen an den Intellekt stellt und bei der man immer wieder etwas Neues lernen kann, sonst ist man in seinem Job nicht zufrieden.

Einer meiner Klienten, ich erwähnte es bereits, hatte gleich drei wichtige Werte: Macht, Geld und Dienst an anderen. Dieser Mann war Unternehmer, hatte an seinem Arbeitsplatz also das Sagen (Macht), und es fiel ihm leicht, Geld zu machen. Konnte er mit seiner Firma nicht gleichzeitig auch anderen Menschen helfen, war er nicht zufrieden. Also spendete er regelmäßig einen gewissen Prozentsatz seines Gewinns einer wohltätigen Organisation, die ihm besonders am Herzen lag.

Und nun denken Sie einmal über Ihre verborgenen oder weniger verborgenen Motive nach. Wovon lassen Sie sich bei Ihren Entscheidungen leiten? Wenn Paare sich immer wieder streiten oder wenn wir nicht verstehen, wie jemand eine so »unsinnige« Entscheidung treffen konnte, stecken meistens unterschiedliche Wertvorstellungen dahinter. Wenn Sie es für verrückt halten, ein Auto zu haben, das andauernd in die Werkstatt muss, ist Ihnen praktischer Nutzen wahrscheinlich wichtiger als Schönheit. Wenn es Ihnen widerstrebt, Geld für die schönen Dinge des Lebens auszugeben, zeigt sich auch hier wieder Ihr praxisorientiertes Denken. Wenn Sie dagegen immer wieder Zeitschriften über Mode oder Wohnungseinrichtung durchblättern oder sich lieber ein Paar hübsche Schuhe kaufen würden als einen Toaster, obwohl Sie den eigentlich dringender bräuchten, geht es Ihnen im Leben vielleicht hauptsächlich um Schönheit. Wenn Sie immer das Sagen haben wollen, ist Macht vermutlich einer Ihrer wichtigsten Werte. Wenn Sie jeden Monat Unsummen für Bücher ausgeben oder in Ihrer Freizeit gern Bridge oder Schach spielen, kommt es Ihnen wahrscheinlich in erster Linie auf Wissen an. Und wenn Sie in Ihrer arbeitsfreien Zeit anderen Menschen helfen, gehört der Dienst an anderen wohl zu Ihren wichtigsten Wertvorstellungen.

Es kann Ihnen helfen, darüber nachzudenken, was Ihnen im Leben wirklich wichtig ist. Denn dann wird es Ihnen leichter fallen, die richtigen Entscheidungen zu treffen. Der Chiropraktiker, den ich in Schritt 3 erwähnt habe und der sich nicht sicher war, ob er seine Praxis vergrößern oder verkleinern sollte, brauchte sich nur über die Werte klarzuwerden, die ihn motivierten. Diesem Mann waren Schönheit und Wissen am allerwichtigsten. In seiner Freizeit zog er sich am liebsten auf seinen Berg zurück und las. Er hatte keine teuren Gewohnheiten oder Hobbys. Und das Paradoxe an seiner Geschichte ist: Obwohl Geld und Macht ihm eigentlich gar nichts bedeuteten, warf seine Praxis viel mehr Gewinn ab, nachdem er sie verkleinert hatte, weil sich dadurch auch seine laufenden Kosten verringerten.

Ist Ihnen immer noch nicht klargeworden, welche Werte Ihnen am wichtigsten sind? (Das kommt übrigens gar nicht so selten vor, denn unsere Grundwerte prägen unsere Weltsicht so sehr, dass wir manchmal blind für sie sind, weil wir davon ausgehen, dass alle Menschen das Leben aus der gleichen Perspektive sehen wie wir.) Wenn ja, dann schlagen Sie bitte im Abschnitt »Literaturhinweise und sonstige Tipps« im Anhang dieses Buches nach. Dort finden Sie nähere Informationen über einen computergestützten Persönlichkeitstests namens The Career Planning Insights Report and Workplace Motivators Report. Dieser Test verrät Ihnen innerhalb von zehn Minuten, welches Ihre wichtigsten Werte und Triebkräfte sind.

Werden Sie sich über Ihre wichtigsten Werte klar

Nun haben Sie Ihre verborgenen Motive kennengelernt. Als Nächstes wollen wir uns Ihre Grundwerte anschauen – die Dinge, die Ihnen am allerwichtigsten sind und die Sie mit Begeisterung tun. Man muss kein Einstein sein, um festzustellen, dass Sie eher geneigt sind, es in einer bestimmten Tätigkeit bis zur Meisterschaft zu bringen, wenn Sie Freude daran haben. Schauen Sie sich nur einmal Bill Gates an. Offenbar ist er ein geborenes Computergenie, doch es braucht mehr als eine natürliche Begabung, um Erfolg zu haben. Gates hatte das Glück, schon als Kind mit Computern in Berührung zu kommen, das allein war es aber auch nicht: Er war von Anfang an von Computern begeistert. Als Schüler stand er oft mitten in der Nacht auf und schlich sich auf Zehenspitzen aus dem Haus, um seine Eltern nicht zu wecken. Dann saß er von zwei bis sechs Uhr morgens in der Stadtbücherei, wo er kostenlos an Rechnern arbeiten konnte. Seine Mutter erfuhr es erst Jahre später, als er ihr gestand, warum er tagsüber immer so müde war. Wenn Sie eine Arbeit finden möchten, die Sie auch nach Jahren immer noch faszinieren soll, müssen Sie darauf achten, dass sie mindestens einer Ihrer wichtigsten Wertvorstellungen und Leidenschaften entspricht. Je mehr Ihrer wichtigsten Werte Sie in Ihrem Job leben können, umso glücklicher werden Sie sein, und umso länger werden Sie Ihren Beruf als befriedigend empfinden.

Die meisten meiner Klienten sind mit einem gewissen inneren Widerstand an die Analyse ihrer persönlichen und emotionalen Bedürfnisse herangegangen. Die Arbeit an ihren Wertvorstellungen hat hingegen allen Spaß gemacht, denn unsere Werte sind uns heilig, weil sie unser Leben mit Sinn, Freude und Glück erfüllen. Unsere Werte und das Gefühl, Höchstes erreicht zu haben, sind die Quelle tiefer Befriedigung, unserer Leidenschaft, intensiven Glücksempfindens, ja sogar von Euphorie – und sie alle sind gleichzeitig unsere Wegweiser auf der Suche nach der richtigen Karriere. Wenn Sie sich Zeit genommen haben, um in Schritt 2 Ihre persönlichen Bedürfnisse herauszufinden und zu erfüllen, mit Ihrer jetzigen Karriere aber trotzdem nicht glücklich sind, sollten Sie schleunigst damit anfangen, Ihre Werte zu leben. Begeisterung, Freude, innere Bereicherung und das Gefühl, ein sinnvolles Leben zu führen, können Sie erst empfinden, wenn Sie Ihre wichtigsten Werte ausleben. Fangen Sie

> *Versuche nicht, ein erfolgreicher Mensch, sondern lieber, ein wertvoller Mensch zu werden.*
>
> ALBERT EINSTEIN

also gleich heute damit an – insbesondere wenn Sie den richtigen Beruf anziehen möchten. Denn wenn wir uns mit Dingen beschäftigen, für die wir brennen, eröffnen sich automatisch weitere gute Gelegenheiten.

Was fasziniert und begeistert Sie am Leben? Was sind Ihre wahren Leidenschaften? Was bringt Sie dazu, morgens voller Vorfreude aus dem Bett zu springen, weil Sie es gar nicht mehr erwarten können, den Tag zu beginnen? All das sind unsere wichtigsten Werte. Wenn wir sie regelmäßig leben, macht uns das Leben Spaß, und wir strahlen Energie und Enthusiasmus aus. Sie werden am ehesten die ideale Karriere anziehen, wenn Sie Ihr Leben zu 100 Prozent Ihren wichtigsten Werten entsprechend ausrichten. Wenn Sie jeden Morgen auf die Schlummertaste Ihres Weckers drücken müssen oder Unmengen Kaffee brauchen, um sich für den bevorstehenden Tag in Schwung zu bringen, tun Sie mit Sicherheit nicht das, was Ihnen Spaß macht. Denn wenn unsere Arbeit und unser Leben uns beflügeln, gehen wir normalerweise motiviert an unsere Aufgabe heran. Wir brauchen dann keine künstlichen Stimulanzien, um morgens aufzustehen und in den Tag zu starten. Falls das Leben, das Sie zurzeit führen, Sie nicht sonderlich begeistert und Sie darauf warten, dass Ihnen die ersehnte Beförderung oder Ihre Traumkarriere in den Schoß fällt, haben Sie sich getäuscht: Sie sind selbst für Ihr Glück und Ihren Erfolg verantwortlich. Die beste Methode, erstrebenswerte Berufschancen anzuziehen, besteht darin, sie nicht zu brauchen (deshalb haben Sie das Persönliche-Bedürfnisse-Quiz und die Übungen in Schritt 2 gemacht) und gleich jetzt, in diesem Augenblick, das bestmögliche Leben zu führen (daher die Arbeit an Ihren Werten und Leidenschaften). Wenn Sie herausfinden möchten, wonach Sie sich insgeheim so sehr sehnen, dass es Ihnen fast das Herz abdrückt, habe ich eine ganz einfache Methode für Sie: Denken Sie einmal darüber nach, wen Sie beneiden.

Erfolg ist nicht das Ergebnis spontaner Verbrennung. Sie müssen sich selbst entzünden.

REGGIE LEACH

Die Neid-Methode

Neid ist zwar eine der sieben Todsünden, dennoch kann er sehr hilfreich sein, wenn es darum geht, sich über seine wahren Träume, Wünsche und Werte klarzuwerden. Ihn zu nutzen liegt deutlich auf der Hand. Hätte ich nur fünf Minuten Zeit, um Ihnen bei der Suche nach Ihrer idealen Karriere zu helfen, würde ich Sie einfach auffordern, mir jemanden zu nennen, den Sie beneiden, und zu erklären, warum. Denn in diesem Gefühl spiegelt sich genau das wider, was Sie insgeheim selbst gerne hätten oder wären. Das, was Sie anderen Menschen neiden, wünschen Sie sich für sich selbst, trauen sich aber aus irgendeinem abwegigen Grund nicht zu, es zu erreichen. Wen beneiden Sie um seine Karriere? Neiden Sie dieser Person etwas, das sie besitzt, eine ihrer Qualitäten oder Charaktereigenschaften, oder etwas, das sie erreicht hat? In welcher Hinsicht wären Sie gerne so wie diese Person, würden Sie gern das Gleiche besitzen oder tun wie sie? Ihre Antworten auf diese Fragen weisen auf Ihre eigenen Leidenschaften und Werte hin. Wenn Sie einen Menschen für das, was er besitzt, bewundern oder darüber staunen, was er in seinem Bereich alles geschafft hat, wollen Sie insgeheim das Gleiche schaffen. Wenn Sie daran glauben würden, dort hinkommen zu können, würden Sie nicht so empfinden, vielmehr würde derjenige Sie dazu inspirieren, eine neue berufliche Richtung einzuschlagen.

Die Reue über das, was wir getan haben, legt sich mit der Zeit; doch die Reue über das, was wir nicht getan haben, bleibt für immer bestehen.

SYDNEY J. HARRIS

Eine Klientin, der ich half, herauszufinden, was sie beruflich machen wollte, war früher eine äußerst erfolgreiche Unternehmerin im Bereich Immobilien gewesen. Dann hatte sie geheiratet und war ins Ausland gezogen und wusste jetzt nicht, was sie anfangen sollte. Sie überlegte, ob sie wieder in die Immobilienbranche einsteigen sollte, wollte aber nicht so recht, weil sie dieses Geschäft mittlerweile in- und auswendig kannte. Ich arbeitete mit ihr eine ganze Batterie von computergestützten Persönlichkeitstests durch, um herauszufinden, wo ihre angeborenen Fähigkeiten lagen. Am Ende bat ich sie einfach, mir von jemandem zu erzählen, den sie beneidete. Verlegen gab sie zu, auf die Modedesignerin Diane von Furstenberg neidisch zu sein. Dreimal dürfen Sie raten, warum: Insgeheim wollte meine Klientin selbst gern Designerin werden, traute sich aber nicht zu, in diesem Beruf erfolgreich zu sein. Nachdem ich ihre besonderen Stärken und Fähigkeiten ein bisschen genauer unter die Lupe genommen hatte, machte ich sie darauf aufmerksam, dass es überhaupt keinen Grund zu der Annahme gab, sie könne nicht als Modeschöpferin reüssieren. Sie hatte durchaus das Zeug dazu und brauchte eigentlich nur noch loszulegen. Sie hatte sogar eine ganze Liste mit den Kontaktdaten guter Freundinnen und Freunde in dieser Branche, die sie anrufen konnte, falls sie Ratschläge oder Informationen brauchte. Warum wir der abwegigen Auffassung sind, dass wir nicht das Gleiche schaffen können wie andere Menschen, die wir beneiden, ist mir ein Rätsel, denn die meisten Leute könnten das durchaus! Und nicht nur das: Die Person, die Sie beneiden, ist schließlich der beste Beweis dafür, dass es geht!

> *Man sollte sich nicht darüber ärgern, wo man ist. Es ist nur ärgerlich, wenn man denkt, dass man eigentlich lieber woanders wäre.*
>
> JOHN CAGE

Also stellen Sie eine Liste aller Leute auf, die Sie beneiden, überlegen Sie sich, welche ihrer Eigenschaften oder Fähigkeiten Sie gerne besäßen, und schreiben Sie Ihre Erkenntnisse in die leeren Zeilen auf der nächsten Seite. Machen Sie sich auch Gedanken über Menschen, die Sie bewundern, und warum das so ist. Denn oft schätzen wir an anderen Dinge, die wir selbst gerne für uns verbuchen würden. Bewunderung ist allerdings keine ganz so gute Orientierungshilfe wie Neid, wenn es darum geht, sich über Ihre wahren Wünsche und Leidenschaften klarzuwerden. Denn manchmal halten wir an anderen auch Qualitäten oder Fähigkeiten hoch, die wir selbst eigentlich gar nicht haben möchten. Vielleicht finden Sie zum Beispiel Venus Williams' Begabung als Tennisspielerin beispielhaft, haben aber kein Interesse daran, selbst Tennis spielen zu lernen. Es kann jedoch sein, dass Sie sie um ihren Lebensstil oder ihren Ruhm beneiden, weil Sie so etwas insgeheim auch gerne hätten.

Neid ist nur dann etwas Negatives, wenn Sie glauben, selber dort nicht hinkommen zu können. Aber schon allein die Tatsache, dass es einen Menschen gibt, der das geschafft hat, beweist, dass es durchaus möglich ist, lassen Sie sich also von diesem Vorbild den Weg weisen. Sie brauchen das Rad nicht neu zu erfinden, sondern nur sich selbst. Versuchen Sie also, anhand der Neid-Methode herauszufinden, was Sie sich wirklich wünschen. Das funktioniert immer! Dieses Werkzeug ist einer der besten und sichersten Anhaltspunkte dafür, welchen Weg Sie hinsichtlich Karriere und Leben einschlagen sollten.

Mein Motto lautet: »Mit wenig zufrieden, aber trotzdem immer auf der Suche nach mehr.«

CHARLES LAMB

Wenn Sie grün vor Neid sind, bedeutet das für Sie grünes Licht, auf das gleiche Ziel zuzusteuern! Dann werden Sie feststellen, dass Ihr Neid plötzlich zur Inspiration wird. Hier als Beispiel eine fiktive »Neid-Liste«:

MENSCHEN, DIE ICH BENEIDE	WORUM ICH SIE BENEIDE UND WAS ICH AUCH GERNE HÄTTE
1. Oprah Winfrey	Großer Reichtum und die Fähigkeit, andere Menschen zu beeinflussen
2. Bill Clinton	Charisma
3. Dalai Lama	Innerer Friede/Bewusstheit/Spiritualität
4. Coaching-Kollegen	Bestsellerautor/Ruhm
5. Tony Robbins	Weil er für programmatische Reden gut bezahlt wird
6. Ein Seminarleiter	Weil er das Leben von Menschen mit einem einzigen Gespräch verändern kann

Und nun erstellen Sie Ihre eigene Liste:

MENSCHEN, DIE ICH BENEIDE	WORUM ICH SIE BENEIDE UND WAS ICH AUCH GERNE HÄTTE
1.	
2.	
3.	
4.	
5.	
6.	
7.	
8.	
9.	
10.	

Liste Ihrer wichtigsten Werte und Leidenschaften

Sie können aber auch Klarheit gewinnen, indem Sie eine Liste durchgehen, die die häufigsten Werte und Leidenschaften enthält. Prüfen Sie also einmal die folgende umfangreiche Aufstellung genau und umkringeln Sie alle Begriffe, die Ihnen auf Anhieb ins Auge springen, weil Sie diese Dinge in Ihrem Leben gern verwirklichen würden. Wenn Sie sich vorstellen können, morgens begeistert aus dem Bett zu springen, weil Sie sich so sehr auf etwas freuen, ist das ein gutes Zeichen dafür, dass es sich hierbei um einen Ihrer wichtigsten

Werte handelt. Sie können sowohl die fett gedruckten Oberbegriffe als auch die Unterbegriffe markieren – das ist egal. Wählen Sie einfach alle Werte aus, die Sie persönlich ansprechen. Wenn Geld oder Status in Ihrem Leben keine Rolle spielte und Sie morgens nach dem Aufstehen das tun könnten, was Sie sich am meisten wünschen – was wäre das? Stellen Sie sich vor, dass es dabei nicht ums Geldverdienen geht. Sie sollen beim Erstellen dieser Liste nicht praktisch oder realistisch denken. Wählen Sie einfach alles aus, was Ihr Herz höher schlagen lässt. Und wenn Ihnen ein Wert wichtig sein sollte, der hier nicht aufgezählt ist, schreiben Sie ihn ruhig dazu.

Die Aufstellung besteht hauptsächlich aus Verben oder anderen handlungsorientierten Wörtern, schließlich geht es dabei um Dinge, die wir am liebsten tun würden. Teilweise überschneidet sich diese Sammlung von Begriffen vielleicht mit der Liste Ihrer wichtigsten persönlichen Bedürfnisse, die Sie bei dem Quiz in Schritt 2 erstellt haben. Der Unterschied zwischen einem Wert und einem Bedürfnis besteht darin, dass Sie Letztere unbedingt erfüllen müssen, weil unerfüllte Bedürfnisse negative Konsequenzen oder Reaktionen nach sich ziehen. Wenn beispielsweise Gewinnen einer Ihrer Werte ist, heißt das, dass Sie im Leben gern auf der Siegerseite stehen möchten. Wenn Sie unterliegen, ist das aber auch kein Weltuntergang für Sie, denn Sie sind ein guter Verlierer. Wenn Sie hingegen ein starkes Bedürfnis haben zu gewinnen, bei einem Karten- oder Brettspiel jedoch verlieren, reagieren Sie vielleicht mürrisch oder gereizt. Dann fällt es Ihnen schwer, Ihr Gesicht zu wahren, vielleicht stürmen Sie sogar wutentbrannt aus dem Zimmer.

Mit anderen Worten: Unsere Bedürfnisse müssen befriedigt werden, damit wir uns von unserer besten Seite zeigen können. Bei unseren Werten hingegen geht es um die höchste Erfüllung in beruflicher wie persönlicher Hinsicht – jenen Zustand, wo wir das Gefühl haben, unserer Bestimmung zu folgen und unseren Lebenszweck zu erfüllen, wo wir Freude an unserer Arbeit haben und von Natur aus motiviert und voller Tatendrang sind. Wenn in unserem Beruf unsere Grundwerte zum Ausdruck kommen, fasziniert uns das Leben automatisch, und wir packen jede Aufgabe mit Begeisterung an. Die Erfüllung unserer Bedürfnisse gibt uns ein Gefühl innerer Befriedigung, ein Leben entsprechend unserer Werte macht uns dagegen glücklich und versetzt uns in einen Zustand der Freude und Euphorie.

Wenn Sie die nun folgende Auflistung von Grundwerten und Leidenschaften lesen, kreuzen Sie ruhig viele der enthaltenen Punkte an, später können Sie immer noch eine engere Auswahl treffen. Suchen Sie Begriffe aus, die Sie spontan ansprechen, interessieren oder abholen, und nicht das, was Sie Ihrer Meinung nach tun sollten, um Erfolg zu haben. Machen Sie sich jetzt noch keine Gedanken darüber, wie Sie mit dem, was Ihnen Spaß machen würde, Geld verdienen könnten. Darum kümmern wir uns später. Wählen Sie einfach nur die Werte und Leidenschaften aus, die in Ihrer Karriere und Ihrem Leben eine wichtige Rolle spielen sollten.

WICHTIGSTE WERTE UND LEIDENSCHAFTEN

- **Abenteuer.** Reisen in ferne Länder; das Unbekannte erforschen; Camping; neue Menschen kennenlernen; Risiken eingehen; ein eigenes Unternehmen gründen; Wetten oder Glücksspiele; Poker oder ähnliche Kartenspiele; heikle oder gefährliche Aktivitäten wie Bungeejumping, Fallschirmspringen, Klettern, Abseilen, Eiscamping, Sporttauchen

Herausforderung	Chance	Bedrohung	Wagnis
Anstrengung	etwas unternehmen	freudige Erregung	Experiment
etwas erforschen	Glücksspiel	Gefahr	Entdeckungsreise
Wege bereiten	Suche	Risiko	herumvagabundieren
spekulieren	Nervenkitzel	reisen	das Unbekannte
Wagnis	Wette	herumkommen	

- **Schönheitsliebe**. Sich in der freien Natur aufhalten; Kunstausstellungen, Galerien und Museen besuchen; seine Wohnung umgestalten; Antiquitäten sammeln; ein schönes Kleidungsstück designen; so attraktiv wie möglich aussehen; Musik hören; in Konzerte gehen; an einem schönen Ort oder in einer schönen Gegend wohnen; in den besten Restaurants essen; sich mit

Luxus umgeben; sein Haus oder seine Wohnung renovieren; etwas Schönes basteln oder gestalten; Friseur, Künstler, Bildhauer, Maler oder Musiker sein

künstlerisch	attraktiv	verzieren	zivilisieren
etwas kultivieren	Kultur	dekorieren	kunstvoll
Eleganz	verschönern	aufwerten	beleben
Pracht	verbessern	Schönheit	Großartigkeit
Natur	vervollkommnen	den letzten Schliff geben	Glanz
verfeinern	umgestalten	renovieren	Geschmack
verwandeln			

- **Impulse geben.** Coachen; Mentor sein; Reden oder Vorträge halten; schreiben; andere Menschen überzeugen; führen; Lobbyarbeit; ein Team leiten; seine Mitmenschen zu etwas anspornen; Privatunterricht erteilen; ehrenamtliche Tätigkeit

verändern	animieren	wecken	coachen
ermutigen	neue Energie schenken	begeistern	in Hochstimmung versetzen
ermahne	aufrütteln	Auswirkung	leidenschaftlich erregen
antreiben	aufstacheln	Einfluss	anstiften
Lobbyarbeit	motivieren	bewegen	überzeugen
veranlassen	etwas entfachen	anspornen	anregen
berühren	verwandeln	anregen	anfeuern

- **Einen Beitrag leisten.** Ehrenamtlich bei einer wohltätigen Institution mitarbeiten; Kindern oder Erwachsenen Privat- oder Nachhilfeunterricht geben; sich um behinderte, kranke oder alte Menschen kümmern oder sie besuchen; anderen helfen; als Seelsorger tätig sein oder sich ehrenamtlich in einer Kirche oder gemeinnützigen Einrichtung engagieren; coachen; Mentor sein;

andere Menschen bei ihrem inneren Wachstum oder ihrer Weiterentwicklung unterstützen

etwas beisteuern	vorwärtsbringen	helfen	mitwirken
vergrößern	schenken	spenden	stiften
erleichtern	fördern	geben	etwas bewilligen
helfen	weitergeben	verbessern	investieren
sich um jemanden kümmern	etwas anbieten	versorgen	dienen
teilen	stärken	unterstützen	den Zehnten bezahlen

- **Etwas schaffen.** Ein Produkt oder eine Dienstleistung erfinden; Artikel oder Bücher schreiben; etwas entwerfen oder kreieren (beispielsweise als Architekt, Innendesigner, Komponist, Küchenchef, Gold- oder Silberschmied, Modeschöpfer, Florist, Möbeldesigner, Bauunternehmer, Handwerker, Bildhauer, Künstler, Musiker, Drehbuchautor, Filmregisseur oder -produzent); einen Kurs in Malen, Zeichnen, kreativem Schreiben oder Töpfern belegen

zusammensetzen	Geburt	bauen	komponieren
etwas ausdenken	ersinnen	konstruieren	gestalten
etwas schaffen	designen	entwickeln	fertigen
träumen	entfalten	herstellen	erzeugen
sich etwas vorstellen	Ideenreichtum	initiieren	innovativ sein
inspirieren	erfinden	machen	etwas hervorbringen
vollkommen	planen	anfangen	synthetisieren
denken			

- **Entdecken.** Als Detektiv oder Ermittler tätig sein; etwas Neues lernen; Bücher lesen; Kurse zur Erwachsenenbildung oder Persönlichkeitsentwicklung belegen; Wissenschaftler, Forscher oder Analytiker sein; Sachbücher lesen, um sein Wissen zu erweitern

etwas in sich aufnehmen	herausfinden	betrachten	ans Licht bringen
über etwas nachdenken	feststellen	erkennen	erforschen
untersuchen	entdecken	erlangen	überwachen
Wissen	lernen	ausfindig machen	begreifen
ergründen	wahrnehmen	lesen	realisieren
ausspionieren	studieren	aufdecken	beobachten

- **Fühlen.** Tanz unterrichten; Yoga machen; meditieren; Tai-Chi betreiben; ein Selbsterfahrungsseminar belegen oder einen Beruf erlernen, der etwas mit Heilen, Reiki oder Massagen zu tun hat; eine Tätigkeit ausüben, die mit Intuition, Sensitivität oder Sinneswahrnehmungen zusammenhängt, zum Beispiel als Koch, Verkoster oder Parfümeur

Bewusstheit	mit etwas in Berührung sein	schmecken	tanzen
Gefühle zeigen	Erfahrung	zusammen sein mit	leuchten
hören	intuitiv erahnen	sich gut fühlen	wahrnehmen
Duft	spüren	Sinneseindrücke wahrnehmen	berühren
Schwingung			

- **Führen.** Ein Team, ein Unternehmen oder eine Expedition leiten; Vorbild sein; Führungsaufgaben in einer Gemeinde oder Kirche übernehmen; Manager oder Chef sein; Reden oder Vorträge halten; eine Mission oder Bewegung anführen; auf einem beruflichen Fachgebiet oder in einem Hobby Experte sein; andere Menschen beeinflussen oder vom eigenen Standpunkt überzeugen

Chef sein	etwas bewirken	lenken	dominieren
ermutigen	sich engagieren	vorwärtskommen	regieren
führen	anführen	beeinflussen	inspirieren
leiten	managen	Vorbild	anordnen
überzeugen	Pionierarbeit leisten	herrschen	bestimmen

- **Etwas meistern.** Fachlich oder auf Hobbyene in der Oberliga spielen; Kurse belegen, um die eigenen Stärken und Begabungen weiterzuentwickeln; den Höhepunkt seines beruflichen oder handwerklichen Könnens erreichen; ein Spitzen-Schreiner, -Handwerker, -Schauspieler, -Sänger, -Börsenmakler, -Lehrer oder -Arzt sein; sich stets bemühen, am besten zu sein; seine Fähigkeiten immer weiter verfeinern; sich ständig weiterbilden, etwas dazulernen, sich coachen lassen

Meister	am besten sein	Champion	Kompetenz
eine Sache in den Griff bekommen	geschickt	gewandt	etwas beherrschen
sich hervortun	Erfahrung	Experte	Genie
der Größte sein	Know-how	übertreffen	Überlegenheit
Vorrangstellung	kompetent	Können	Geschicklichkeit
Erhabenheit	Superstar	Talent	Verständnis
Weisheit			

- **Spielen.** Spaß haben; ins Kino, einkaufen oder tanzen gehen; malen; Unterhaltungsliteratur lesen; in guten Restaurants essen; tollen Sex haben; Sport treiben oder an Wettspielen mitwirken; Brettspiele oder Karten spielen; ins Theater oder Konzert gehen; auf Partys gehen; Gäste bewirten; zum Spaß einen Kurs an der Volkshochschule belegen; in eine Show oder ins Kabarett gehen; campen; ein Picknick veranstalten; mit dem Auto durch eine schöne Landschaft fahren

sich amüsieren	sich amüsieren	sich unterhalten lassen	Hedonismus
fröhlich sein	sinnlich sein	übermütiger Streich	sorglos
Komödie	tanzen	essen gehen	Vergnügen
herumtollen	Spaß haben	Scherz	lachen
spielen	feiern	ausgelassen sein	Sinnlichkeit
Sport			

- **Kontakte knüpfen/kommunizieren.** Ein Familientreffen veranstalten; eine Familien-Webseite einrichten, um mit seinen Angehörigen in Kontakt zu bleiben; Fotos ins Internet stellen; im Internet chatten; einer Gruppe beitreten; in einen Buchclub eintreten oder einen gründen; mit der Familie essen gehen; Freunde und/oder Angehörige zu einem Essen einladen, wo jeder etwas mitbringt

sich anschließen	mit Leuten verkehren	in Kontakt stehen	zu einer Gemeinschaft gehören
mit Familie/Freunden zusammen sein	zu jemandem gehören	innere Bindung	kommunizieren
in Verbindung stehen	sich unterhalten	zusammenschmieden	integrieren
einbeziehen	etwas beitreten	verbinden	sprechen
reden	sich zusammenschließen		

- **Einfühlungsvermögen.** Heiler, Masseur, Berater oder Coach sein; Kinder-, Alten- oder Behindertenheime besuchen; ehrenamtlich in einer Suppenküche oder bei einer Wohltätigkeitsorganisation mitarbeiten; bei einem telefonischen Seelsorgedienst mitwirken; Babys betreuen

betroffen sein	Mitgefühl haben	bewegt sein	präsent sein
liebevoll sein	sich um andere kümmern	Gefühle zeigen	sich in jemanden hineinfühlen
fühlen	dahinschmelzen	wahrnehmen	reagieren
sehen	sich erweichen lassen	unterstützen	Anteil nehmen
sich etwas zu Herzen nehmen	gerührt sein		

- **Spirituell sein.** Einer Kirche, religiösen oder spirituellen Gemeinschaft beitreten; meditieren; Tagebuch führen; Yoga lernen oder lehren; Nonne, Mönch, Pfarrer, Rabbi, Priester oder spiritueller Anführer sein

Dinge hinnehmen	erwacht	Bewusstheit	leidenschaftlich
gesegnet	heiligsprechen	vergöttern	aufopfernd
gläubig	verherrlichen	Gnade	Ehre
meditieren	Frömmigkeit	eine Religion ausüben	ein frommes Leben führen
beten	läutern	eine Beziehung zu Gott haben	Heiligkeit
heilig	weihen	Theist	Fanatiker

- **Unterrichten.** Lehrer, Trainer, Referent oder Dozent sein; eine Rundfunksendung moderieren; ausländischen Schülern Deutsch beibringen; sein Fachgebiet an einer Hochschule oder Universität lehren; Kinder oder Erwachsene unterrichten; Kurse an einer Volkshochschule geben; Coaching

beraten	kultivieren	coachen	beratschlagen
fördern	veranschaulichen	anweisen	jemanden seelisch aufrichten
erziehen	aufklären	erklären	etwas darlegen
lehren	anleiten	erläutern	verbessern
belehren	informieren	belehren	Vorträge halten
Mentor	propagieren	vorbereiten	fördern
Schule	predigen	zeigen	trainieren
Tutor	jemanden innerlich aufbauen		

- **Gewinnen.** Regelmäßig an sportlichen Aktivitäten oder Spielen teilnehmen, bei denen man gute Gewinnchancen hat; wöchentlich Kartenspiel-Abende veranstalten; sich Ziele setzen, um Erfolge verbuchen zu können; einen Coach oder Trainer hinzuziehen, um die Konkurrenz hinter sich zu lassen

etwas leisten	sich etwas aneignen	etwas erreichen	anziehen
der Erste sein	siegen	bezwingen	etwas erringen
dominieren	die Oberhand gewinnen	Punktzahl	Triumph
Gewinner sein			

Machen Sie sich nichts daraus, wenn Sie ziemlich viele Dinge auf dieser Liste angekreuzt haben. Schließlich liegen unsere Werte uns sehr am Herzen. Wählen Sie nun Ihre zehn bis zwölf Favoriten aus, von denen Sie wiederum die vier Werte, die Ihnen am allerwichtigsten sind, in die untenstehenden leeren Zeilen eintragen. (Das kann auch eine Kombination aus Eigenschaften und Aktivitäten sein.)

MEINE VIER WICHTIGSTEN WERTE

1. ______________________________

2. ______________________________

3. ______________________________

4. ______________________________

Sobald Sie herausgefunden haben, welche Ihre vier wichtigsten Werte sind, können Sie Ihre Karriere dementsprechend umfassend planen. Ab diesem Punkt wird das Leben richtig spannend und fängt an, Spaß zu machen. Dann werden Sie auch mühelos interessante Kontakte und Berufschancen anziehen.

Die Highlight-Methode

Sollten Sie sich immer noch nicht über Ihre Werte im Klaren sein, so denken Sie doch einmal an die glücklichsten Momente Ihres Lebens zurück. Stellen Sie sich vor, dass Sie gleich von einem Bus überfahren werden und dass Ihr ganzes Leben noch einmal in Sekundenschnelle vor Ihrem inneren Auge abläuft. Ziehen Sie in Gedanken einen riesigen gelben Textmarker aus der Tasche, und heben Sie die freudvollsten Augenblicke, die Sie erlebt haben, farblich hervor. Was waren das für Situationen? Schreiben Sie alles auf, was Ihnen dazu einfällt – egal, ob es schon Jahre her oder erst vor kurzem passiert ist. Berücksichtigen Sie dabei sowohl Ihr Berufsleben und Ihre Erfahrungen am Arbeitsplatz als auch Ihre persönlichen Erlebnisse. Blicken Sie auf Ihr ganzes Leben zurück, auch auf die Kindheit. Notieren Sie alle Höhepunkte Ihres Lebens und Ihrer Karriere, die Ihnen einfallen. Es sollten möglichst viele sein.

Als Denkanstoß hier eine kleine Liste mit Beispielen:

HÖHEPUNKTE UND HIGHLIGHTS

1. wandern in Malaysia
2. einen Strand in Mexiko auf einem Rennpferd entlanggaloppieren
3. die Aufregung beim Präsentieren
4. ein Jahr lang in Spanien arbeiten
5. wie ich als kleines Kind im Matsch spielte
6. wie ich mit dem Auto quer durch die USA gefahren bin
7. als ich zur »Spitzenverkäuferin des Jahres« ernannt wurde
8. die Reise zum Grand Canyon
9. als ich neulich zu Live-Musik so elegant Walzer getanzt habe
10. mein einwöchiges Yoga-Seminar
11. Camping in den Bergen von Arizona
12. meine ehrenamtliche Arbeit für den Fresh Air Fund
13. wie ich Flüchtlingen aus El Salvador Englisch beibrachte
14. meine Teilnahme am New York Marathon
15. das Selbsterfahrungsseminar, das mir so viele wichtige Erkenntnisse gebracht hat
16. mein Zeichenkurs
17. wie ich neulich mit Freunden in einem hervorragenden Restaurant gegessen habe
18. als ich mein erstes gedrucktes Buch in Händen hielt

MEINE PERSÖNLICHEN HÖHEPUNKTE UND HIGHLIGHTS

1. ______________________________
2. ______________________________
3. ______________________________
4. ______________________________
5. ______________________________
6. ______________________________
7. ______________________________
8. ______________________________
9. ______________________________
10. ______________________________
11. ______________________________
12. ______________________________
13. ______________________________
14. ______________________________
15. ______________________________

Und nun schauen Sie sich noch einmal die Liste mit Ihren vier wichtigsten Werten an und überlegen Sie, welche Grundwerte hinter den Erfahrungen stehen, die Sie gerade aufgelistet haben. Vergessen Sie dabei nicht, dass Menschen verschieden sind, jeder hat andere Werte: Ein Jahr lang in Spanien zu leben spricht meine Leidenschaft für Reisen und Abenteuer an, einen anderen Menschen würde daran vielleicht eher der Reiz des Unbekannten oder der Kontakt mit Leuten aus einer anderen Kultur faszinieren. Zwei Menschen können genau dasselbe erleben und es aus ganz unterschiedlichen Gründen für eine wertvolle Erfahrung halten.

Sie sollen sich über Ihre Grundwerte klarwerden, um sich davon bei der Suche nach der für Sie richtigen Karriere leiten zu lassen. Denn wenn diese zu Ihren Werten passt, werden Sie sie wahrscheinlich als persönliche Bereicherung und Erfüllung empfinden. Steht sie hingegen in Widerspruch zu Ihren Werten, so werden Sie in Ihrem Job vermutlich bald unzufrieden, frustriert und unglücklich sein – egal, wie viel Sie damit verdienen. Manche Leute halten es jahrelang in einem Arbeitsverhältnis aus, das nicht zu ihnen passt. Und eines Tages können sie es einfach nicht mehr ertragen und schmeißen alles hin. Je eher Sie den falschen Job kündigen und den beruflichen Weg finden, der Ihren Werten entspricht, umso glücklicher und erfolgreicher werden Sie sein!

BEISPIELHAFTE HÖHEPUNKTE/HIGHLIGHTS	DARIN ZUM AUSDRUCK KOMMENDE GRUNDWERTE
1. im Ausland arbeiten	Reisen/Abenteuer
2. eine Präsentation halten	führen/inspirieren
3. seine Wohnung renovieren	Schönheit
4. einen Yoga-Kurs geben	Friede/Spiritualität
5. ein neues Produkt entwickeln	kreativ/erfinderisch sein

MEINE PERSÖNLICHEN HÖHEPUNKTE UND HIGHLIGHTS	DARIN ZUM AUSDRUCK KOMMENDE GRUNDWERTE
1.	
2.	
3.	
4.	
5.	
6.	
7.	
8.	
9.	
10.	

Beurteilen Sie Ihre Karrieremöglichkeiten anhand Ihrer wichtigsten Werte und Leidenschaften

Wie bereits angekündigt, können Sie jetzt damit anfangen, Ihre Karriere Ihren wichtigsten Werten und Leidenschaften entsprechend zu planen. Denn je besser Ihre Tätigkeit dazu passt, umso glücklicher und erfüllter werden Sie sein. Dann wird Arbeiten tatsächlich zum Kinderspiel! Gewöhnlich rate ich meinen Klienten, ein oder zwei Projekte in Angriff zu nehmen, die zu ihren Grundwerten passen – egal, was sie sonst in ihrem Leben gerade tun. Als ich noch bei der Bank arbeitete, beschloss ich beispielsweise, ein Seminar für Leute anzubieten, die vorhaben, sich ein Haus oder eine Eigentumswohnung zu kaufen, da Menschen zu führen und zu inspirieren zu meinen Grundwerten gehört. Zwar hatte ich nicht die Absicht, daraus einen Beruf zu machen, aber es war eine gute Übung für mich, weil ich bei diesem Seminar vor Publikum sprechen musste.

Und nun möchte ich Ihnen anhand eines persönlichen Beispiels zeigen, welche Macht den eigenen Grundwerten innewohnt. Vielleicht kommt Ihnen dieses Beispiel ein bisschen abwegig vor, was es aber nicht ist. Als ich beschloss, Vorträge und Seminare zu halten (um meine Werte, andere zu führen und zu inspirieren, zu verwirklichen), besuchte ich zunächst ein paar Kurse über das Leiten von Seminaren, die von einer Beratungsfirma im Bereich Persönlichkeitsentwicklung angeboten wurden. Doch irgendwann geriet ich mit den vom Anbieter vertretenen Werten in Konflikt (sie standen für eine aggressive Verkaufsstrategie, die nicht zu meinem einfühlsamen Umgang mit Kunden passte). Da brach ich das Schulungsprogramm ab und beschloss, eigene Seminare abzuhalten.

In einem Buch von Tony Robbins habe ich gelesen, dass er zu Beginn seiner Karriere kostenlose Seminare in seiner winzig kleinen Wohnung veranstaltete. Inzwischen ist er einer der bestbezahlten Motivationstrainer der Welt. Wenn Tony das konnte, kann ich es auch, dachte ich. Also druckte ich auf meinem Computer ein einseitiges Schreiben auf farbigem Papier aus, in dem ich ein paar Freunde und Bekannte für den kommenden Sonntagabend zu einem Potluck-Dinner mit Vortrag einlud – der natürlich von mir gehalten wurde.

Das Ganze nannte ich »Life Design«. Ich bat meine Gäste, ihr Lieblingsgericht und ihre besten Freunde mitzubringen. Ich selbst kochte einen großen Topf Chili con Carne als Hauptgang. Da wir damals in New York lebten, brachten die meisten Leute irgendetwas aus einem Delikatessengeschäft mit – zum Beispiel eine Pizza oder ein chinesisches Pfannengericht –, um den Speiseplan abzurunden.

Um das Eis zu brechen, fingen wir erst mal an zu essen. Dann erhob ich mich und hielt meine Präsentation, die ungefähr eine Stunde dauerte. Danach machten wir eine Pause, führten uns das Dessert zu Gemüte, und zum Schluss fasste ich die wichtigsten Punkte meines Vortrags noch einmal zusammen. Das wurde zu meinem Standardprogramm.

Meine ersten zahlenden Kunden gewann ich hauptsächlich dadurch, dass ich einmal pro Monat dieses kostenlose Seminar veranstaltete. Damals arbeitete ich noch bei der Bank, doch als ich schließlich 16 Coaching-Klienten beisammenhatte, wurde mir klar, dass das zu viel für mich war. Also reduzierte ich die Anzahl meiner Klienten auf acht, bis ich meinen Job bei der Chase Bank kündigte. Auf die Weise ein Coaching-Unternehmen aufzubauen war einfach. Als Nächstes beschloss ich, dass es nun an der Zeit war, aus meiner winzigen Wohnung auszuziehen, wo die Teilnehmer auf dem Bett und dem Fußboden sitzen mussten, und die Sache etwas professioneller aufzuziehen. Also mietete ich einen Seminarraum und begann, ein Honorar für meine Sonntagabendveranstaltung zu berechnen. Allmählich entwickelte ich mich zu einer erfolgreichen Geschäftsfrau.

Oder doch nicht? Zu meinem großen Entsetzen nahm an meinem ersten kostenpflichtigen Seminar nur eine einzige Person teil. Ich beschloss, trotzdem weiterzumachen, und hielt meine Präsentation an jenem Abend nur für diese eine Frau – die später selbst Coach wurde! Außerdem nahm ich das Seminar auf Kassette auf und nutzte den Mitschnitt als Grundlage für mein erstes Produkt: das Audioprogramm *Irresistible Attraction: A Way of Life*. Dieses Programm verkauft sich nach all den Jahren auch heute noch sehr gut! Und jetzt kommt das Komische an der Sache: Irgendwie sprach es sich herum, dass ich das Irresistible-Attraction-Seminar in New York anbot, und Verbände und Unternehmen fragten an, ob ich bereit sei, Vorträge bei ihren Konferenzen zu halten. Zu meinem großen Erstaunen lud mich sogar die National Speakers Association in Kansas City zu einem Vortrag vor ihrer Gruppe von 80 Mitgliedern ein und bezahlte mir Flug und Hotelunterkunft. Ich war außer mir vor Freude! Nicht genug, dass man mich für einen Vortrag engagiert hatte – ich durfte auch noch vor einer Gruppe professioneller Trainer und Referenten sprechen!

Nachdem ich eine Zeit lang kostenlos Vorträge gehalten hatte, begann ich Einladungen von Unternehmen zu bekommen und flog in der Weltgeschichte herum – lauter exotische Locations, wo ich an Firmenseminaren mitwirkte. So lernte ich nicht nur etwas von der Welt kennen, sondern verlangte mittlerweile auch recht ordentliche Honorare für meine Vorträge. Das war für mich wie bezahlter Urlaub! Das meine ich damit, wenn ich sage, dass solche Projekte mit der Zeit eine Eigendynamik entwickeln und einen in eine ganz neue berufliche Richtung führen können.

Die wenigsten Leute wachen plötzlich eines Tages auf und fangen an, Vorträge vor großem Publikum zu halten oder irgendeinem Traumjob nachzugehen. Tony Robbins hat genauso angefangen wie ich: Er hielt kostenlose Vorträge und war froh über jeden Zuhörer. Inzwischen verlangt er schon ganz beachtliche Honorare für ein Grundsatzreferat. Die meisten Leute fangen ganz unten an, was alles andere als ein schlechter Ausgangspunkt ist – lassen Sie sich also nicht entmutigen. Natürlich könnte ich jetzt sagen, dass mein erstes kostenpflichtiges Seminar ein totaler Flop war, wobei es das eigentlich gar nicht war, im Gegenteil: Es bildete die Grundlage für mein erstes Audioprogramm und war der Beginn einer erfolgreichen, lukrativen Karriere als Referentin.

Wenn uns in einem Lebensbereich das Feuer der Begeisterung fehlt, zehrt das auch an unserer Leidenschaft in anderen Bereichen. Diesen Teufelskreis kann man nur dadurch durchbrechen, indem man der Begeisterung wieder mehr Raum in seinem Leben gibt. Denn dann liegen die »leidenschaftslosen« Lebensbereiche plötzlich offen zutage, und wir beginnen unwillkürlich, auch daran etwas zu ändern. Es spielt keine Rolle, wo Sie mit dem Veränderungsprozess anfangen, wichtig ist nur, dass Sie anfangen – auch wenn die Schritte, die Sie unternehmen, anfangs noch so klein oder unbedeutend scheinen.

So finden Sie die Karriere, die zu Ihren Grundwerten passt

Das Geheimnis dauerhaften Glücks besteht darin, Ihre Karriere und Ihr Leben Ihren wichtigsten Werten entsprechend auszurichten. Ideal wäre es, Ihr Leben gänzlich so zu gestalten, dass Sie Ihre Werte darin ständig verwirklichen können, Tag für Tag. Vielleicht dauert es ein bisschen, bis Sie so weit sind (ich zum Beispiel musste erst mal meine Stelle bei der Bank kündigen und mein eigenes Unternehmen aufbauen, ehe ich meinem wichtigsten Wert – andere Menschen zu führen und zu inspirieren – hundertprozentig nachkommen konnte). Aber fangen Sie trotzdem schon mal mit ein paar Veränderungen an, die jetzt sofort möglich sind. Schieben Sie es nicht auf die lange Bank! Lesen Sie sich die Liste Ihrer Highlights noch einmal durch, und überlegen Sie, ob und wie Sie ein paar dieser Erfahrungen zu einem regelmäßigen Teil Ihres Lebens machen können.

Auch wenn dieser erste Schritt Ihnen noch so klein oder unbedeutend erscheinen mag: jede Maßnahme, die Sie Ihren Werten näherbringt, ist ein Schritt in die richtige Richtung. Außerdem kann so schnell eine Kettenreaktion in Gang gesetzt werden, sobald Sie erst einmal auf dem richtigen Weg sind. Selbst wenn sich das Hobby, das Sie so leidenschaftlich begeistert, nicht auszahlt, ist es wichtig, Tätigkeiten, die Ihnen Spaß machen, nicht aufzugeben. Gehen Sie nebenher ruhig einem regelmäßigen Job nach, um Ihre Rechnungen bezahlen zu können – die meisten Schauspieler oder Künstler kellnern nebenbei, um sich so lange über Wasser zu halten, bis sie erfolgreich sind. Manchmal entwickeln sich unsere Leidenschaften mit der Zeit tatsächlich zu einer lukrativen Karriere. Zum Beispiel entdeckte ich im Haus einer Freundin ein paar auffallend gute Gemälde. Auf meine bewundernden Worte hin erzählte sie mir, dass der Künstler früher alle möglichen Gelegenheitsjobs (Taxifahrer, Klempner, Handlanger) angenommen hätte, um finanziell über die Runden zu kommen und seine Familie zu ernähren. In seiner Freizeit schuf er diese außergewöhnlichen Werke. Inzwischen haben seine Bilder schon ziemlich viele Bewunderer gefunden, und er verkauft sie für Tausende von Dollar und kommt mit dem Malen kaum noch nach!

Manchmal geht aus einem Hobby, das uns fasziniert, aber auch kein Beruf hervor. Eine meiner Klientinnen, Janette, ist begeisterte Turniertänzerin und gibt pro Jahr gut und gerne 30.000 Dollar für Tanzunterricht und Kostüme aus. Anfangs machte sie sich Sorgen darüber, dass sie in ihr Steckenpferd so viel Geld investierte. Doch dann merkte sie, dass ihr Immobiliengeschäft immer rascher expandierte. Das Tanzen schenkt Janette so viel Energie, dass sie hochkarätigere Kunden anzieht und immer höhere Abschlüsse erzielt. Sie bezieht aus ihrem Hobby die Energie, die sie braucht, um ihren Beruf mit mehr Freude und Begeisterung auszuüben, was im Verkauf von entscheidender Wichtigkeit ist. Obwohl Janette schon an vielen Tanzturnieren teilgenommen und auch Preise gewonnen hat, betrachtet sie das Tanzen nicht als Beruf – es ist ihre Leidenschaft.

Damit möchte ich klarstellen, dass es nicht allen Menschen gelingt, mit einer Tätigkeit, für die sie brennen, Geld zu verdienen. Das heißt jedoch nicht, dass man dieses Hobby aufgeben sollte. Gönnen Sie sich ruhig jedes Steckenpferd, das Sie sich im Augenblick leisten können – denn dadurch wird Ihr Leben aufregender und bringt Ihnen mehr Erfüllung. Denken Sie darüber nach, was Sie tun können, um Ihre wichtigsten Werte und Leidenschaften jetzt gleich zu leben, und fangen Sie heute noch damit an.

Hier ein Beispiel aus meinem eigenen Leben:

AKTIONEN	**DARIN AUSGEDRÜCKTE WERTE**
ein Vortrag bei einer Konferenz in Indien	Reisen/Abenteuer/führen und inspirieren
reiten	Spaß/Spiel
ein Buch schreiben	kreativ sein/inspirieren
meditieren	Gleichgewicht/Spiritualität
ehrenamtlich bei einer Wohltätigkeitsorganisation mitwirken	einen Beitrag leisten

Wenn Sie mit Ihren Grundwerten in Einklang kommen, passieren plötzlich ganz wunderbare Dinge. Denn wenn Sie sich mit etwas beschäftigen, was Sie gern tun, haben Sie Freude am Leben und fühlen sich hundertprozentig lebendig – und diese Veränderung wird auch Ihren Mitmenschen auffallen. Dann haben Sie mehr Energie und strahlen mehr Lebensfreude aus, wodurch Sie auch besser beurteilen können, welcher neue Beruf oder welche neue Karriere am besten für Sie geeignet ist.

Stimmen Ihre Werte mit denen Ihres künftigen Arbeitgebers überein?

Sobald Sie sich über Ihre persönlichen Werte klargeworden sind, sollten Sie darüber nachdenken, ob sie zu denen Ihrer potenziellen neuen Arbeitgeber passen – und damit meine ich nicht die verlogenen Wertvorstellungen, die in ihren Geschäftsberichten stehen. Was ist dem Unternehmen wirklich wichtig? Steht es tatsächlich in dem Ruf, berufstätige Eltern zu unterstützen? Handelt es sich allen Ernstes um ein umweltbewusstes Unternehmen, oder tun die Mitarbeiter nur so als ob, recyceln aber in Wirklichkeit nicht mal ihr Papier? Wenn Sie eines Tages eine Familie gründen möchten und Ihr potenzieller Arbeitgeber bisher nichts für berufstätige Eltern getan hat (zum Beispiel kein Jobsharing oder eine Tagesbetreuung anbietet und Eltern kleiner Kinder nicht vom Home-Office aus arbeiten lässt), werden Sie es in dieser Firma wahrscheinlich nicht sehr lange aushalten.

Tragen Sie Ihre Antworten dazu in die folgenden leeren Zeilen ein:

MEINE VIER WICHTIGSTEN WERTE	DIE VIER WICHTIGSTEN WERTE MEINES ARBEITGEBERS
1.	
2.	
3.	
4.	

PROJEKTE/TÄTIGKEITEN, MIT DENEN ICH MEINE WICHTIGSTEN GRUNDWERTE VERWIRKLICHEN KANN
1.
2.
3.
4.

Nehmen Sie ein Ziel oder Projekt in Angriff, bei dem Sie Ihre persönlichen Werte leben können!

Unsere Werte prägen unsere Zukunft. Viele Menschen schieben die Verwirklichung ihrer Werte (und damit auch ihre Zukunft) ständig vor sich her. Doch Sie werden Ihre ideale Karriere am ehesten anziehen, wenn Sie sich jetzt gleich all den Aktivitäten zuwenden, mit denen Sie eigentlich noch warten wollten, bis Sie mehr Zeit oder die finanziellen Mittel haben. (Schauen Sie sich dazu noch einmal die Übung »Wenn Geld keine Rolle spielte ... « in Schritt 3 an.) Am besten fangen Sie mit ein paar Punkten von Ihrer Liste der Dinge an, die Sie tun würden, wenn es nicht aufs Geld ankäme. Auf der Liste der Aktivitäten, denen meine Klientin Melissa Todd sich widmen würde, wenn Sie 1 Million Dollar besäße, stand »in Napa Valley wohnen und Weine verkosten«. Sie besaß zwar keine Million Dollar, aber schließlich kostet es auch keine Million, für einen Monat eine Ferienwohnung in Napa Valley zu mieten und von einer Weinkellerei zur anderen zu fahren! Ein anderer Klient von mir hatte sich schon immer ein Segelboot gewünscht. Ich schlug ihm vor, sich einfach mal eines zu mieten und damit einen Tag lang segeln zu gehen. Das war ein guter Anfang – leicht zu verwirklichen und durchaus im Rahmen seines Budgets, während er sich ein eigenes Boot nicht leisten konnte.

Warten Sie nicht, bis Sie genügend Zeit und Geld haben, um sich Ihre Herzenswünsche zu erfüllen, denn bis dahin sind Sie vielleicht zu alt, um dieses Glück noch genießen zu können. Wenn Sie bei Bewerbungsgesprächen immer wieder einen Korb bekommen, tun Sie etwas, was Ihnen Spaß macht und neue Energie einflößt! Dann werden Sie auf Ihre potenziellen Arbeitgeber gleich viel anziehender wirken.

Wie sieht es mit dem Reisen aus? Gibt es bestimmte Wunschziele, die Sie gerne bereisen würden, sobald Sie eine feste Stelle haben? Warten Sie damit nicht, bis das große Geld kommt. Warum bemühen Sie sich nicht um einen Job als Reiseleiter? Dann kosten die Flüge Sie fast nichts. Engagieren Sie sich ehrenamtlich bei einer Wohltätigkeitsorganisation im Ausland. Es gibt unzählige Möglichkeiten, Reisen und Arbeiten miteinander zu verbinden: Gehen Sie zur Marine, werden Sie Reiseschriftsteller, geben Sie im Ausland Deutschunterricht oder jobben Sie auf einem Kreuzfahrtschiff. Eine meiner Klientinnen wollte unbedingt nach Italien, hatte aber keine Lust, allein zu fahren. Sie wollte lieber warten, bis sich ein Reisegefährte oder eine Reisegefährtin fand. Ich riet ihr, ohne Begleitung zu reisen, und tatsächlich lernte sie da unten ihren heutigen Ehemann kennen! Also schieben Sie Ihr Leben nicht länger auf die lange Bank – packen Sie es an, und zwar jetzt gleich!

Warten Sie immer noch darauf, über den idealen Job oder die Karriere zu stolpern? Geben Sie Ihren Hauptberuf nicht auf, während Sie auf der Suche nach dem Traumjob sind. Starten Sie Ihr neues Geschäft doch einfach von zu Hause aus, und nutzen Sie Ihre freien Abende und Wochenenden dazu. Oder belegen Sie Abendkurse, die Sie interessieren und beruflich weiterbringen. Vereinfachen Sie Ihr Leben; wenn es sein muss, schränken Sie sich finanziell eben mehr ein, damit Sie es sich leisten können, ein paar Risiken einzugehen, sich beruflich fortzubilden oder mit der Arbeit an Ihrem schon so lange geplanten Roman zu beginnen. Warten Sie nicht auf den richtigen Augenblick. Jetzt ist genau der richtige Zeitpunkt gekommen, um diesen Abendkurs zu belegen oder sich nebenher ein neues Geschäft aufzubauen!

Belegen Sie einen Kurs, der Ihnen Energie schenkt und neue berufliche Perspektiven eröffnet

Wie wäre es damit, ein Seminar zu besuchen, das Ihnen neue Energie und Lebenskraft schenkt? Probieren Sie es doch mal mit einem Tanzkurs – Standard, Swing oder Salsa. Melden Sie sich zu einem Workshop in kreativem Schreiben an. Lernen Sie Tennis spielen. Finden Sie heraus, ob Töpfern, Malen oder das Schnitzen von Figuren etwas für Sie sein könnte – oder beschäftigen Sie sich mit irgendetwas anderem, was Sie reizt. Mitmenschen spüren sofort, ob Sie von innen heraus strahlen, weil Ihnen das Leben Spaß macht, oder ob Sie blass und grau im Gesicht sind, weil Sie immer nur vor dem Fernseher hocken oder im Internet surfen. Auch Sie können es schaffen, sich von der Menge abzuheben. Das erreichen Sie, indem Sie etwas machen, wobei Sie sich einfach großartig fühlen.

Und nun stellen Sie eine Liste der Beschäftigungen auf, die Sie begeistern, Ihr Gesicht zum Strahlen bringen und Ihnen das wunderbare Gefühl geben, hundertprozentig lebendig zu sein. Darauf kommt es nämlich an, wenn Sie auf Stellensuche sind und hin und wieder zu Vorstellungsgesprächen gehen. Davon hängt es unter Umständen ab, ob Sie eingestellt werden oder nicht. Auch wenn Sie sich selbstständig machen, müssen Sie auf Ihre potenziellen Kunden anziehend wirken und einen mitreißenden Eindruck machen. Wenn Sie deprimiert sind oder sich einfach nur erschöpft fühlen, sollten Sie sich also schleunigst etwas suchen, das Ihnen Spaß macht und neues Leben einhaucht. Das ist wichtiger, als Sie vielleicht annehmen. Die Dynamik dahinter ist ganz einfach: Stellen Sie sich vor, Sie führen Vorstellungsgespräche mit zwei Bewerberinnen, die beide zurzeit arbeitslos sind und sich um denselben Job bewerben. Sie bringen in jeder Hinsicht die gleiche Qualifikation mit. Zwischen den zwei Kandidatinnen gibt es nur einen

> *Wenn wir uns um etwas bemühen, das wir uns wünschen, werden wir im besten Fall unwillkürlich von einer unterbewussten Energie bei der Verwirklichung dieses Ziels unterstützt.*
>
> MAN RAY

Unterschied: Die eine hat aufgehört, sich mit Dingen zu beschäftigen, die ihr Spaß machen und sie begeistern, weil sie glaubt, sich das nicht mehr leisten zu können. Die andere – eine begeisterte Tänzerin – hat es sich nicht nehmen lassen, ihr Hobby trotz ihres momentanen finanziellen Engpasses weiter zu verfolgen. Welche der beiden Frauen wird den Job wohl bekommen? Ich tippe auf die Tänzerin – weil sie garantiert viel mehr Schwung hat, voller Energie und Lebensfreude ist und das auch ausstrahlt.

Also bringen Sie möglichst viele Ideen zu Papier, und wählen Sie dann ein oder zwei Aktivitäten aus, mit denen Sie sofort beginnen möchten. Und zwar jetzt gleich. (Ich hoffe, das haben Sie inzwischen kapiert ...)

1. ______________________________
2. ______________________________
3. ______________________________
4. ______________________________
5. ______________________________
6. ______________________________
7. ______________________________
8. ______________________________
9. ______________________________
10. ______________________________

Kurse und Seminare sind gleichzeitig auch eine hervorragende Möglichkeit, ganz unterschiedliche neue Leute kennenzulernen – interessante Business-Kontakte oder potenzielle Kunden eingeschlossen. Spielen Sie also neben Ihrem regulären Beruf abends und am Wochenende ruhig einmal mit einer neuen Geschäftsidee. Melden Sie sich zu einem Kurs in kreativem Schreiben an, und beginnen Sie, an dem Buch oder Drehbuch zu arbeiten, das Ihnen schon so lange vorschwebt. Falls Sie glauben, momentan keine Zeit für so etwas zu haben, ziehen Sie den Stecker Ihres Fernsehers und verstauen Sie ihn für eine gewisse Zeit in der hintersten Ecke Ihres Kleiderschranks. Die meisten Menschen gewinnen dadurch auf Anhieb 20 Stunden pro Woche – genügend Zeit, um Abendkurse zu belegen, sich umschulen zu lassen, sich mit einem Hobby zu beschäftigen, ein kleines Geschäft aufzubauen oder irgendetwas anderes zu tun, das Sie interessiert.

Und nun stellen Sie eine Liste aller Dinge auf, die Sie bisher auf die lange Bank geschoben haben, weil Sie damit eigentlich noch warten wollten, bis sich die wirtschaftliche Lage bessert, bis Sie ein gutes Einkommen oder mehr Zeit haben. Ich habe schon Klienten gecoacht, die eines Tages tatsächlich mehr Zeit hatten (weil ihre Stelle gestrichen wurde) und diese kostbare Zeit dann vergeudeten, statt endlich einmal all die Dinge zu tun, die sie sich für eine solche Lebensphase vorgenommen hatten – zum Beispiel eine Auslandsreise zu machen oder ehrenamtlich für eine Organisation zu arbeiten, die sie für wichtig hielten. Natürlich ist mir klar, dass Sie momentan vielleicht kein Geld haben; aber Zeit haben Sie, also nutzen Sie sie für Dinge, die Zeit in Anspruch nehmen: belegen Sie zum Beispiel einen Bastelkurs, kleben Sie Ihre Fotos in Alben, lernen Sie eine Fremdsprache oder irgendetwas anderes Neues. Nebenher können Sie immer noch einem Teilzeitjob nachgehen, falls Sie darauf angewiesen sein sollten, Geld zu verdienen, während Sie auf der Suche sind nach dem idealen Job oder Ihrer Wunschkarriere.

WENN ICH MEHR ZEIT ODER GELD HABE, WERDE ICH …

1.

2.

3.

4.

5.

6.

Gut! Jetzt wählen Sie eine dieser Tätigkeiten aus, in der einer Ihrer vier wichtigsten Werte zum Ausdruck kommt und die Sie bisher auf die lange Bank geschoben haben – und fangen damit an. Vielleicht können Sie sich anfangs nur eine kostengünstige, erschwingliche Variante dieser Beschäftigung leisten, lassen Sie sich dadurch jedoch nicht davon abhalten, endlich die Ärmel hochzukrempeln.

Indem Sie Ihre Werte und Leidenschaften kennen und leben, kommen Sie Ihrer idealen Karriere oder Ihrem Traumjob automatisch näher, da Sie schon eine ungefähre Vorstellung haben, wie dieser Job aussehen muss. Außerdem wird die Begeisterung, mit der Sie sich Ihrem Hobby widmen, dazu führen, dass Sie das Leben an sich mit anderen, »unternehmungslustigeren« Augen betrachten. Und je mehr Sie sich für Ihr Leben begeistern, umso anziehender werden Sie auf potenzielle neue Arbeitgeber, Chefs und/oder Kunden wirken. Also packen Sie es an – und zwar jetzt gleich. Wenn Sie augenblicklich Freude am Leben haben, werden Sie Ihren künftigen Arbeitgeber garantiert für sich einnehmen. Und wer weiß – vielleicht können Sie aus Ihrem Hobby ja sogar ein rentables Geschäft machen. Machen Sie sich also an Ihr spezielles Vorhaben, das Sie inspiriert und mit dem Sie Ihre Werte leben können. Warten Sie nicht damit!

ERFOLGSSTORY

Die Bankmanagerin, die den Sprung in die oberste Führungsetage schaffte

Eine meiner Klientinnen, nennen wir sie Catherine, um ihre Identität nicht preiszugeben, da es sich hier um eine ziemlich heikle Geschichte handelt, arbeitete als Leiterin der Marketing- und Vertriebsabteilung bei einer großen amerikanischen Bank. Sie fand ihren Job frustrierend, weil ihr die Firmenpolitik und die Klüngelwirtschaft, gegen die sie einfach nicht ankam, missfielen. Ihr Chef lobte ihre gute Arbeit, aber sie musste um jeden Schritt immer erst kämpfen. Ihr Job hatte hingegen auch Vorteile: Er war gut bezahlt, und ihr Team war hervorragend. Eines Tages erhielt Catherine ein Angebot von ihrem früheren Arbeitgeber, ebenfalls einer großen amerikanischen Bank. Ihr alter Chef wollte sie zurückgewinnen und bot ihr eine Stelle als Vertriebs- und Marketingchefin mit einem etwas höheren Gehalt und zusätzlichen Vergünstigungen an. Sie überlegte hin und her und wusste nicht, was sie tun sollte. Eines Tages berichtete sie mir bei einem unserer Telefonate vom unglaublichen Verhalten eines Managers aus der obersten Führungsetage, mit dem sie zusammenarbeitete: Er hatte einen ihrer Mitarbeiter mit einem Stock geschlagen! Zum Glück hatte sich eine Sekretärin im Raum befunden, die alles gesehen hatte und bezeugen konnte. Catherine war ratlos. Ihr Mitarbeiter fühlte sich furchtbar gedemütigt (wahrscheinlich war er auch zu Tode verängstigt) und wollte nicht, dass sie über den Vorfall sprach.

Ich wies Catherine darauf hin, dass sie als Chefin verpflichtet sei, ihren Mitarbeiter vor körperlicher Misshandlung am Arbeitsplatz zu schützen, und dass sie dieses empörende Verhalten unbedingt der Geschäftsleitung melden müsste. Sie konnte den Fall nicht vertuschen, ohne sich selbst strafbar zu machen. Es kostete sie ungeheuren Mut, und sie war sicher, dass es ihr beruflich das Genick brechen würde: Wahrscheinlich würde man ihr kündigen. Catherine war überhaupt nicht wohl dabei, den großen Boss zu verpfeifen. Aber sie tat es. Trotz der Bedenken ihres Mitarbeiters nahm sie ihren ganzen Mut zusammen und meldete der Personalabteilung den Vorfall. Daraufhin wurde eine interne Untersuchung anberaumt, wobei auch andere Angestellte zu Wort kamen und von ähnlichen Misshandlungen berichteten. Zum Glück wurde dem Übeltäter dann gekündigt.

In Anbetracht dieser erschreckenden Arbeitsbedingungen hätte man erwartet, dass Catherine Feuer und Flamme gewesen wäre und das neue Jobangebot angenommen hätte. Aber sie war immer noch unschlüssig, ob sie die Stelle bei ihrer früheren Bank annehmen sollte oder nicht. Ich riet ihr, sich erst dann für den neuen Job zu entscheiden, wenn er so verlockend war, dass sie vor Begeisterung Luftsprünge machte. »Wenn diese Leute dich wirklich wollen und dir ein Angebot machen, bist du in einer guten Position, um Forderungen zu stellen«, sagte ich. »Stelle eine Liste aller Voraussetzungen auf, die erfüllt sein müssen, damit du die neue Stelle begeistert annehmen kannst, und dann mach diese Dinge einfach zur Bedingung.« Catherine wusste, dass sie einen höheren Titel bräuchte, um in dieser Bank all das realisieren zu können, was sie wollte. Denn solch ein Titel bringt Respekt, Macht und Einfluss mit sich (und natürlich auch zusätzliche Vergütungen). Also stellte sie eine Liste mit ungefähr zehn Bedingungen auf, die erfüllt sein mussten, wenn sie das Angebot annehmen sollte. Unter anderem wollte sie ihre Assistentin mitbringen dürfen und beanspruchte den Titel eines Executive Vice President für sich. Und tatsächlich wurden fast alle ihre Forderungen erfüllt! In diesem Augenblick machte sie vor Begeisterung tatsächlich Luftsprünge und nahm den Job an.

Hier ein Interview von Talane mit ihrer Klientin Catherine:

Was war für dich die größte Veränderung?

Dass ich große, geradezu unverschämte Forderungen gestellt habe und tatsächlich alles bekam, was ich wollte. Mir war klar, dass ich mit einem Job, der keine hohe Position einschloss und für mich keine große Herausforderung war, nicht glücklich sein würde. An diesem Punkt meiner Karriere wollte ich keine Seitwärtsbewegung mehr machen – auch nicht, um mich aus einer ausgesprochen negativen Situation zu befreien.

Und was war deine größte Herausforderung?

Ich musste bei meinem neuen Arbeitgeber auch weiterhin hohe Forderungen stellen, damit ich alles bekam, was ich brauchte, um meinen Job gut zu machen. Als diese dann erfüllt wurden, wusste ich, dass die Geschäftsleitung hinter mir stand und dass ich die Unterstützung bekam, die ich brauchte, um effizient arbeiten zu können. Inzwischen sind wir eine der wenigen amerikanischen Banken, die nicht verstaatlicht wurden.

Was war für dich das Beste an dem neuen Weg, den du eingeschlagen hast?

Ich habe in meiner neuen Bank eine Coaching-Kultur geschaffen. Inzwischen redet sogar die Finanzabteilung von Coaching. Alle Vorgesetzten und deren Teams haben die computergestützten Persönlichkeitstests gemacht, und die Chefs berücksichtigen bei ihrem Management jetzt die Stärken ihrer Leute, statt sich auf deren Schwächen zu konzentrieren. Ich freue mich, dass ich in meinem Unternehmen so viel bewirken konnte.

Wie hast du deine Angst vor der Veränderung überwunden?

Letzten Endes muss man sich so verhalten, dass man hinterher immer noch in den Spiegel schauen kann. Ich wusste, dass es für mich nur einen richtigen Weg gab: Ich musste das brutale Verhalten dieses Managers melden, selbst wenn es meine eigene Karriere zerstört hätte. Doch zu meiner großen Freude hatte mein Verhalten genau den entgegengesetzten Effekt – auf meiner Karriereleiter machte ich einen Sprung nach ganz oben. Zwar musste ich meinen ganzen Mut zusammennehmen, meine Entscheidung war jedoch richtig.

Was das neue Stellenangebot angeht, so waren meine Ängste völlig berechtigt, und ich hatte guten Grund, anfangs skeptisch zu sein. Hätte ich den Job mit dem ursprünglich vorgesehenen Titel angenommen, so hätte mir das nicht den Respekt und die Machtposition eingebracht, die ich brauchte, um meine Ziele bei der Bank durchsetzen zu können. Der Vorstand und der Vorstandsvorsitzende mussten mich von Anfang an respektieren, wofür ich meine neue Stelle gleich auf der richtigen Managementebene antreten musste, statt mich erst langsam dorthin hochzuarbeiten. Sobald das Jobangebot stimmte, legten sich meine Ängste, und der Sprung in die neue Karriere fiel mir leicht, weil es tatsächlich ein Freudensprung war! Dank deines Coachings bin ich stark geblieben und habe das Jobangebot bekommen, das ich mir wirklich wünschte. Du hast nicht zugelassen, dass ich mich mit etwas Geringerem zufriedengab. Und wenn ich es getan hätte, wäre ich in meinem neuen Job jetzt nicht glücklich – das weiß ich inzwischen.

Welchen persönlichen Rat würdest du anderen Leuten geben, die sich beruflich neu orientieren möchten?

Stellt ruhig hohe Forderungen, die euch vielleicht unverschämt vorkommen; und seid darauf vorbereitet, eure Gründe dafür zu nennen. Ich wusste genau, warum ich diesen Titel haben wollte, und deshalb zitterte meine Stimme auch kein bisschen, als ich darum bat. Die Leute spüren es, wenn man es ernst meint und nicht bereit ist, einen Rückzieher zu machen. Sobald ich klare Vorstellungen davon hatte, was ich brauchte, um das Stellenangebot annehmen zu können, waren diese Forderungen für mich nicht mehr verhandelbar.

SCHRITT 6

Setzen Sie das Puzzle zusammen: So erstellen Sie Ihr Karriereprofil und Ihren Lebensplan

Dass viele Menschen ihre Ziele nicht erreichen, liegt daran, dass sie sie nicht definiert haben, nicht daran glauben und sie auch nicht für erreichbar halten. Gewinner im Leben wissen genau, wo sie hinwollen, wie sie ihre Ziele verwirklichen möchten und wer sie bei diesem Abenteuer begleiten wird.

DENNIS WAITLEY

Nun haben Sie also Ihre persönlichen Bedürfnisse entdeckt, kennen Ihre Werte und Leidenschaften sowie Ihren Arbeitsstil und wissen auch, wo Ihre angeborenen Fähigkeiten und Begabungen liegen. Als Nächstes sollten Sie darüber nachdenken, wo Sie im Augenblick stehen, und eine Art Lebensplan entwerfen. Auf dieser Basis können Sie dann ein Karriereprofil für sich erstellen, das zu Ihrem jetzigen Ausgangspunkt passt. Denn die Stufe, auf der Sie sich in Ihrem Leben momentan befinden, ist das letzte Puzzleteil, das Einfluss darauf hat, welche Karriere für Sie im Augenblick am besten geeignet ist. In diesem Kapitel werden Sie basierend auf allen bisher gewonnenen Erkenntnissen Ihr persönliches Karriereprofil erstellen. Dieses Profil soll die Vision sein, von der Sie sich bei den verschiedenen beruflichen Aktivitäten oder unternehmerischen Vorhaben in Ihrem Leben leiten lassen. Es ist gewissermaßen der Kern Ihres Wesens: Ihre mehr oder weniger angeborenen Persönlichkeitsmerkmale, die wohl gleich bleiben werden. Was sich im Lauf unseres Lebens verändert, sind die verschiedenen Karrieremöglichkeiten, die uns offenstehen, die Geschäftsideen, die wir umsetzen, und unsere Werte und Leidenschaften – denn unsere Persönlichkeit (und die Welt, in der wir leben) entwickelt sich immer weiter. Schließlich wusste vor 20 Jahren ja auch noch keiner, dass man eines Tages Webdesigner brauchen würde!

> *Wo Liebe und Talent zusammenkommen, darf man ein Meisterstück erwarten.*
>
> JOHN RUSKIN

Was ist mir momentan wichtig?

Ehe Sie Ihr Karriereprofil erstellen, sollten Sie erst mal über Ihr jetziges Leben und Ihre jetzigen Ziele nachdenken. Ihnen stehen viele Karrieremöglichkeiten und geschäftliche Chancen offen; doch Ihre momentane Lebensphase kann ein ganz entscheidender Einflussfaktor sein, wenn es darum geht, für welche berufliche Richtung Sie sich am Ende entscheiden. Die Antwort auf diese Frage wird im Lauf Ihres Lebens immer wieder eine andere sein, denn in ein paar Jahren werden Ihnen vielleicht ganz andere Dinge wichtig sein als heute.

Wenn Sie gerade die Uni abgeschlossen haben, sind Sie möglicherweise bereit oder sogar begeistert von der Idee, einen Job anzunehmen, in dem Sie 80 Stunden pro Woche arbeiten müssen, und fühlen sich dabei vielleicht sogar ganz wohl. Ich habe allerdings noch niemanden kennengelernt, der kurz vor der Pensionierung stand und in diesem Alter immer noch so viel arbeiten wollte. Deshalb sollten Sie jetzt erst einmal über Ihren Lebensplan nachdenken. Er verschafft Ihnen Klarheit darüber, wie Ihr Leben verlaufen soll. Wenn Sie Profisportler werden möchten, ist es zum Beispiel sinnvoll, in möglichst jungen Jahren damit anzufangen, solange Sie noch die Kraft dazu haben – denn mit 90 werden Sie bei den Olympischen Spielen vermutlich keine Medaille mehr gewinnen. Wenn Sie Kinder haben möchten, ist es ebenfalls einfacher, sie vor Ihrem 40. Lebensjahr zu bekommen – obwohl es hinterher natürlich auch noch geht (ich bin der beste Beweis dafür). Aber es ist nun mal leichter und weniger riskant für Mutter und Kind, wenn man früher damit anfängt. Ich habe viele Frauen in leitenden Positionen kennengelernt, die so mit ihrer Karriere beschäftigt waren, dass sie den richtigen Zeitpunkt für die Gründung einer Familie aus den Augen verloren. Als sie dann endlich ein wenig zu Atem kamen, war es zu spät dafür.

Stellen Sie also einen Lebensplan auf, selbst wenn es nur eine grobe Zusammenfassung ist oder er lediglich aus ein paar Punkten besteht, die Sie auf ein Blatt Papier kritzeln. Schauen Sie sich diesen Plan jedes Jahr einmal an, so können Sie sicherstellen, dass Sie die Chance, in Ihrem Leben alles zu verwirklichen, was Ihnen wirklich wichtig ist, nicht versäumen. Die Lebensplan-Übung macht Spaß und wird Menschen, denen es leichtfällt, sich die Zukunft vorzustellen, keine großen Schwierigkeiten bereiten. Wenn Ihr Gehirn allerdings darauf programmiert ist, immer nur sechs Monate oder höchstens ein Jahr vorauszudenken, kann das eine schwierige, vielleicht sogar unlösbare Aufgabe sein. Nicht jeder Mensch hat die Gabe, sich die Zukunft auszumalen – vielleicht kann Ihr Gehirn einfach nicht so weit vorausdenken. Ge-

> *Über den Erwerb ihres Lebensunterhalts vergessen die Menschen das Leben.*
>
> MARGARET FULLER

ben Sie einfach Ihr Bestes, und bringen Sie wenigstens ein paar ungefähre Vorstellungen davon zu Papier, was Sie in Ihrem Leben gerne schaffen oder erreichen möchten. Ich will Ihnen nun zwei Möglichkeiten beschreiben, wie Sie solch einen Lebensplan aufstellen. Suchen Sie sich eine davon aus, oder probieren Sie auch gern beide Methoden aus. Und wenn Sie dabei beim besten Willen nicht weiterkommen, engagieren Sie einen Coach, er kann Ihnen bei der Erstellung eines umfassenden Lebensplans helfen.

Stellen Sie einen Lebensplan auf

In unserer karriereorientierten Kultur vergessen wir oft, dass Arbeit nur dazu da ist, uns ein Leben zu ermöglichen, das unseren Idealvorstellungen entspricht. Das Streben nach Geld ist zum Selbstzweck geworden. Natürlich möchte ich gern genauso viel Geld haben wie meine Mitmenschen (wenn nicht sogar noch mehr!), doch kein Geld der Welt ist es wert, dass man sein Leben dafür opfert. Ebenso wie unser Leben können sich auch unsere Werte und Bedürfnisse verändern. Es ist nicht immer einfach vorauszusehen, wie sich die Dinge entwickeln werden. Ich habe schon extrem ehrgeizige Top-Managerinnen gecoacht, die sicher waren, dass sie nach der Geburt ihrer Kinder sofort wieder ins Berufsleben einsteigen würden, und deren Wertvorstellungen sich dann doch so sehr geändert haben, dass sie Vollzeitmütter wurden und dieses Leben in vollen Zügen genossen. Ich dagegen war überzeugt davon, dass ich nach der Geburt meiner Kinder zu Hause bleiben würde. Doch nach einer Stillzeit von neun Monaten konnte ich es gar nicht mehr erwarten, wieder Klienten zu coachen – ich sehnte mich nach geistiger Anregung und Herausforderung.

> *Wenn du nicht weißt, wo du hingehst, musst du sehr vorsichtig sein – sonst kommst du womöglich nie dort an.*
>
> YOGI BERRA

Das Beispiel des ehemaligen Berufsmusikers, der zu mir kam, weil er nach über 20 Jahren genug hatte von der ständigen Herumfahrerei mit seiner Band und beschloss, Krankenpfleger zu werden (in Schritt 4), gefällt mir besonders gut. Dieser Mann war schon über 40, als er sich für einen Pflegeberuf umschulen ließ. Sogar ein Vollblut-Rockstar kann es also irgendwann satthaben, immer das Gleiche zu machen! Deshalb ist es sinnvoll, sich ab und zu in aller Ruhe hinzusetzen und Ihr Leben zu überblicken.

> *Die härtesten Jahre im Leben sind die zwischen 10 und 70.*
>
> HELEN HAYES IM ALTER VON 83 JAHREN

Ziehen Sie Bilanz: Was haben Sie bisher gemacht, und wo wollen Sie hin? Wenn man gar keine Pläne macht, lässt man sich nur allzu leicht ziellos durchs Leben treiben. Oder man ist ständig so beschäftigt, dass man die Chance versäumt, das zu tun, was man eigentlich wollte – und irgendwann ist das Leben vorbei, und man kann die verlorene Zeit nicht zurückholen. Also nehmen Sie sich jetzt bitte einmal ein paar Minuten Zeit, um die Antworten, die Sie in den bisherigen Kapiteln erarbeitet haben, zusammenzutragen und zu sehen, was für ein Bild sich daraus ergibt; und dann denken Sie darüber nach, an welchem Punkt Ihres Lebensplans Sie sich gerade befinden.

Erstellen Sie eine »Leben-ohne-Reue«-Liste

Diese Übung ist besonders sinnvoll für Menschen, die das Gefühl haben, immer alles sofort erledigen zu müssen, und ihren Lebensplan hoffnungslos überladen in dem Versuch, alles noch in diesem Jahr zu schaffen. Doch dieses Verhaltensmuster führt nur dazu, dass sie total gestresst und überfordert sind und das, was sie tun möchten, gar nicht mehr richtig genießen können, weil sie sich immer zu viel auf einmal vornehmen. Indem Sie also Ihre wichtigsten Zielsetzungen über Ihr ganzes Leben verteilen, können Sie sich entspannen und jede Lebensphase genießen. Ich selbst muss mich auch immer wieder dazu ermahnen. Ich habe zwei Töchter unter fünf Jahren. Sie großzuziehen fordert mir sehr viel ab, gleichzeitig ist es aber auch eine unglaublich intensive Zeit. Bald kommen die beiden in die Schule, und dann ist diese Zeit vorbei und kehrt nie wieder. Ich habe also ein Zeitfenster von fünf Jahren, in dem ich das intensive Zusammensein mit meinen Kindern in vollen Zügen auskosten kann. Deshalb habe ich meinen Französischunterricht und meine Reisepläne auf später verschoben, und wir konzentrieren uns stattdessen auf familienorientiertere Aktivitäten, die wir gemeinsam genießen können, wie beispielsweise Campen.

Die Zeit sorgt dafür, dass nicht alles gleichzeitig passiert.

ANONYM

Listen Sie nun einmal die Dinge auf, die Sie unbedingt noch tun möchten, bevor Sie sterben. (Zum Beispiel: die Chinesische Mauer besichtigen, Gedichte schreiben lernen, Kinder bekommen, Ihren Seelenverwandten finden, der Welt ein Vermächtnis hinterlassen, einen Kräutergarten anlegen, es auf die oberste Karrieresprosse schaffen, Tango tanzen lernen.) Notieren Sie einfach alles, was Ihnen einfällt, in Stichworten, ohne auf die Reihenfolge zu achten oder Prioritäten zu setzen.

1. ______________________________
2. ______________________________
3. ______________________________
4. ______________________________
5. ______________________________
6. ______________________________
7. ______________________________
8. ______________________________
9. ______________________________
10. ______________________________
11. ______________________________

12. ____

13. ____

14. ____

15. ____

In jeder Lebensphase wird es Dinge geben, die Ihnen besonders viel Freude machen. Französisch zu lernen war für mich unmöglich, solange ich total erschöpft war und keinen klaren Gedanken mehr fassen konnte, weil ich die ganze Nacht über ein Baby stillen musste. In ein paar Jahren wird mir das vielleicht wieder Spaß machen, aber momentan steht es nicht mal auf meiner Liste. Das habe ich mir für die Zeit vorgemerkt, wenn ich etwa 65 Jahre alt bin: Dann kann ich mir ein Jahr freinehmen, um in Paris zu leben, wo ich dann male, Französisch lerne, faulenze und einen auf Bohemien mache.

Mit dieser Übung will ich Ihnen vor Augen führen, dass Sie tatsächlich alles haben können – nur eben nicht gleichzeitig! Und nun wählen Sie aus der obigen Liste die Dinge aus, die Sie in Ihrem Leben unbedingt verwirklichen möchten, und tragen Sie sie in das Lebensjahrzehnt ein, das Ihnen am besten dafür geeignet erscheint. Keine Sorge: diese Liste muss nicht perfekt sein, höchstwahrscheinlich wird sich mit der Zeit sowieso das eine oder andere ändern. Was Sie mit 20 für interessant halten, wird Sie mit 60 vielleicht überhaupt nicht mehr reizen. Außerdem verändert unsere Welt sich so schnell, dass es in Zukunft vielleicht neue Arten der Beschäftigung und Möglichkeiten geben wird, die Sie sich jetzt noch gar nicht vorstellen können. Umreißen Sie also einfach kurz die Dinge, die Sie im Leben unbedingt machen wollen, und schreiben Sie auch dazu, wann Sie das vorhaben. (Ich habe Ihnen als Denkanstoß schon mal das eine oder andere genannt, aber Sie können diese Liste natürlich gerne abändern.) Falls Ihnen diese Übung zu schwierig erscheint, können Sie sie auch überspringen und stattdessen Ihren Lebensplan grafisch darstellen.

LEBENSJAHRZEHNT	MÖGLICHE AKTIVITÄTEN/ZIELE
0–9 Jahre	spielen/lernen
10–19 Jahre	Schule/lernen
Zwanziger	Schule/Arbeit
Dreißiger	
Vierziger	
Fünfziger	
Sechziger	
Sechziger	
Siebziger	
Achtziger	
100 + Jahre	

Ihr Jahresplan

Nun, da Sie Ihren Lebensplan in groben Zügen skizziert haben, können Sie einen Plan für dieses Jahr ausarbeiten. Hier ein Beispiel dafür, was er alles beinhalten könnte (Sie können gern auch noch weitere Aspekte hinzufügen). Schreiben Sie Ihre Antworten in die leeren Zeilen unten, oder verwenden Sie jeweils eine Karteikarte. (Stattdessen können Sie sich unter www.lifecoach.com auch einen Lebensplaner kostenlos herunterladen.)

HAUPTZIELE

Das Erreichen eines Hauptziels nimmt normalerweise sechs Monate bis ein Jahr in Anspruch, folglich sollten Sie sich jährlich nur ein bis zwei davon vornehmen. Mein Hauptziel bestand in diesem Jahr beispielsweise darin, dieses Buch zu schreiben. Nebenher beschäftige ich mich auch noch mit ein paar kleineren Projekten.

1. ______________________________
2. ______________________________
3. ______________________________

PROJEKTE

Das sind normalerweise kleinere Aufgaben oder Zielsetzungen, für deren Verwirklichung man kein ganzes Jahr braucht – zum Beispiel das erste Kapitel eines Buches zu schreiben, eine Veranda zu bauen, zu lernen, wie man richtig gute Minestrone kocht, ein Video Ihrer Kinder zu drehen usw. Mindestens eines dieser Vorhaben sollte zur Erreichung Ihres Hauptziels beitragen.

1. ______________________________
2. ______________________________
3. ______________________________

MENSCHEN, MIT DENEN SIE SICH ANFREUNDEN, DENEN SIE NÄHERKOMMEN ODER MIT DENEN SIE MEHR ZEIT VERBRINGEN MÖCHTEN

Das können zum Beispiel Angehörige, Kollegen, Freunde usw. sein.

1. ______________________________
2. ______________________________
3. ______________________________

NEUE FÄHIGKEITEN, DIE SIE ERLERNEN MÖCHTEN

Beispielsweise Tennisstunden nehmen, besser mit dem Internet und den neuen Medien umgehen, einen Kurs in Malen oder Zeichnen belegen usw.

1. ____
2. ____
3. ____

PROBLEME, DIE SIE LÖSEN WOLLEN

Zum Beispiel aus Ihren Schulden herauszukommen, über die Beilegung eines Konflikts zu verhandeln, jemanden um Entschuldigung bitten usw.

1. ____
2. ____
3. ____

FASZINIERENDE ABENTEUER ODER URLAUBE

Das können beispielsweise Ausflüge oder Urlaubsreisen sein, neue Orte, die Sie kennenlernen und erkunden möchten, Aktivitäten, die Ihnen Spaß machen, usw.

1. ____
2. ____
3. ____
4. ____
5. ____

DINGE, DIE SIE LOSLASSEN ODER ZUM ABSCHLUSS BRINGEN MÖCHTEN

Verzeihen Sie Menschen, die Ihnen geschadet haben; machen Sie Fehler wieder gut, die Sie begangen haben; entschuldigen Sie sich für einen Schaden, den Sie (absichtlich oder unabsichtlich) angerichtet haben; treten Sie aus einem Ausschuss aus; geben Sie ehrenamtliche Tätigkeiten auf, die Ihnen keine Freude mehr machen, usw.

1. ______________________________

2. ______________________________

3. ______________________________

Schreiben Sie unter jedes Hauptziel (oder jeweils auf die Rückseite Ihrer Karteikarten) fünf bis zehn Möglichkeiten, wie Sie dieses Ziel erreichen könnten. Vielleicht wollen Sie das kommende Jahr ja auch unter ein Motto stellen, von dem Sie sich dann in Ihrem Handeln und bei Entscheidungen leiten lassen. Dieses Motto könnte zum Beispiel »Spaß und Abenteuer« lauten, falls Ihr Leben in letzter Zeit ein bisschen zu langweilig geworden ist, »Romantik«, wenn Sie Ihrer Liebesbeziehung Auftrieb geben möchten, oder »Gesundheit und Vitalität«, wenn Sie sich müde und abgespannt fühlen. Stimmen Sie Ihr Jahresmotto auf einen Ihrer wichtigsten Werte ab, dann machen Sie nichts falsch. Wählen Sie einfach das Motto aus, das Sie im Augenblick am meisten anspricht. Und wenn Sie im Lauf dieses Jahres irgendwelche Entscheidungen treffen müssen, können Sie sich überlegen, ob sie mit Ihrem Jahresmotto übereinstimmen. (Nachdem ich meine zweite Tochter zur Welt gebracht und monatelang gestillt hatte, beschlossen mein Mann und ich, dass wir das kommende Jahr unbedingt unter das Motto »Spaß und Vergnügen« stellen sollten!)

Erstellen Sie eine Grafik Ihres Lebensplans

Wenn Ihnen die obige Übung zu schwierig oder gar undurchführbar erscheint, weil Sie sich einfach nicht vorstellen können, in welchem Lebensjahrzehnt Sie was machen werden, versuchen Sie es stattdessen mit einer Grafik. Selbst wenn Sie die vorherige Übung bereits gemacht haben, können Sie trotzdem immer noch ein Schaubild erstellen, falls diese Idee Sie anspricht. Ein visueller Reminder an Ihre Ziele kann äußerst wirkungsvoll sein. Legen Sie sich also eine Pinnwand oder ein Whiteboard zu, beschaffen Sie sich Reißzwecken oder Nadeln und ein paar alte Zeitschriften, Karteikarten und Umschläge, um damit Ihren Lebensplan grafisch darzustellen. Pinnen Sie Bilder aller Dinge, die Sie in Ihrem Leben irgendwann einmal tun möchten, an die Tafel. Zum Beispiel können Sie aus einer alten *National-Geographic*-Ausgabe ein Foto der Chinesischen Mauer ausschneiden, falls es Ihr Wunsch ist, darauf einmal spazieren zu gehen. Oder wenn Sie Kinder haben möchten, heften Sie eine Fotografie von einem oder zwei Babys an die Tafel, oder ein Foto von dem Haus oder Urlaubsort, von dem Sie träumen. Ihre Grafik sollte Abbildungen all dessen enthalten, was Sie in Ihrem Leben unbedingt erreichen möchten. Machen Sie sich keine Gedanken darüber, in welcher Dekade das geschehen soll. Sie können hinterher immer noch Bilder austauschen oder hinzufügen, falls Ihre Wünsche oder Interessen sich ändern sollten. In die Mitte der Tafel schreiben Sie Ihre Ziele und/oder Ihr Motto für dieses Jahr und veranschaulichen auch das anhand einer Abbildung.

> *Es gibt auf dieser Welt keine Sicherheit – nur Gelegenheiten.*
>
> GENERAL DOUGLAS MACARTHUR

Für Ziele, deren Verwirklichung Geld kostet, heften Sie einen Umschlag an die Tafel, auf den Sie das betreffende Ziel schreiben. Sobald Sie unerwartet an zusätzliches Geld kommen, stecken Sie es in diesen Umschlag. Stattdessen können Sie auch ein Bild, das Ihren Wunschtraum symbolisiert, auf den Umschlag kleben. Nehmen wir an, Sie möchten gern Urlaub in Griechenland machen, können es sich aber nicht leisten. Dann heften Sie einfach ein Foto von Griechenland und einen Umschlag mit der Aufschrift »Griechenlandurlaub« an Ihre Pinnwand oder Ihr Whiteboard. Sie werden staunen, wie schnell Sie Ihre Ziele erreichen, wenn Sie sich solch einfacher visueller Gedächtnisstützen bedienen. Denken Sie daran, die Tafel an einer Stelle aufzuhängen, wo Sie sie jeden Tag sehen.

Ich mache diese Übung zu Beginn jedes neuen Jahres, wobei gilt: »Was du heute kannst besorgen, das verschiebe nicht auf morgen« – warten Sie damit also nicht bis zum nächsten Jahr! Wenn ich mich Ende Dezember oder Anfang Januar an diese Aufgabe mache, stelle ich erst einmal eine Liste aller wichtigen und weniger wichtigen Dinge auf, die ich im vergangenen Jahr geleistet oder erreicht habe. Dann lese ich mir alle enthaltenen Punkte noch einmal laut durch. Dazu nehme ich mir meinen Terminkalender vor, denn man vergisst leicht, was man alles erledigt hat. (Diese Übung kann man übrigens gut zusammen mit Familie oder Freunden machen, aber es geht auch allein.) Die meisten von uns haben nur ihre neuen Ziele im Kopf und versäumen, all die wunderbaren Dinge zu würdigen und zu genießen, die sie bereits erreicht haben. Machen Sie also eine Bestandsaufnahme dessen, was Sie im letzten Jahr alles geschafft haben, und klopfen Sie sich ruhig auf die Schulter! (Oder noch besser: bringen Sie Freunde und Familie dazu, Sie mit ein paar anerkennenden Worten zu belohnen!) Erst dann sollten Sie darüber nachdenken, was Sie als Nächstes tun möchten. Sie können zu Beginn jedes neuen Jahres und/oder an Ihrem Geburtstag Ihre Ziele gedanklich Revue passieren lassen, sie neu bewerten und bei Bedarf etwas daran ändern. Ich wünsche Ihnen viel Spaß bei dieser Übung! Vielleicht können Sie daraus sogar eine Silvesterparty oder eine kleine Feier »zwischen den Jahren« machen und Freunde einladen, die dann auch einen Jahresplan erstellen. Fordern Sie sie auf, eine Schere und ein paar alte Zeitschriften mitzubringen, bei denen es nichts ausmacht, wenn sie zerschnitten werden.

Und nun wollen wir uns mit Ihrem Karriereprofil beschäftigen, damit Sie sehen, wie es in Ihren neuen Lebensplan hineinpasst.

Blick über den Tellerrand: Überlegen Sie sich fünf Karrierealternativen

Manchmal müssen wir über unsere begrenzten Vorstellungen dessen, was wir tun oder erreichen können, hinausdenken. Vor kurzem leitete ich ein Seminar für ehemalige Klienten von mir in London. Zu den Teilnehmern gehörte ein arbeitsloser Hedgefonds-Manager. Er liebte seinen Beruf so sehr, dass er sich nicht ausmalen konnte, etwas anderes zu machen. Doch in der jetzigen wirtschaftlichen Situation gehören Hedgefonds nun einmal zu den »bedrohten Arten«, sodass er wahrscheinlich keine Beschäftigung in dieser Branche mehr finden wird, auch wenn er noch so verzweifelt danach sucht. Viele Menschen versteifen sich so sehr auf ein bestimmtes Gebiet oder einen spezifischen Beruf, dass sie sich gar nichts anderes mehr vorstellen können, obwohl es durchaus Alternativen gibt, die für sie genauso gut geeignet wären. Denn mit unseren Talenten und Fähigkeiten können wir in verschiedenen Bereichen Karriere machen.

Stellen Sie sich also vor, Ihr Job sei von diesem Planeten ausradiert worden, es gibt keine Hedgefonds mehr zu managen. Und nun schreiben Sie in die leeren Zeilen unten mindestens fünf alternative Karrieremöglichkeiten. Was könnten Sie sonst noch tun? Werfen Sie noch einmal einen Blick auf die Listen Ihrer Talente, Fähigkeiten und Werte, und bringen Sie alle Karrierealternativen zu Papier, die Ihnen Spaß machen könnten. Keine Sorge: Sie müssen nicht unbedingt für alles geeignet sein. Diese Übung soll Ihnen nur als Denkanstoß dienen, sich ein paar andere Karriereoptionen zu überlegen.

MEIN KARRIEREPROFIL

Betrachten Sie Ihr Karriereprofil als eine Art Schablone, mit deren Hilfe Sie feststellen können, ob ein bestimmter Job Sie befriedigen würde und ob es sich lohnen könnte, ihn anzustreben. Ohne diese Orientierungshilfe würden Sie womöglich eine Stelle annehmen, die auf den ersten Blick verlockend wirkt, Sie letzten Endes aber von Ihrem eigentlichen Weg, für den Sie prädestiniert sind, ablenkt und wo Sie früher oder später frustriert, unbefriedigt oder gar todunglücklich sind und das Gefühl haben, festgefahren zu sein. Ihr Karriereprofil ist der Maßstab, der Ihnen dabei helfen soll, die besten beruflichen Entscheidungen zu treffen. Nun, da Sie sich selbst genau kennen, haben Sie die innere Sicherheit, die Sie brauchen, um eine bestimmte Laufbahn zu wählen oder sich selbstständig zu machen. Jetzt wissen Sie nämlich, dass Sie ein angeborenes Talent dafür haben und Ihre Sache hervorragend machen werden. Dieses Wissen schenkt Ihnen Kraft und Selbstvertrauen – und beides brauchen Sie dringend, wenn Sie ein Vorstellungsgespräch haben oder ein eigenes Unternehmen gründen möchten! Ihr Karriereprofil wird Ihnen zeigen, dass Sie tatsächlich alles erreichen können, was Sie sich wünschen – nur vielleicht nicht unbedingt gleichzeitig. Tragen Sie nun alle wichtigen Informationen zusammen, die Sie anhand der Übungen in den bisherigen Kapiteln über sich gewonnen haben. Anschließend gehen Sie die Listen noch einmal durch und basteln daraus Ihr Karriereprofil. Falls Sie einen der bisherigen Schritte übersprungen haben sollten, werden Sie jetzt sehen, welche Kapitel Sie vielleicht noch einmal durchlesen oder welche Übungen Sie noch machen sollten.

Meine persönlichen Bedürfnisse

Tragen Sie hier Ihre vier wichtigsten Bedürfnisse ein. (Übung aus Schritt 2)

1. ____________________________________

2. ____________________________________

Fortsetzung auf der nächsten Seite

3. ______________________________

4. ______________________________

Mein ideales Arbeitsumfeld

Beschreiben Sie, wie Ihr optimales Arbeitsumfeld aussehen sollte: Arbeitsbedingungen und -zeiten, Umgebung usw. Mit welchen Leuten würden Sie gern zusammenarbeiten, wie viel möchten Sie verdienen, was sollte Ihr Chef für ein Mensch sein? Je genauer Ihre Beschreibung ausfällt, umso besser ist es! (Übung aus Schritt 3)

____

____

____

____

____

____

Meine besonderen Begabungen und angeborenen Fähigkeiten

Listen Sie hier Ihre angeborenen Stärken, Talente und Fähigkeiten auf. (Übung aus Schritt 4)

1. ______________________________
2. ______________________________
3. ______________________________
4. ______________________________
5. ______________________________

Meine Neid-Liste

Zählen Sie auf, was Sie insgeheim gerne wären, könnten oder hätten, sich aber nicht zutrauen. (Übung aus Schritt 5)

Fortsetzung auf der nächsten Seite

1. ______________________________
2. ______________________________
3. ______________________________
4. ______________________________
5. ______________________________

Meine Werte und Leidenschaften

Zählen Sie Ihre fünf bis zehn wichtigsten Werte und Leidenschaften auf. (Übung aus Schritt 5)

1. ______________________________
2. ______________________________
3. ______________________________
4. ______________________________
5. ______________________________
6. ______________________________
7. ______________________________
8. ______________________________
9. ______________________________
10. ______________________________

Meine Lieblingsfähigkeiten und Hobbys

Und hier tragen Sie Ihre Lieblingsfähigkeiten ein – Dinge, die Sie gelernt haben und gern tun, zum Beispiel Tippen, Gourmetgerichte zubereiten, Geschäfte abschließen, verkaufen, managen, lesen, recherchieren, renovieren, Antiquitäten sammeln oder Klavier spielen. Diese Liste darf ruhig lang sein! Schreiben Sie alles auf, was Ihnen einfällt. Falls Sie mehr Platz dafür brauchen sollten, verwenden Sie ein extra Blatt Papier. Lesen Sie dazu noch einmal im Kapitel zu Schritt 5 nach.

Fortsetzung auf der nächsten Seite

1. ______________________________
2. ______________________________
3. ______________________________
4. ______________________________
5. ______________________________
6. ______________________________
7. ______________________________
8. ______________________________
9. ______________________________
10. ______________________________

Diese gewonnenen Einsichten können Ihnen erheblich weiterhelfen, wenn Sie neben Begabung auch die Begeisterung für mehrere verschiedene Laufbahnen mitbringen. Vielleicht macht Ihnen Landschaftsgärtnerei genauso viel Spaß wie Innenarchitektur, aber zurzeit besteht in der Stadt, in der Sie leben, nun mal gerade eine große Nachfrage nach Landschaftsgärtnern. Folglich werden Sie sich vermutlich für diese Branche entscheiden.

Der bereits erwähnte Rockstar, der endlich einmal etwas anderes machen wollte, hatte zunächst daran gedacht, Musiktherapeut zu werden, was auch hervorragend zu seinen Talenten und Fähigkeiten gepasst hätte. Doch leider fand er keine Arbeit als Musiktherapeut, zumal es auch sehr schwierig ist, in dieser Branche Fuß zu fassen. Also wählte er den praktischeren Weg und wurde Krankenpfleger. Auf diese Weise konnte er gleich anfangen zu arbeiten, sobald er seine Ausbildung beendet hatte, denn es gab genügend Stellenangebote für Pflegekräfte, und diese Arbeit wurde auch gut bezahlt.

MEINE KARRIEREALTERNATIVEN

1. ______________________________
2. ______________________________
3. ______________________________
4. ______________________________
5. ______________________________

Gönnen Sie sich eine kleine Auszeit

Wenn Ihnen beim besten Willen nichts einfällt oder Sie mit diesen Übungen einfach nicht weiterkommen, ist es wahrscheinlich an der Zeit, für ein bisschen Abwechslung von Ihrer täglichen Routine zu sorgen, damit Sie Ihr Leben aus einer anderen Perspektive betrachten können. Vielleicht sollten Sie einfach mal alles hinschmeißen und ein oder zwei Jahre bei einer gemeinnützigen Organisation arbeiten. Oder Sie gönnen sich ein verlängertes Wochenende in einer Pension in der Nähe Ihres Wohnorts. Manchmal sind wir so in unser jetziges Leben vertieft, in unsere familiären Verpflichtungen und unsere Arbeit eingebunden, dass wir die größeren Zusammenhänge nicht mehr sehen. In so einem Fall empfehle ich Ihnen dringend, mindestens für ein verlängertes Wochenende zu verreisen. Oft reicht das schon aus, um innerlich zu regenerieren. Wenn nicht, können Sie sich immer noch einen etwas längeren Urlaub oder ein »Sabbatical« gönnen.

> *Eure Vision wird nur dann klar werden, wenn Ihr in Euer Herz blickt.*
>
> C. G. JUNG

Vielleicht halten Sie es in unserer wirtschaftlich schwierigen Zeit für unmöglich, sich für eine Weile beurlauben zu lassen. Kein Problem: es gibt ja auch noch andere Möglichkeiten, in den Genuss einer Auszeit von Ihrem gewohnten Leben zu kommen. Außer dem bereits erwähnten verlängerten Wochenende in einer Pension können Sie sich auch für ein paar Tage in einem Gasthof in einer Kleinstadt einmieten, sich in der Nebensaison in ein ruhiges Ferienhaus am Meer oder in eine Hütte im Wald zurückziehen. Oder Sie hüten das Haus eines Freundes, der gerade im Urlaub ist. All diese Aktivitäten haben eines gemeinsam: Sie kommen endlich mal wieder aus Ihrer Wohnung raus. Denn zu Hause sind Sie erstens sehr leicht zu finden, und zweitens gibt es dort zu viel Ablenkung – in den eigenen vier Wänden gibt es immer irgendetwas zu tun. In einem fremden Haus wird es Ihnen nichts ausmachen, dass der Dachvorsprung dringend gestrichen werden müsste, weil das nicht Ihr Problem ist.

Versuchen Sie, für mindestens drei Tage wegzufahren. Falls das nicht möglich sein sollte, kann auch schon ein Tag abseits der gewohnten Geleise eine Menge bewirken. Viele Klöster nehmen Gäste gegen ein kleines Entgelt oder sogar kostenfrei auf. Aber nehmen Sie nicht zu viel mit: eine Reisetasche mit den nötigsten Kleidungsstücken und ein Tagebuch, um Ihre Gedanken aufzuschreiben – das wär's eigentlich schon. Sinn des Ganzen ist schließlich, einmal für ein paar Tage von allem wegzukommen und nicht alles mitzuschleppen. Schalten Sie Ihr Handy aus, schauen Sie nicht fern und surfen Sie auch nicht im Internet. Sie sollen sich jetzt nur mit Ihren eigenen Gedanken beschäftigen. Gönnen Sie sich also eine Verschnaufpause von all den vielen Zeitungen, Zeitschriften und Nachrichtensendungen. Als ich noch in New York wohnte, ging ich am Wochenende regelmäßig auf die Shivananda Yoga Ranch. Das war eine kostengünstige, rustikale Bleibe. Einmal wurde dort ein Schweigewochenende veranstaltet, und wir durften während unseres ganzen Aufenthalts kein Wort sprechen. Eine wunderbare, beruhigende Erfahrung für redselige Leute wie mich!

Aber vielleicht haben Sie ja tatsächlich nicht die Zeit, die Energie oder das Geld, auch nur für ein Wochenende zu verreisen. Nehmen wir an, Sie haben keinen Urlaub mehr oder sind schon beim bloßen Gedanken daran, irgendwo hinfahren zu müssen, ganz erschöpft: Dann gönnen Sie sich doch einfach eine kleine Auszeit in Ihren eigenen vier Wänden. Schwindeln Sie Ihren Freunden und Angehörigen vor, dass Sie verreisen, und dann ziehen Sie den Stecker Ihres Telefons aus der Steckdose, verstecken Sie das Fernsehgerät, und machen Sie Ihr Zuhause zur Mini-Wellnessoase. Beginnen Sie jeden Tag mit einem besonderen Ritual, und wenn Sie von der Arbeit nach Hause kommen, zünden Sie eine Kerze an, meditieren oder nehmen ein heißes Bad und lassen den Stress des Tages einfach von sich abfallen. Versuchen Sie, die kleinen Unannehmlichkeiten des Lebens in dieser Zeit von sich fernzuhalten. Bezahlen Sie vorher alle fälligen Rechnungen, so wie Sie es vor einem richtigen Urlaub tun würden, damit Sie den Kopf frei haben zum Nachdenken und Entspannen. Verbringen Sie ein bisschen Zeit in der freien Natur, wenn Sie können. Machen Sie lange Spaziergänge, hören Sie Musik, schreiben Sie in Ihr Tagebuch, genehmigen Sie sich eine Massage.

Falls Sie mit Ihrer Familie zusammenleben, müssen Sie diese Mini-Auszeit ohne Ihre Angehörigen antreten. Wenn nötig, bitten Sie jemanden, übers Wochenende die Kinder zu sich zu nehmen, denn sonst können Sie garantiert keinen klaren Gedanken fassen. Lassen Sie auch Ihren Partner außen vor, Sie müssen allein mit sich ins Reine kommen – und eine kurze Zeit der Abwesenheit kann Ihrer Beziehung nur guttun: Hinterher werden Sie einander wieder umso mehr zu schätzen wissen. Wir alle brauchen hin und wieder ein bisschen Zeit für uns allein – das geht selbst den extrovertiertesten Menschen so. Also tun Sie, was Sie im Rahmen Ihrer jetzigen Möglichkeiten können, um Ihr Leben einmal aus einer anderen Perspektive zu betrachten. Und dann denken Sie in aller Ruhe über Ihren Job und die Richtung nach, die Sie beruflich gern einschlagen würden.

Wie müsste Ihre Traumkarriere oder Ihr ideales Unternehmen aussehen?

Jetzt kennen Sie also Ihr individuelles Karriereprofil. Vielleicht möchten Sie die Beschreibung Ihres idealen Arbeitsplatzes, die Sie in Schritt 3 skizziert haben, daraufhin noch einmal überarbeiten oder erweitern, damit sie besser zu Ihrem Karriereprofil passt. Was würden Sie daran gerne verändern, nachdem Sie sich und Ihre besonderen Stärken näher kennengelernt haben? Auf den folgenden Seiten können Sie die Ausführungen noch einmal in aller Ruhe überarbeiten und ausschmücken – so lange, bis Sie das Gefühl haben: »Donnerwetter, wenn ich so etwas machen dürfte, wäre das wirklich ein Traum!« Sie können die Beschreibung später ja jederzeit wieder ändern – je nachdem, wie sich Ihre persönlichen Bedürfnisse, Leidenschaften und Werte mit der Zeit entwickeln. Ideal wäre es, sich alle zehn Jahre einmal hinzusetzen und neu über Ihre Bedürfnisse und Werte nachzudenken, um sicherzugehen, dass Ihre Ziele auch wirklich immer noch dazu passen.

Selbst wenn Sie keine andere Übung aus diesem Buch machen – diese hier sollten Sie auf keinen Fall auslassen, denn sie ist unglaublich wirkungsvoll. Nur ein Beispiel dafür: Als ich noch bei der Bank arbeitete, 30.000 Dollar im Jahr verdiente und insgeheim dachte: »Das kann doch noch nicht alles gewesen sein«, forderte mein Coach mich auf, meinen idealen Arbeitsplatz zu beschreiben. Damals hielt ich dieses Jobprofil für einen absolut unrealistischen Wunschtraum – etwas, das ich nie erreichen würde. Wenn Sie es lesen, werden Sie feststellen, dass ich zu jenem Zeitpunkt noch gar nicht daran dachte, ein eigenes Unternehmen zu gründen und als selbstständiger Coach zu arbeiten. Und auch meine Gehaltsvorstellungen waren noch viel zu bescheiden. Inzwischen habe ich alles erreicht, was mir damals vorschwebte, und meine kühnsten Träume sogar noch übertroffen. Also kleckern Sie nicht – klotzen Sie! Vergessen Sie nicht: Sie sollen hier nicht realistisch sein, sondern Ihre ideale Arbeitsplatzbeschreibung verfassen.

Ich arbeitete früher im International House of Pancakes. Das war ein Wunschtraum von mir, und ich habe ihn mir erfüllt.

PAULA POUNDSTONE

Vielleicht wird es ein Weilchen dauern, bis Sie Ihre Traumkarriere en détail verwirklicht haben, geraten Sie also nicht in Panik, wenn Sie nicht gleich den Job finden, der Ihnen vorschwebt. Nutzen Sie die Beschreibung Ihres perfekten Arbeitsplatzes als Zukunftsvision: Nehmen Sie Stellen an, und unternehmen Sie Schritte, die Sie Ihrem Traumjob mit der Zeit immer näher bringen. Ich habe meine Ausführungen, die ich damals in meinen Terminplaner hineinkritzelte, heute noch und möchte sie hier als Beispiel mit Ihnen teilen. Die Beschreibung besteht hauptsächlich aus Aufzählungspunkten. Manche Klienten füllen aber auch ganze Seiten und schildern ihren Traumjob in allen Einzelheiten. Wieder andere schneiden Fotos aus Zeitschriften aus und basteln eine Collage ihrer Wunschkarriere. Egal, welche Methode Sie wählen – nehmen Sie sich auf jeden Fall ein paar Minuten Zeit, um die Beschreibung Ihres vollkommenen Arbeitsplatzes wenigstens in groben Zügen zu skizzieren. Denken Sie daran, dass Ihr Traumberuf zu Ihrem idealen Leben passen und Ihren Werten und Leidenschaften entsprechen sollte. Überlegen Sie sich einen Job, der wie maßgeschneidert zu Ihren ganz besonderen Wünschen und Talenten und zu Ihrer Vorstellung vom perfekten Leben passt. Stützen Sie sich dabei auf Ihre Erkenntnisse aus diesem Kapitel und den vorherigen Schritten.

TALANES BESCHREIBUNG IHRES IDEALEN ARBEITSPLATZES

Diese Arbeitsplatzbeschreibung habe ich verfasst, als ich 28 Jahre alt war, als Vertriebsleiterin bei der Chase Bank in New York arbeitete und meinen Job sehr frustrierend fand. Damals hatte ich noch keine Ahnung, dass ich eines Tages Coach werden würde oder dass Coaching überhaupt ein richtiger Beruf ist, denn damals hatte davon noch kaum jemand etwas gehört!

Eine international ausgerichtete Karriere und ein Leben, bei dem ich viel auf Reisen bin: Meine Karriere sollte mit längeren Aufenthalten in warmen Ländern wie Brasilien, Argentinien, Griechenland usw. verbunden sein. Irgendetwas, das mit Vertrieb oder Verkauf zu tun hat; lukrativ; aufregend.

Folgende Aspekte sollten zu meiner idealen Karriere gehören:

- Internationale Beratungstätigkeit
- Präsentationen (Energiefluss; anderen Menschen Wissen und Erkenntnisse vermitteln)

- Coaching
- Kreative Tätigkeit auf hohem Niveau (nichts Technisches)
- Arbeit mit Führungskräften der mittleren und obersten Managementebene
- Leben im Ausland
- Reisen rund um die Welt mit längeren Aufenthalten (ein Monat bis ein Jahr) in warmen Ländern
- Gelegenheit, neue Sprachen zu erlernen – Französisch, Portugiesisch, Italienisch
- Grundgehalt von 100.000 Dollar pro Jahr mit Bonuszahlungen für hervorragende Leistungen
- Verhandlungstätigkeit
- anderen Menschen ein erstklassiges Produkt oder eine exzellente Serviceleistung verkaufen

Beschreibung meines Traumjobs: Meine Arbeit soll mir die Möglichkeit geben, innerlich zu wachsen und mich weiterzuentwickeln – und dem Tempo meiner Fortschritte sollen keine Grenzen gesetzt sein. Ich möchte mit meinem Beruf einen wichtigen Beitrag zum Leben anderer Menschen leisten und dafür sorgen, dass unsere Welt ein bisschen glücklicher wird. Ich bin dabei unabhängig und kann meiner Kreativität freien Lauf lassen. Meine Firma unterstützt mich in meiner Tätigkeit: Sie stellt mir die nötigen Hilfsmittel und Fortbildungsmaßnahmen (Training, Coaching) zur Verfügung. Ich mag die Leute, mit denen ich zusammenarbeite, und respektiere und bewundere meinen Chef.

Sie sehen, wie sehr diese Übungen meinen Klienten und mir bei unseren beruflichen Veränderungen geholfen haben. Jetzt sind Sie an der Reihe, sich zu überlegen, wie Ihre Wunschkarriere oder das Unternehmen Ihrer Träume aussehen müsste. Beschreiben Sie also nun

Ihren eigenen idealen Arbeitsplatz in den leeren Zeilen unten. Je genauer und detaillierter die Ausführungen sind, umso besser!

MEINE IDEALE KARRIERE/MEIN IDEALES UNTERNEHMEN

Und dann listen Sie auf, welche Maßnahmen Sie ergreifen müssen, um diesem Ideal einen Schritt näher zu kommen. In meinem Fall waren das folgende: Ich musste einen persönlichen Coach engagieren, mich beim Trainingsprogramm von Coach U anmelden, Mitglied bei den Toastmasters werden, einmal im Monat Seminare veranstalten, mir Visitenkarten drucken lassen und einen Computer anschaffen.

AKTIONSPLAN

1. ______________________________
2. ______________________________
3. ______________________________
4. ______________________________
5. ______________________________
6. ______________________________
7. ______________________________
8. ______________________________
9. ______________________________
10. ______________________________

Herzlichen Glückwunsch! Sie haben es geschafft! Nun, da Sie Klarheit darüber gewonnen haben, wer Sie sind und was Sie im Leben erreichen möchten, ist es an der Zeit, Ihre Traumkarriere in die Realität umzusetzen! In Schritt 7 erfahren Sie, was Sie als Nächstes tun müssen, um den Sprung in Ihre neue berufliche Laufbahn zu schaffen oder sich das Geschäft aufzubauen, von dem Sie schon immer geträumt haben.

SCHRITT 7

So schaffen Sie den nahtlosen Übergang

Hast du Luftschlösser gebaut, muss deine Arbeit nicht vergeblich gewesen sein. Eben dort sollten sie sein. Bau ihnen ein Fundament.

HENRY DAVID THOREAU

Falls Sie während der Bearbeitung der bisherigen Übungen noch nicht beim idealen Job gelandet sind, werden Sie sich jetzt vielleicht fragen, wie man die Übergangsphase am besten gestaltet. Wenn Ihnen beim Abschied von Ihrem alten Arbeitgeber eine hübsche Abfindungssumme ausgezahlt wurde oder Sie finanziell unabhängig sind, haben Sie es natürlich nicht nötig, weiterhin einen regulären Beruf auszuüben, während Sie den Wechsel in Ihren Traumjob in die Wege leiten oder in die Selbstständigkeit starten. Aber für alle anderen Leser ist dieses Kapitel wichtig. Manche Menschen haben die nötigen finanziellen Mittel, um einfach aus dem Nichts heraus ein Unternehmen zu gründen oder ihre Stelle zu kündigen und sich dann in aller Ruhe nach ihrer Traumkarriere umzusehen. Andere müssen hingegen eine Familie versorgen oder ihre Miete bezahlen und können ihren Job nicht einfach so hinschmeißen. Verzweifeln Sie nicht, sollten Sie auch zu dieser Kategorie gehören, die meisten Leute sind in der gleichen Lage wie Sie.

Als ich mit dem Coachen begann, hatte ich einen Vollzeitjob bei der Chase Bank, zahlte für meine Wohnung in Manhattan eine horrende Miete, musste nebenher noch meine Kreditkartenschulden abbezahlen und gleichzeitig Rücklagen bilden, um meine eigene Firma aufzubauen. Damit stelle ich keineswegs eine Ausnahme dar, sondern bin eher der Normalfall. Die meisten Leute können sich den Luxus, längere Zeit nicht zu arbeiten, einfach nicht leisten. Daher möchte ich Ihnen in diesem Kapitel ein paar Tipps geben, wie Sie es schaffen können, in Ihrem jetzigen Job mit hervorragenden Leistungen zu glänzen und sich dabei gleichzeitig eine neue, ideale Karriere aufzubauen. Sehr viel Freizeit werden Sie in dieser Übergangsphase aber wahrscheinlich nicht haben, weshalb ich Ihnen zunächst einmal erklären möchte, wie Sie unnötige Zeitfresser ausschalten können, um mehr Zeit für den Wechsel in die Karriere zu haben, die Sie begeistert.

So gewinnen Sie mehr Zeit

Eine wichtige Voraussetzung, um die Weiche in beruflicher Hinsicht neu zu stellen, besteht darin, sich zeitlich mehr Freiraum zu schaffen.

Denn um herauszufinden, welcher Weg sich am besten für Sie eignet, und entsprechende Maßnahmen auszumachen, brauchen Sie Zeit. Verzichten Sie also auf alle überflüssigen Aktivitäten, automatisieren und rationalisieren Sie Ihr Leben, immerhin werden Sie in der nächsten Zeit anderthalb oder sogar zwei Jobs gleichzeitig haben! Keine Sorge: ganz so deprimierend, wie das klingt, ist es nun auch wieder nicht. Sie werden trotzdem immer noch viel Zeit haben, um mit Ihren Freunden und Ihrer Familie das Leben zu genießen. Aber Sie haben jetzt absolut keine Zeit mehr zu vergeuden. Wenn Sie sich selbstständig machen möchten, sollten Sie jetzt gleich die nötigen Vorkehrungen treffen, um Ihr Leben so weit als möglich zu automatisieren, damit Sie sich ganz auf Ihre beruflichen Pläne konzentrieren können: Ein neu gegründetes Unternehmen kann genauso anstrengend sein wie ein kleines Baby! Weitere Vorschläge, wie Sie sich mehr zeitliche Freiräume schaffen können, finden Sie in meinem ersten Buch *Coach dich selbst, sonst coacht dich keiner*.

> *Wie schön ist es, nichts zu tun und sich hinterher auszuruhen.*
>
> SPANISCHES SPRICHWORT

Nutzen Sie die 80/20-Regel, um noch mehr Zeit zu sparen

Das Ziel dieses Prinzips besteht darin, Ihren bisherigen Job in zwei Stunden pro Tag zu erledigen, damit Sie den Rest Ihrer Zeit dazu nutzen können, über Ihre neue Karriere oder Ihre Selbstständigkeit nachzudenken. Denn wenn Sie zu beschäftigt sind, werden Sie keine Zeit haben, sich etwas Eigenes aufzubauen oder auch nur eine bessere Stelle bei einer anderen Firma zu finden. Machen Sie sich keine Sorgen darüber, dass Ihre Leistungen unter dieser Zeitersparnis leiden könnten – bisher wurde jeder Klient, dem ich beibrachte, wie er seinen Job schneller erledigen kann, von seinem Arbeitgeber sogar noch mehr wertgeschätzt. »80/20-Regel« lautet das Erfolgsgeheimnis. Das bedeutet, 80 Prozent seiner bisherigen Ergebnisse zu erzielen, indem man nur 20 Prozent der bisherigen Zeit dafür investiert. Sobald Ihnen klar wird, welche 20 Prozent Ihrer Arbeitszeit wirklich wichtig sind, können Sie problemlos auf rund 80 Prozent Ihrer bisherigen beruflichen Aktivitäten verzichten.

Ich war erst bereit, mich auf ein Experiment mit diesem Prinzip einzulassen, als mir der Gedanke, gekündigt zu werden, nichts mehr ausmachte. Doch zu meinem großen Erstaunen stellte ich fest, dass mein Arbeitgeber mich nicht gehen lassen wollte, als ich die 80/20-Regel in meinem Job bei der Bank ausprobierte. Ich musste ihn fast auf Knien darum bitten, mich ziehen zu lassen! Bei der Anwendung dieser Regel leisten Sie für Ihren jetzigen Arbeitgeber nämlich immer noch zu 100 Prozent perfekte Arbeit, er hat also nicht das Gefühl, dass Sie in Ihren Leistungen nachlassen. Sie tun jetzt eben einfach nur noch das, was wirklich wichtig ist und womit Sie tatsächlich etwas bewirken, und lassen die unwichtigen Sachen weg. Sie werden staunen, wie viele Verrichtungen, die Sie bisher für notwendig gehalten hatten, eigentlich vollkommen überflüssig sind. Außerdem werden Sie jetzt automatisch viel effizienter vorgehen, damit Sie schneller mit Ihrer Arbeit fertig werden.

Eine meiner Klientinnen wollte die Jobs, mit denen sie ständig im Rückstand war, unbedingt aufholen. Also ging sie einen ganzen Monat lang jeden Samstag ins Büro. Doch mit der Zeit wurde ihr klar, dass sie immer mehr Arbeit hatte, als sie innerhalb einer Woche schaffen konnte. Folglich musste sie entweder weiterhin sechs Tage pro Woche arbeiten oder ein paar ihrer Aufgaben loswerden. Daraufhin fragte sie ihre Chefin, ob ein besonders zeitraubender Bericht denn wirklich unbedingt notwendig sei, und erfuhr zu ihrem Erstaunen, dass sie ihn nicht zu schreiben brauchte.

Sie sollten allerdings darauf achten, wie Ihr Chef und Ihre Kollegen Sie wahrnehmen. Mit anderen Worten: gehen Sie im Büro nicht damit hausieren, dass Sie in Wirklichkeit nur zwei Stunden pro Tag arbeiten, um sich auf Ihr faszinierendes neues Business oder Projekt konzentrieren zu können. Halten Sie sich lieber bedeckt und legen Sie Wert darauf, volle Leistung zu bringen (siehe Schritt 1). Matthew, ein 34-jähriger Programmierer, nutzte die ruhigen Zeiten zwischen zwei Projekten stets, um an seinem Roman zu arbeiten. Er kam dabei auch gut voran – bis er sich eines Tages verriet und seinen Kollegen erzählte, dass er bei NANORIMO (www.nanorimo.org) mitmachte: ein Projekt, bei dem man in seiner Freizeit innerhalb eines Monats 50.000 Wörter schreiben muss. Alle seine Kollegen unterstützten ihn bei seinem schriftstellerischen Vorhaben und fragten ihn jeden Tag, beim wievielten Wort er denn schon angelangt sei. Da er jetzt im Mittelpunkt der Aufmerksamkeit stand, wagte Matthew während der Arbeitszeit keine Zeile mehr zu schreiben, damit die anderen Mitarbeiter und sein Chef nicht etwa auf die Idee kamen, dass er seinen Job nicht ernst genug nahm. Er hatte bei seinem Roman also größere Fortschritte gemacht, als noch niemand darüber Bescheid wusste. Egal, was Sie während Ihrer Arbeitszeit tun – es muss auf alle Fälle so aussehen, als strengten Sie sich genauso an wie alle anderen, wenn nicht sogar noch mehr. Vielleicht halten Sie es für unmöglich, aber wenn Sie sich voll und ganz auf Ihre 20 Prozent konzentrieren, werden Sie sogar noch produktiver sein als vorher.

Ein Klient, der bei einer großen amerikanischen Bank 80 Stunden pro Woche mit Fusionen und Übernahmen beschäftigt war, hatte vor kurzem geheiratet und war sehr frustriert, weil er nie Zeit hatte, mit seiner frisch angetrauten Ehefrau zu Abend zu essen. Um dem Abhilfe zu schaffen, bezog er eine Wohnung, die nur zehn Gehminuten von seinem Büro in Manhattan entfernt war, um nicht zweimal am Tag 30 bis 40 Minuten zwischen New York und New Jersey hin und her fahren zu müssen. Und wenn er dann nach Hause ging, um mit seiner Frau zu essen, erzählte er seinen Kollegen nichts davon, sondern ließ seinen Mantel an der Rückenlehne seines Stuhls hängen, seine Lampe brennen und die angefangene Arbeit auf dem Schreibtisch liegen und murmelte etwas davon, dass er mit Herrn Soundso aus der anderen Abteilung etwas zu besprechen habe. Stattdessen ging er nach Hause, aß in aller Ruhe mit seiner Frau zu Abend und kehrte dann noch einmal ins Büro zurück, um nach ein bis zwei Überstunden wie alle anderen gegen elf Uhr abends endgültig Feierabend zu machen. Das hatte den unerwarteten Nebeneffekt, dass er nach dieser dringend benötigten geistigen Verschnaufpause sehr viel produktiver war – ein gutes Beispiel dafür, wie man den Schein wahren, weniger arbeiten und dabei doch mehr schaffen kann! Denken Sie daran: Wenn es Ihnen nicht gelingt, bei der Arbeit ein bisschen Zeit für sich selbst herauszuschinden, werden Sie geistig blockiert sein und keine Impulse für eine neue Karriere oder eine neue Geschäftsidee bekommen.

So schalten Sie die wichtigsten Zeitfresser aus

Ziehen Sie den Stecker Ihres Fernsehgeräts aus der Steckdose. Im Durchschnitt sehen die Leute 24 Stunden pro Woche fern. Wenn Sie den Fernseher im Wandschrank verstecken, werden Sie staunen, wie viel Zeit Ihnen plötzlich bleibt, sich nach neuen Karrieremöglichkeiten umzusehen oder sich selbstständig zu machen. Überreden Sie am besten Ihre ganze Familie dazu, aufs Fernsehen zu verzichten und sich stattdessen lieber mit anderen Dingen zu beschäftigen, um Sie bei Ihrem neuen Vorhaben zu unterstützen. Falls sie nicht mitziehen sollte, stellen Sie das Fernsehgerät in ein Zimmer, wo es Sie nicht in Versuchung führt.

> *Sie werden nie für irgendetwas Zeit »finden«. Wenn Sie Zeit brauchen, müssen Sie sie sich nehmen.*
>
> CHARLES BUXTON

Automatisieren – systematisieren – delegieren

Es wird zwar ein bisschen dauern, bis Sie sich so weit aufgestellt haben, um die zeitraubenden Aufgaben unseres modernen Lebens organisiert und in den Griff zu bekommen. Doch sobald Sie das geschafft haben, wird es sich über Jahre hinweg auszahlen. Sie müssen sich weitestgehend von alltäglichen Banalitäten befreien, um Zeit für die Jobsuche, eine Umschulung oder die Gründung eines eigenen Unternehmens zu gewinnen. Es lohnt sich durchaus, am Anfang erst einmal Zeit darin zu investieren, denn dieser Aufwand wird durch eine langfristige Zeitersparnis belohnt. Wenn Sie Ihre Rechnungen bisher noch nicht online oder per Bankeinzug bezahlt und regelmäßige Zahlungen nicht per Dauerauftrag erledigt haben, dann fangen Sie jetzt damit an! Diese Art von Erledigung ist zeitaufwändig und lässt sich leicht automatisieren.

Sie können ebenfalls Zeit gewinnen, indem Sie nur noch einfache Gerichte kochen und den Kindern beibringen, wie man wäscht. Langfristig ist das sogar gut für sie, denn früher oder später müssen sie es ja doch lernen. Wenn Ihre Kinder noch sehr klein sind, müssen Sie bei der Suche nach Babysittern eben einfach ein bisschen kreativer sein als bisher. Spannen Sie ruhig auch Freunde, Familienangehörige und sogar Nachbarn ein! Eine meiner Freundinnen trifft regelmäßig Verabredungen zum Spielen für ihre Tochter, um sich ab und zu ein paar kinderfreie Stunden zu verschaffen, und zahlt der anderen Mutter ein kleines Honorar für die Betreuung oder revanchiert sich, indem sie deren Tochter an einem anderen Tag betreut. Dieses Arrangement gibt ihr Zeit, an ihrem Roman weiterzuschreiben, und ihre Tochter ist gut versorgt und hat ihren Spaß. Falls Sie in Ihrem Haus ein Zimmer erübrigen können, werden Sie staunen, wie einfach es ist, ein Au-pair-Mädchen zu finden, das bereit ist, für ein niedriges Wochenentgelt zu arbeiten, wenn es dafür kostenlose Unterkunft und Verpflegung bekommt. Es gibt viele junge Frauen und Männer, die ihre Sprachkenntnisse verbessern und eine neue Kultur kennenlernen möchten. Ich hätte dieses Buch nicht schreiben können, wenn unser nettes Au-pair-Mädchen von Childcare International uns nicht 30 Stunden pro Woche unterstützen würde. Das ist gar nicht so kostenintensiv, wie Sie glauben. Wir mögen unser Au-pair-Mädchen sehr gern, und inzwischen gehört es schon zur Familie.

Eine meiner Klientinnen in London, eine alleinerziehende Mutter eines fünfjährigen Kindes, kam mit der Gründung ihrer eigenen Beratungsfirma nur sehr langsam voran. Sie glaubte, den beruflichen Neuanfang schaffen und sich gleichzeitig um ihre kleine Tochter kümmern zu können, aber leider funktionierte das nicht. Die Kleine fühlte sich vernachlässigt, weil ihre Mutter dauernd beschäftigt war, und Letztere war wiederum frustriert, weil sie mit ihrer Arbeit nicht schnell genug vorwärtskam. Also engagierte sie ein Au-pair-Mädchen, und schon war das Problem gelöst: Ihre Tochter freute sich, nach der Schule jemanden zum Spielen zu haben, und auch meine Klientin war glücklich, weil sie nun ihr ganzes Augenmerk darauf richten konnte, ihr Unternehmen aufzubauen und den Lebensunterhalt für ihre kleine Familie zu verdienen. Eine Freundin von mir hat eine alte Garage zu einem kleinen Haus für ihre Eltern umgebaut. Diese bringen ihre Enkel jetzt morgens zur Schule, holen sie hinterher wieder ab und betreuen sie auch am Nachmittag, während sie selbst als Kriminalpolizistin auf Verbrecherjagd geht. Wenn Sie keine Eltern oder sonstige Angehörige haben, die Sie bei der Betreuung Ihrer Kinder unterstützen können, und auch kein Zimmer für ein Au-pair-Mädchen erübrigen können, müssen Sie sich vielleicht ein paar unkonventionellere Alternativen überlegen.

Seien Sie kreativ! Bei uns zu Hause bügelt eine pensionierte Nachbarin einmal in der Woche die Wäsche und bessert kaputte Kleidungsstücke aus. Ein Student, der in der Nähe wohnt, fungiert als »Mädchen für alles« und übernimmt Besorgungen und leichtere Büroarbeiten. Wenn Sie Familie haben und sich gleichzeitig selbstständig machen möchten, müssen Sie so viele Aufgaben wie möglich delegieren. Sonst droht Ihnen der Burnout, und darunter wird nicht nur Ihr neues Unternehmen leiden, sondern – noch schlimmer – auch Ihre Familie, und Sie werden sich hundeelend fühlen!

Vermeiden oder verkürzen Sie Ihre Fahrten zur Arbeit

Ich habe einmal irgendwo gelesen, dass es der Gesundheit schadet, wenn die Fahrt zur Arbeit und wieder zurück jeweils länger als eine Dreiviertelstunde in Anspruch nimmt. In so einem Fall lohnt es sich durchaus, in eine Wohnung zu ziehen, die näher am Arbeitsplatz liegt, oder einen anderen Job anzunehmen, bei dem man nicht jeden Tag so lange unterwegs ist. In unserer technologisch fortgeschrittenen Zeit können außerdem immer mehr Menschen von zu Hause aus arbeiten. Wenn Sie mit Ihrem Chef aushandeln können, dass Sie mindestens ein bis zwei Tage zu Hause bleiben dürfen, spart Ihnen das nicht nur Fahrzeit, sondern auch die Zeit, die Sie brauchen, um sich fürs Büro fertig zu machen. Bemühen Sie sich, an Ihren Home-Office-Tagen besonders produktiv zu sein, und zeigen Sie Ihrem Vorgesetzten die Ergebnisse. Dann können Sie vielleicht noch mehr Heimarbeitstage bei ihm herausschlagen. Dadurch sparen Sie mehr Zeit, als es auf den ersten Blick vielleicht den Anschein hat. Zu Hause sind Sie ungestörter, und Sie werden kaum glauben, wie viel leichter Sie Ihre Arbeit in den eigenen vier Wänden erledigen können. Wie bereits erwähnt, sparen Sie dadurch auch die Zeit, die Sie normalerweise brauchen würden, um sich fürs Büro entsprechend anzuziehen. Denn wenn Sie in Ihrem Home-Office niemand sieht, brauchen Sie sich schließlich auch keine Gedanken darüber zu machen, wie Sie aussehen. Schalten Sie bei Telefonaten mit Kunden nur ja nicht die Videofunktion ein! Ohne die vielen Unterbrechungen im Büro dürften Sie es schaffen, Ihre Arbeit in etwa der Hälfte der Zeit zu erledigen, wodurch Sie zwei bis sechs Stunden pro Tag sparen. Je mehr Zeit Sie von Ihrer jetzigen Arbeit für sich abzweigen können, umso mehr Gelegenheit werden Sie haben, über Ihre ideale Karriere nachzudenken, Informationsgespräche zu führen, Ihren Lebenslauf zu schreiben oder mit den Vorbereitungen für die Gründung Ihres eigenen Unternehmens zu beginnen.

Manche Jobs erfordern persönliche Anwesenheit, wie etwa meine Arbeit bei der Bank. Das bedeutet jedoch nicht, dass Sie Ihre Zeit dort nicht sinnvoller nutzen können.

Ich nutzte meinen Weg zur Arbeit zum Beispiel auf gesunde und gleichzeitig produktive Weise, indem ich ihn zu Fuß zurücklegte. Hin und zurück war ich jeweils eine Stunde unterwegs und hörte dabei inspirierende Audioprogramme. Vielleicht haben Sie ja die Möglichkeit, mit dem Fahrrad zur Arbeit zu fahren. Nutzen Sie Ihre Mittagspause, um etwas Neues zu lernen und/oder neue Kontakte zu knüpfen. Ich ging mittags beispielsweise immer zu den Treffen der Toastmasters International, um meine rhetorischen Fähigkeiten zu verbessern. Und nutzen Sie ruhig auch die Betriebsmittel Ihres Arbeitgebers, um sich auf Ihren Interessengebieten fortzubilden. Nehmen Sie alle Chancen in Ihrem Umfeld wahr, um Ihre Fähigkeiten weiterzuentwickeln und Erfahrung in Bereichen zu sammeln, die Sie reizen. Melden Sie sich für Projekte, bei denen Sie mit anderen Abteilungen Ihres Unternehmens, neuen Arbeitsbereichen oder Branchen in Berührung kommen. Vielleicht lässt sich auf diese Weise ja zufällig genau der richtige Businesskontakt herstellen, den Sie für Ihre Karrierepläne brauchen, oder es eröffnet sich dadurch eine interessante neue Berufschance. Und selbst wenn nicht – Sie eignen sich dadurch auf jeden Fall neue Kompetenzen an und sammeln Erfahrungen, die Ihnen bei der Vorbereitung auf Ihren Traumjob helfen. Auch wenn Sie etwas Neues ausprobieren und hinterher feststellen, dass es Ihnen keinen Spaß macht, ist das eine wertvolle Erkenntnis, die Ihnen hilft, den Kreis Ihrer Aktivitäten künftig dementsprechend einzugrenzen. Nutzen Sie alle Ressourcen, die Ihnen zur Verfügung stehen, um sich den Wechsel in Ihre neue Karriere zu erleichtern oder Fähigkeiten anzueignen, die Sie dafür brauchen könnten.

Ihre berufliche Neuorientierung: wichtige Vorüberlegungen

Um sich beruflich neu auszurichten, muss man sich nicht nur zeitliche Freiräume schaffen. Darüber hinaus ist es sehr hilfreich, ein gewisses finanzielles Polster zu haben. Es ist nämlich viel leichter, auf seinen Job zu pfeifen, wenn man Ersparnisse hat, von denen man gut zwei Jahre lang leben kann. Statistiken zufolge scheitern die meisten Kleinunternehmer innerhalb der ersten 24 Monate an Kapitalmangel. Wenn Sie nicht Teil dieser Statistik sein möchten, nehmen Sie sich lieber erst mal ein bisschen Zeit, Ihre Finanzen in Ordnung zu bringen. Eine berufliche Neuorientierung kann zum Beispiel bedeuten, dass Sie noch einmal die Schulbank drücken oder zumindest eine Fortbildung machen müssen. Das kostet Zeit, lässt sich aber normalerweise parallel zu Ihrem Hauptberuf bewerkstelligen, den Sie während dieser Zeit besser behalten sollten, um Ihre laufenden Kosten bestreiten zu können. Und vielleicht ist es auch sinnvoll, erst einmal mit einer neuen beruflichen Tätigkeit herumzuexperimentieren, um herauszufinden, ob sie Ihnen überhaupt Spaß macht, ehe Sie fulltime in diesen neuen Job einsteigen und Ihre jetzige Stelle kündigen.

> *Wenn Sie sich nicht aktiv darum bemühen, was Sie wollen, dann wollen Sie es nicht wirklich.*
>
> JOHN-ROGER UND PETER MCWILLIAMS

Schaffen Sie sich eine finanzielle Reserve

So sehr ich mich auch danach sehnte, meinen Job bei der Bank zu kündigen, um endlich hauptberuflich meiner Coaching-Tätigkeit nachgehen zu können – mein erster Coach, Thom Politico, empfahl mir dringend, meine Stelle erst dann aufzugeben, wenn ich meine Kreditkartenschulden abbezahlt und genügend Ersparnisse zurückgelegt hatte, um zwei Jahre lang davon leben zu können. Das war ein kluger Ratschlag, den Sie vor allem dann beherzigen sollten, wenn Sie eine Familie zu versorgen haben. Denken Sie daran: die meisten Unternehmen gehen in den ersten zwei Jahren nicht etwa pleite, weil sie schlecht gemanagt wurden oder die dahinterstehende Geschäftsidee nicht gut war, sondern einfach, weil der Inhaber nicht über genügend Kapital verfügte, um die unvermeidlichen Höhen und Tiefen einer Neugründung zu überstehen. Damals traute ich mir nicht zu, genügend Geld für mein neues Unternehmen auf die hohe Kante zu legen. Doch kaum hatte ich mit dem Sparen begonnen, stellte ich fest, dass ich plötzlich auf magische Weise die erforderlichen Mittel anzog, die aus völlig unvermuteten Quellen kamen. So erhielt ich eine Bonuszahlung von meiner Bank und wurde befördert. Auch andere Klienten haben mir berichtet, dass ihnen das Geld wie von selbst zuzufließen schien, sobald sie begonnen hatten, Geld in einen Sparplan einzuzahlen: Dividenden aus Aktien, von denen sie längst vergessen hatten, dass sie sie besaßen, eine Erbschaft von einem entfernten Verwandten oder ein unerwartetes Geschenk von einem Freund oder Angehörigen.

Erinnern Sie sich noch an die Geschichte von Ali Brown? Sie kündigte ihren Job, ohne irgendwelche Ersparnisse zu haben, was für sie eine große Belastung war: Sie machte sich ständig Sorgen darüber, ob sie in der Lage sein würde, ihre Rechnungen zu bezahlen. Im Nachhinein würde Ali niemandem mehr empfehlen, seinen Hauptberuf aufzugeben, ohne über solide finanzielle Reserven zu verfügen. Es gibt keinen Grund, warum Sie sich in eine so schwierige finanzielle Lage hineinmanövrieren sollten. Sie können sich Ihre Selbstständigkeit auch in der Freizeit aufbauen und dabei immer noch einem Hauptberuf nachgehen, der es Ihnen ermöglicht, Ihre Lebenshaltungskosten zu bestreiten.

Weitere Tipps zu diesem Thema finden Sie in meinem Buch *Coach dich selbst, sonst coacht dich keiner.* Falls Sie Schulden haben, sollten Sie sich das sehr hilfreiche Buch *How to Get out of Debt, Stay Out of Debt, and Live Prosperously* von Jerrold Mundis besorgen. Das war eine meiner besten Investitionen. Je genauer Sie sich an den Plan in diesem Buch halten, umso eher werden Sie aus Ihren Schulden herauskommen. Wenn Sie davon abweichen, wird es zwar etwas länger dauern, aber früher oder später kommen Sie auf jeden Fall ans Ziel. Im Abschnitt »Literaturhinweise und sonstige Tipps« und auf meiner Webseite www.lifecoach.com finden Sie weitere hilfreiche Bücher und Audioprogramme zum Thema Finanzen.

Machen Sie lieber erst mal einen Testlauf

Vielleicht müssen Sie zunächst einmal neue Kompetenzen entwickeln und sich fortbilden oder umschulen lassen, ehe Sie den Sprung in Ihre Traumkarriere wagen können. Und wenn Sie ein eigenes Unternehmen aufbauen möchten, müssen Sie möglicherweise so lange weiter Ihrem Hauptberuf nachgehen und Ihre geschäftlichen Aktivitäten auf die Abende und Wochenenden verlegen, bis Ihr neuer Laden so richtig in Schwung gekommen ist – es sei denn, Sie haben finanzielle Reserven, von denen Sie mindestens zwei Jahre lang Ihren Lebensunterhalt bestreiten können. Ich habe das jedenfalls so gemacht, als ich damals mein Coaching-Unternehmen gründete: Nach einem Arbeitstag bei der Bank kam ich nach Hause, machte ein Nickerchen und fing dann an, meine Klienten zu coachen. Wenn Sie zurzeit fest angestellt sind, können Sie sich einen Eindruck von anderen Branchen oder Arbeitsgebieten verschaffen, die Sie verlockend finden, indem Sie Informationsveranstaltungen besuchen: Dort erfahren Sie mehr über ein Unternehmen, in das Sie vielleicht irgendwann einsteigen möchten. Durch ein Praktikum oder eine ehrenamtliche Tätigkeit können Sie praktische Erfahrungen in einer bestimmten Branche bzw. einem Arbeitsbereich sammeln. Stattdessen kann man auch Abendkurse belegen, eine Teilzeitstelle oder einen zeitlich befristeten Job in der jeweiligen Firma annehmen oder einem Berufsverband beitreten. Auf alle Fälle rate ich Ihnen, erst einmal in den Zweig oder das Unternehmen, das Sie interessiert, hineinzuschnuppern, ehe Sie mit Haut und Haaren einsteigen.

Eine Klientin von mir, Michaela, stellte es sich wunderbar vor, als »Personal Shopper« für leitende Angestellte tätig zu sein, die keine Zeit für so etwas haben. Doch ehe sie ihren Hauptberuf im Einzelhandel kündigte, probierte sie das erst einmal aus: Sie kaufte an den Abenden und Wochenenden für Freundinnen ihrer Mutter ein. Bald stellte sie fest, dass es furchtbar mühsam war, sich um all die Versandformalitäten und Rücksendungen zu kümmern. Am Ende beschloss sie, im Einzelhandel zu bleiben, und übernahm den Einkauf für das Geschäft. Jetzt kann sie nach Herzenslust einkaufen – und zwar in viel größerem Stil! Manche Berufe sind eben einfach nicht so aufregend, wie sie auf den ersten Blick scheinen. Von daher ist es besser, Ihre Geschäftsideen erst mal in der Praxis zu erproben.

Während der eine zögert, weil er sich einer Sache nicht gewachsen fühlt, macht der andere Fehler und schafft es bis nach ganz oben.

HENRY C. LINK

Bilden Sie sich fort, und sammeln Sie Erfahrungen

Wenn Sie vorhaben, in einen völlig neuen beruflichen Bereich einzusteigen, müssen Sie vorher möglicherweise erst noch einmal die Schulbank drücken. Manchmal genügt es aber auch, Abend- und Wochenendkurse zu belegen. Vielleicht gibt es in Ihrem Unternehmen sogar eine interne Aus- und Weiterbildungsabteilung, die Schulungsprogramme anbietet oder die Kosten für Ihre externen Kurse übernimmt. Wenn Sie beispielsweise im operativen Geschäft tätig sind und gern in den Vertrieb wechseln möchten, können Sie vielleicht dort Trainings für Vertriebsmitarbeiter besuchen. Es ist einfacher, sich innerhalb Ihrer jetzigen Firma fortzubilden und erst mal hausintern in ein anderes Arbeitsgebiet wechseln, als sich gleich um eine Stelle bei einem anderen Unternehmen zu bemühen. Denn höchstwahrscheinlich verfügen andere Kandidaten draußen auf dem Arbeitsmarkt bereits über die Erfahrung, die Sie sich erst noch aneignen müssen. Im Vergleich dazu dürfte Ihr eigener Lebenslauf ziemlich armselig aussehen.

Vielleicht müssen Sie aber auch erst mal eine Fachhochschule oder Universität besuchen, weil Sie noch eine Ausbildung oder einen bestimmten Abschluss benötigen, um den Bereich oder die Laufbahn zu wechseln. Haben Sie keine Angst davor! Vorher sollten Sie allerdings genügend Informationsgespräche geführt haben und sich auch über Ihre Werte klargeworden sein, um sicherzugehen, dass Sie Ihre Zeit nicht mit einer Fortbildung verschwenden, die für Ihren beruflichen oder geschäftlichen Erfolg gar nicht notwendig ist. Eine meiner Klientinnen wollte unbedingt ihren MBA machen, obwohl sie überhaupt nicht mit Zahlen umgehen konnte und wahrscheinlich auch niemals einen Beruf ausüben wollte, für den man ein Betriebswirtschaftsstudium braucht. Ihr kam es nur auf den Status an, den dieser akademische Titel mit sich bringt. Warum soll man so viel Zeit und Geld zum Fenster hinauswerfen, wenn man den Abschluss gar nicht braucht?

Eine andere Klientin von Anfang 60 gestand mir, dass sie niemals studiert und auch keine Fachhochschule besucht hatte. Ich erklärte ihr, dass das niemanden stören würde, da es sich ja schließlich nicht nachteilig auf ihren beruflichen Werdegang ausgewirkt hätte. Außerdem wies ich sie darauf hin, dass viele erfolgreiche Leute ihr Studium abgebrochen haben, wie zum Beispiel Bill Gates. Trotzdem war die Frau davon überzeugt, etwas Wichtiges versäumt zu haben, und fühlte sich gegenüber Menschen, die studiert hatten, unsicher. Aufgrund ihres Alters war sie sich aber auch nicht sicher, ob es Sinn machen würde, noch einmal die Schulbank zu drücken. Ich erklärte ihr, sie habe zwei Möglichkeiten: Sie könnte studieren und anschließend eine 66-jährige Frau mit Universitätsabschluss sein oder die Sache verschieben – dann sei sie eben eine 66-jährige Frau ohne Universitätsabschluss. Was wäre ihr lieber? Da lachte sie und beschloss zu studieren!

Informieren Sie sich also in Gesprächen (siehe hierzu das Beispiel unten) und recherchieren Sie, bevor Sie sich zu Fortbildungskursen anmelden oder an der Uni einschreiben. Sprechen Sie mit Leuten, die es auf dem Gebiet, für das Sie sich interessieren, bereits zu etwas gebracht haben. Sie können Ihnen sicherlich die besten Hochschulen oder Fortbildungsprogramme für Ihren Traumjob oder Ihre Wunschkarriere empfehlen bzw. Ihnen von Schulungsangeboten abraten, die nicht viel bringen.

Entwickeln Sie einen neuen Networking- und Gesprächsstil

Nun, da Sie Ihr Karriereprofil kennen und ungefähr wissen, was Sie beruflich machen möchten, will ich Ihnen ein paar Tipps zum Thema Networking und Gesprächsführung geben, die Ihnen vielleicht helfen, den richtigen Job zu finden. Die richtigen Leute zu kennen kann neue Türen öffnen und wichtige Chancen ermöglichen, werden Sie sicher schon gehört haben. Und tatsächlich finden die meisten Menschen über Freunde, Angehörige und sonstige Kontakte einen neuen Job und nicht, indem sie Tausende von Lebensläufen verschicken oder sich online bewerben. Folgendes sollten Sie tun, um Ihrem Erfolg ein bisschen nachzuhelfen:

1. **Seien Sie gut vorbereitet.** Sie sollten nicht um Worte verlegen sein, wenn man Sie fragt, was Sie beruflich gern machen möchten, so wie es mir damals ging: Zuerst war ich sprachlos, dann murmelte ich irgendetwas entsetzlich Vages vor mich hin, woraus hervorging, dass ich bei meiner Arbeit gerne mit Menschen zu tun haben würde. Wenn Sie alle bisherigen Übungen in diesem Buch gemacht haben, dürfte Ihnen zum Glück inzwischen ziemlich klar sein, was Sie wollen. Nun sollten Sie sich ein paar Minuten Zeit nehmen, um die Quintessenz dieses Ziels in maximal drei Sätzen zusammenzufassen. Vielleicht möchten Sie es mit folgender Formel versuchen: »Hallo, ich bin _______________ (Ihr Name). Ich _______________ gern (Aktivität, die Ihnen Freude macht) und möchte mich näher mit _______________ beschäftigen (Ihr Interessengebiet). Kennen Sie vielleicht jemanden in diesem Bereich, mit dem ich ein Gespräch führen könnte, um mich näher darüber zu informieren?«

2. **Führen Sie informelle Gespräche – und fragen Sie, fragen Sie, fragen Sie.** Aber fragen Sie nicht nach einem Job! Wenn Sie jemanden um ein Informationsgespräch bitten, stellen Sie von vornherein klar, dass Sie keinen Job suchen, sondern sich lediglich über ein bestimmtes Thema schlau machen möchten. Falls jemand bereit ist, sich mit Ihnen zu treffen oder mit Ihnen zu telefonieren, stellen Sie ihm nur Fragen zu seinem jeweiligen Gebiet. Die meisten Menschen reden gern über sich und ihre Arbeit, vor allem, wenn ihr Beruf ihnen Freude macht. Folgende einleitende Sätze haben sich für so ein Gespräch gut bewährt:

- Was gefällt Ihnen an Ihrer Arbeit am besten?
- Bitte beschreiben Sie einen typischen Arbeitstag.
- Erzählen Sie mir, wie Sie in dieser Branche/diesem Arbeitsbereich Fuß gefasst haben.

Fragen Sie Ihren Gesprächspartner alles, was Sie gerne wissen möchten. Dann danken Sie ihm, dass er sich Zeit für Sie genommen hat, und senden Sie ihm anschließend noch einen Dankesbrief. Er könnte zum Beispiel folgendermaßen lauten: »Es war mir ein Vergnügen, mich neulich mit Ihnen zu unterhalten. Ich fand es sehr interessant, was Sie mir über XYZ erzählt haben. Jetzt kann ich verstehen, warum diese Arbeit Sie so sehr begeistert. Mit diesem Gespräch haben Sie mir geholfen, mir über meine eigenen beruflichen Pläne klarzuwerden.« Je nach Situation können Sie eventuell auch noch hinzufügen: »Falls Sie von einer Vakanz in diesem Bereich hören sollten, würde ich mich freuen, wenn Sie diese Information an mich weiterleiten könnten. Herzlichen Dank für Ihre Mühe. Mit freundlichen Grüßen, [Unterschrift].« Je mehr persönliche Informationen Sie darüber einfließen lassen, inwiefern die betreffende Person Ihnen mit diesem Gespräch bei Ihren beruflichen Recherchen weitergeholfen hat, umso besser.

3. **Stellen Sie eine Liste der Leute auf, die Sie kennen.** Gehen Sie in Gedanken Ihren ganzen Bekanntenkreis durch, und überlegen Sie, ob Sie jemanden kennen, der bereits in diesem Bereich tätig ist, für den Sie sich interessieren. Wenn dem so ist, rufen Sie diese Leute an, und bitten Sie sie um ein Informationsgespräch.

Bedanken Sie sich auch bei ihnen hinterher sofort mit einem Brief. Falls Sie sich fragen sollten, was ich mit »sofort« meine: Der Brief sollte spätestens am nächsten Morgen nach dem Interview per Mail losgeschickt werden. Damit zeigen Sie, dass Sie schnell reagieren und gründlich und professionell arbeiten – wodurch Sie sich von der großen Masse der Leute abheben, die kein so rasches Feedback geben oder sich womöglich gar nicht mehr melden. Sollte es in Ihrem Bekanntenkreis niemanden geben, der in der Branche tätig ist, für die Sie sich interessieren, rufen Sie all diejenigen Leute auf Ihrer Liste an, die so jemanden kennen könnten, und bitten Sie sie um Namen und Telefonnummer von Ansprechpartnern. Vielleicht kennen Sie denjenigen, der Ihnen weiterhelfen könnte, nicht persönlich, aber eine Bekanntschaft »über ein oder zwei Ecken« kann Ihnen möglicherweise genau den Job vermitteln, den Sie suchen!

Neues Image: Kleiden Sie sich passend zu Ihrer Traumkarriere!

Als ich meine Stelle bei der Bank kündigte, wurde mir klar, dass ich ein neues Image brauchte, das zu meiner zukünftigen Karriere als Coach passte. Ich wollte Lifecoach werden, verschiedene Länder bereisen und Vorträge und Referate über Coaching halten. Also führte ich Gespräche mit drei Imageberaterinnen in New York, ehe ich mich für die entschied, die ich für die beste hielt: Carolyn Gustafson, die inzwischen nach Charlotte, North Carolina, umgezogen ist. Wir unterhielten uns über meine Ziele, und ich erklärte ihr, dass ich zwar immer noch professionell wirken, mich aber nicht mehr so konservativ kleiden wollte wie als Bankangestellte.

Eine meiner Kolleginnen war von einem männlichen Vorgesetzten gerügt worden, weil sie im Winter Lederboots statt Pumps trug – er war der Meinung, dass Stiefel nicht angemessen waren, das nur am Rande. Als ich insgeheim hoffte, gekündigt zu werden, trug ich ab und zu Hosen und kam mir vor wie eine Rebellin. Leider hat man mich trotzdem nicht gefeuert!

Carolyn kam zu mir nach Hause, und wir gingen alle Kleidungsstücke in meinem Schrank durch. Als sie fertig war, hatte ich nur noch zwei Kostüme als Ausgangsgarderobe für meinen neuen Job, wobei eines davon auch nur bedingt geeignet war. Als Nächstes ließ ich mir mein neues Job-Outfit von einer Designerin maßschneidern, da man meine Größe nicht direkt von der Stange kaufen kann, was übrigens den meisten Leuten so geht. Wahrscheinlich habe ich für meine neue Garderobe ungefähr 7.000 Dollar hingeblättert. Da ich seit kurzem arbeitslos und gerade erst dabei war, mein eigenes Unternehmen aufzubauen, hört sich das vielleicht nicht nach einer betriebswirtschaftlich besonders klugen Entscheidung an – aber jeder Penny, den ich dafür ausgab, hat sich gelohnt. Ich wusste, dass ich nicht besser hätte aussehen können, was mir das Selbstvertrauen gab, das ich für meinen neuen Job brauchte. Wenn ich beispielsweise als Gast im Fernsehen auftrat, machte ich mir nicht die geringsten Sorgen um mein Äußeres, sondern konnte meine ganze Aufmerksamkeit und Energie dem Gesprächspartner widmen.

Wagt ruhig einen großen Schritt, wenn es nötig ist. Über einen Abgrund kommt man nicht mit zwei kleinen Sprüngen.

DAVID LLOYD GEORGE

Der richtige Look ist viel wichtiger, als Sie glauben. Denn wenn Sie befangen sind oder sich wegen Ihres Aussehens Gedanken machen, rauben diese Ängste Ihnen kostbare Energie. Also kleiden Sie sich der Karriere oder der Arbeit entsprechend, die Sie sich wünschen, und nicht für die, die Sie gerade haben.

Als ich in Georgetown meinen Magister machte, hatte ich Gelegenheit, am BWL-Seminar eines außerordentlichen Professors teilzunehmen. Obwohl er nicht studiert hatte, war er Vice President der Import Export Bank. Von uns erwartete er, dass wir im Anzug bzw. Business-Kostüm zu seinem Seminar erschienen, denn er war der Meinung, dass man sich in formeller Kleidung wohlfühlen sollte, wenn man zu einem Vorstellungsgespräch geht. Für uns Studenten, die es gewohnt waren, in T-Shirt und Jeans herumzuhängen, war das anfangs ziemlich ungewohnt. Doch unser Dozent hat uns damit einen wertvollen Tipp gegeben – die Kleidung zu tragen, die unserer Wunschkarriere entspricht, und uns schon vor unseren Bewerbungsgesprächen an dieses Outfit zu gewöhnen, damit wir uns darin ganz unbefangen bewegen können.

Falls Sie es sich leisten können, würde ich Ihnen dringend empfehlen, eine Imageberaterin hinzuzuziehen. Je eher Sie sich dazu entschließen, umso länger haben Sie etwas davon, und umso mehr Geld sparen Sie langfristig, weil Sie dann genau wissen, welches Label Ihnen am besten steht, welches Jackett Ihrer Figur am meisten schmeichelt, welche Schnitte und Farben sich am ehesten für Sie eignen, ja sogar welche Brille, welches Make-up und welche Frisur Ihren Typ am vorteilhaftesten zur Geltung bringen. Es zahlt sich aus zu wissen, was am besten zu Ihrer Statur und Ihrem Teint passt. Dafür lohnt es sich, gleich zu Beginn Geld in die Hand zu nehmen und eine erstklassige Imageberaterin zu konsultieren. Und außerdem: wenn Sie sich der Wunschkarriere gemäß kleiden, wird es Ihnen helfen, entsprechende berufliche Chancen anzuziehen. Menschen, die Ihnen begegnen oder ein Einstellungsgespräch mit Ihnen führen, sehen dann sofort, dass Sie »zu ihnen gehören«. Es ist nicht sehr sinnvoll, im konservativen Bankangestelltenkostüm zu einem Jobinterview bei einer Werbeagentur zu erscheinen – es sei denn, Sie bewerben sich um eine Stelle in der Buchhaltung! Eine leitende Bankangestellte, die sich von mir coachen ließ, erzählte mir einmal, sie habe sich gar nicht auf das Gespräch mit einer Bewerberin konzentrieren können, weil die junge Dame dabei ständig mit dem Träger ihres Bikini-Oberteils herumgeschnipst habe. Diese Kandidatin war also für eine Stelle bei einer Bank alles andere als passend gekleidet gewesen! Führen Sie mit einem Freund oder einer Freundin ein Pseudo-Bewerbungsgespräch und lassen Sie sich dabei auf Video aufnehmen. So können Sie überprüfen, ob Sie nicht unbewusst Gesten oder Bewegungen machen, die Ihren Gesprächspartner ablenken. Auch das gehört zum richtigen Image.

Kein Problem, falls in Ihrem Budget zurzeit kein Imageberater drin sein sollte: viele bessere Warenhäuser bieten kostenlose Mode- und Stilberatung an. Manche stellen Ihnen sogar unentgeltlich eine persönliche Einkaufsbegleiterin zur Verfügung. Schauen Sie sich einfach so lange um, bis Sie jemanden gefunden haben, der Sie versteht und ein Gespür dafür hat, welchen Look Sie anstreben. Nachdem Sie ein oder zwei Informationsgespräche geführt haben, überlegen Sie sich, was Sie an Ihrem Stil ändern sollten, damit Ihr äußeres Erscheinungsbild besser zu der gewünschten neuen Stelle oder Branche passt. Vielleicht haben Sie ja eine Freundin mit gutem Stilempfinden, die Sie bei Ihren Einkäufen begleiten und Ihnen ein ehrliches Feedback geben kann. Auch im Internet und in Leihbüchereien gibt es zuverlässige Informationsquellen, denen Sie entnehmen können, welche Farben und Stilrichtungen am besten zu Ihnen passen.

Berufliche Neuorientierung: Seien Sie offen für Veränderungen und neue Erfahrungen

Viele Leute machen den Fehler, nur auf ihren Verstand zu hören, statt sich bei der Suche nach der ihnen entsprechenden Karriere auch von ihrem Herz leiten zu lassen. Auf dem Papier kann ein Job absolut überzeugend rüberkommen, solange Ihr Bauch nicht ja sagt, ist er trotzdem nicht der richtige für Sie. Wenn Sie der Gedanke an diese Tätigkeit keine Freudensprünge machen lässt, sollten Sie sich vielleicht doch lieber für etwas anderes entscheiden. Hingegen gibt es Berufe, die noch so neu sind, dass Sie erst dann wissen, ob sie für Sie geeignet sind, wenn Sie sie tatsächlich ausprobieren. Also achten Sie auf Anhaltspunkte in Ihrem Umfeld, hören Sie auf das, was Ihr Körper und Ihre Seele Ihnen sagen, auf Ihre Hoffnungen ebenso wie auf Ihre Ängste – dann werden Sie bald den für Sie richtigen Weg finden.

Lassen Sie sich von Ihrem Körper leiten

Einige wichtige Faktoren haben Sie bereits kennengelernt, die Sie bei Ihrer beruflichen Neuorientierung berücksichtigen sollten, wie etwa Ihre finanziellen Reserven und die Fähigkeiten, die Sie für Ihren neuen Job brauchen. Nun geht es darum, herauszufinden, was Ihr Körper Ihnen sagt und welche Hinweise Ihr näheres Umfeld Ihnen gibt. Es ist immer sinnvoll, auf seinen Körper zu hören – denn er signalisiert Ihnen, was Ihr Gefühl wirklich zu Ihrem aktuellen Job oder Ihrer Karriere sagt.

Ich komme noch mal auf eines meiner früheren Beispiele zurück: Als ich bei der Chase Bank arbeitete und eine Filiale in Manhattan leitete, ging ich lieber eine Stunde zu Fuß zur Arbeit, statt die U-Bahn zu nehmen. Damit hätte es wahrscheinlich nur die Hälfte der Zeit gedauert, aber wenn die Bahn irgendwo steckenblieb, hätte ich für die Fahrt zur Arbeit ungefähr 45 Minuten gebraucht, also musste ich realistischerweise eine Fahrzeit von einer Dreiviertelstunde veranschlagen. Opferte ich eine weitere Viertelstunde Zeit, ersparte ich mir wenigstens das unangenehme Gefühl, mit anderen Fahrgästen eng zusammengepfercht in einem heißen, nach Schweiß stinkenden Zug sitzen zu müssen, und konnte mir stattdessen einen flotten einstündigen Spaziergang gönnen, wobei ich gleichzeitig etwas für meine Gesundheit tat. So integrierte ich mein Trainingsprogramm in den Arbeitsalltag, und es hielt mich fit. Doch die ganze Zeit über sagte mein Körper mir immer wieder, dass er eigentlich nicht zur Arbeit gehen wollte: Plötzlich verkrampfte sich meine Rückenmuskulatur, und ich konnte keinen Schritt mehr weitergehen. Da die Beschwerden nicht von allein verschwanden, ging ich zwei- bis dreimal pro Woche zu einem Chiropraktiker. Mein Körper versuchte mit diesen Schmerzattacken nur, mich von meiner Arbeit bei der Bank abzuhalten. Doch ich rackerte mich trotzdem weiterhin dort ab und begann Geld zurückzulegen, damit ich kündigen konnte, sobald ich genügend Rücklagen für einen Zeitraum von zwei Jahren gebildet hatte. Und wissen Sie, was das Verblüffende daran ist? Am Tag meiner Kündigung waren meine Muskelverspannungen im Rücken wie weggeblasen!

> *Meine Großmutter fing mit 60 Jahren an, jeden Tag acht Kilometer zu laufen. Heute ist sie 97, und wir wissen nicht, wo zum Teufel sie inzwischen gelandet ist.*
>
> **ELLEN DEGENERES**

Was will Ihr Körper Ihnen sagen? Seine Botschaft wird immer lauter (das heißt immer schmerzhafter) werden – so lange, bis Sie endlich auf ihn hören. Eine meiner Klientinnen hatte immer so ein merkwürdiges taubes Gefühl in den Gliedmaßen. Sie hasste ihren Job, der war aber so gut bezahlt, dass sie es nicht über sich brachte zu kündigen. Der dramatischste Fall, den ich in dieser Hinsicht erlebt habe, war eine Klientin, in deren Leben sich immer wieder das gleiche erschreckende Muster wiederholte. Ich bitte meine Klienten immer, vor unserem ersten Coaching-Telefonat ihre Lebensgeschichte aufzuschreiben und mir zuzuschicken, damit ich mir möglichst rasch einen ersten Eindruck von ihnen verschaffen kann – wer sie sind und was sie in ihrem Leben schon alles erreicht haben. Als ich die Geschichte dieser Frau las, war ich fassungslos: Es passierte ihr immer wieder, dass sie eine Zeitlang mit einem Mann ausging, dann in irgendeinen Unfall geriet, sich etwas brach (entweder den Arm oder das Bein) und anschließend die Beziehung mit diesem Typen beendete. Ihr selber war dieses Muster noch gar nicht aufgefallen. Erst als sie ihre Lebensgeschichte niederschrieb, wurde sie förmlich mit der Nase darauf gestoßen und erschrak nicht schlecht darüber, dass sie sich immer erst ein Körperteil brechen musste, ehe sie den Mut fand, einen Mann, der nicht gut für sie war, in die Wüste zu schicken!

Ihr Körper ist in vielerlei Hinsicht klüger als Ihr Kopf. Er weiß, welcher Weg im Leben für Sie der richtige ist. Wenn ich mit meinen Klienten über die beruflichen Möglichkeiten spreche, die ihnen offenstehen, höre ich immer schon an ihrem Tonfall, welche Option sie am meisten begeistert. Und das ist alles andere als ein Kunststück. Hören Sie auf Ihren Körper. Was würde er im Augenblick gerne tun?

Wenn Sie auf dem richtigen Weg sind, wird vielleicht eine ganze Reihe physischer Beschwerden, die Sie bis dahin gequält haben, plötzlich verschwinden. Das ist ein guter Hinweis darauf, dass Sie die Arbeit tun und die Existenz führen, die für Sie bestimmt sind. Wenn Sie dagegen ständig von tausend Wehwehchen geplagt werden, sollten Sie hellhörig werden. Es könnte bedeuten, dass Sie in Ihrem Leben die falsche Richtung eingeschlagen haben. Dann wissen Sie, dass es Zeit für eine Veränderung ist!

Achten Sie auf Anhaltspunkte in Ihrer Umgebung!

Es gibt auch noch eine weitere Möglichkeit, festzustellen, ob Sie beruflich auf dem richtigen Weg sind: Achten Sie auf subtile Zeichen in Ihrer Umgebung. Vielleicht erinnern Sie sich noch an das Spiel

»Warm oder kalt« aus Ihrer Kindheit. In meiner Familie wurde es so gespielt: An jedem Ostersonntag versteckte der Osterhase im ganzen Haus Pennys sowie ein Körbchen mit Süßigkeiten für meine Geschwister und mich. Wenn wir unseren Korb nach stundenlanger Suche immer noch nicht gefunden hatten, spielten unsere Eltern mit uns »Warm oder kalt«. Je weiter wir uns vom Osterkörbchen entfernten, umso »kälter« wurde es. »Jetzt wird es ganz kalt – du wirst gleich zum Eisblock«, sagten meine Eltern dann. Und wenn die Richtung stimmte, in der wir suchten, sagten sie: »Jetzt wird es warm ... immer wärmer ... gleich fängst du an zu kochen!« So fanden wir dann früher oder später unser Körbchen.

> *Zu keiner Zeit haben die Gelehrten so wenig auf die göttlichen Möglichkeiten im Menschen vertraut wie heute.*
>
> GOPI KRISHNA

Gewöhnen Sie sich an, in Ihrer jetzigen Lebenssituation nach Anhaltspunkten zu suchen, ähnlich wie beim »Warm-oder-kalt«-Spiel. Wenn Sie unglücklich sind und sich immer wieder bei negativen Gedanken ertappen – zum Beispiel, dass es besser wäre, von einem Bus überfahren zu werden und einen Monat lang im Streckverband zu liegen, als weiter zu Ihrer Arbeit gehen zu müssen –, ist das ein Hinweis darauf, dass Sie die Weiche falsch gestellt haben. Wenn Sie dagegen auf dem richtigen Weg sind, kommt Ihr Körper förmlich in Fahrt: Ihr Puls schlägt schneller, Sie sind aufgeregt und hellwach – das ist ein gutes Zeichen dafür, dass Sie auf das richtige Ziel zusteuern! Und sobald Sie Ihr »Geschenkkörbchen« im übertragenen Sinn gefunden haben, können Sie sich hinsetzen und den Inhalt genießen. Denn wenn Sie sich auf dem richtigen Weg befinden, wird Ihr Leben gleich viel einfacher werden!

Gewinnen Sie eine neue Einstellung zu Ihren Ängsten: Warum es wichtig ist, einen Plan B zu haben

Wenn Sie die Schritte in diesem Programm durchgearbeitet haben, werden Ängste wahrscheinlich kein großes Problem mehr für Sie sein. Dennoch ist es nicht ausgeschlossen, dass Sie sich insgeheim immer noch vor der Veränderung und dem neuen Lebensstil fürchten, den diese Übergangszeit möglicherweise mit sich bringt. Und diese Angst kann Sie in Ihren Entscheidungen beeinträchtigen. Ich erinnere mich noch an ein Seminar, bei dem der Moderator alle Teilnehmer, denen ihr Job keinen Spaß machte, aufforderte aufzustehen. Damals arbeitete ich noch bei der Bank, also erhob ich mich sofort und mit mir eine ganze Reihe anderer Leute. Dann provozierte er uns: »Kündigt euren Job noch heute und macht stattdessen etwas, das euch Freude bereitet.« Da brach mir der kalte Schweiß aus. Angst und Panik waren meine erste Reaktion – und das mit gutem Grund: Damals steckte ich bis über beide Ohren in Kreditkartenschulden und zahlte eine hohe Miete für eine Wohnung in Manhattan, die ich nicht von heute auf morgen kündigen konnte. Außerdem hatte ich keine Ahnung, was ich beruflich machen wollte – ich wusste nur, dass ich nicht bei einer Bank arbeiten wollte! Auch wenn ich meine Stelle noch so gerne gekündigt hätte, ich konnte es mir einfach nicht leisten. Und wenn Sie womöglich noch Kinder zu versorgen haben und eine Hypothek abzahlen müssen, ist es kein Wunder, wenn sich beim Gedanken an eine Kündigung sofort Ihre Nackenhaare aufstellen! Die Angst ist unser Freund. Sie verrät uns, wann wir Gefahr laufen, von einem Bären gefressen zu werden oder von einer Klippe zu stürzen. Also hören Sie auf die innere Stimme, die Sie warnt!

> *Tue das, was du fürchtest, und das Ende der Furcht ist gewiss.*
>
> RALPH WALDO EMERSON

Eine einfache Methode, Ihre Ängste zu überwinden, besteht darin, sie zu verstehen. Nehmen Sie sich also ein paar Minuten Zeit, diese Sorgen genau unter die Lupe zu nehmen. Wovor haben Sie eigentlich Angst? Schreiben Sie es auf. Malen Sie sich das Worst-Case-Szenario aus: Was könnte schlimmstenfalls passieren, wenn ich meinen Job kündige? Ist diese Annahme realistisch und begründet, oder sehe ich die Sache viel zu dramatisch? Mit anderen Worten: müssten Sie dann tatsächlich als Stadtstreicherin auf der Straße leben, oder haben Sie Freunde und Angehörige, bei denen Sie so lange unterkriechen könnten, bis Sie Ihr Leben wieder in geordnete Bahnen gelenkt haben?

Die meisten Ängste verringern sich auf wundersame Weise proportional zu den finanziellen Rücklagen, die wir bilden. Über je mehr Ersparnisse Sie verfügen, umso weniger Sorgen werden Sie sich machen. Denn dann können Sie es sich leisten, ein Risiko einzugehen. Sie wissen, dass Sie die nötigen Reserven haben, um die eine oder andere Durststrecke zu überstehen. Fürchten Sie sich also nicht davor, etwas Neues auszuprobieren – sei es der Wechsel in einen neuen Beruf oder der Schritt in die Selbstständigkeit. Doch leider sind nicht alle Menschen in dieser glücklichen Lage.

Wie ich bereits erzählt habe, hatte meine Klientin Melissa Todd, die Inhaberin von Hip Hounds, Angst davor, auf ihr regelmäßiges Einkommen in der Anwaltskanzlei zu verzichten. Diese Sorge war einer der Gründe, die sie davon abhielten, ihren Job dort hinzuschmeißen und sich ganz ihrem neuen Vorhaben zu widmen, dabei hatte sie eigentlich genügend Ersparnisse auf die Seite gelegt. Dennoch fürchtete sie, dass das Geld nicht reichen könnte. Erst als die Diskrepanz zwischen ihren wichtigsten Wertvorstellungen und denen ihres Arbeitgebers offen zutage trat, wagte sie endlich den großen Sprung, kündigte ihre Stelle und nahm sich von nun an fulltime ihres Unternehmens an – eine mutige Entscheidung inmitten einer der schlimmsten Rezessionen seit der großen Depression. Ihr Vater hielt sie für verrückt, weil sie die Sicherheit ihres festen Jobs aufgab. Aber Melissa hat genau über ihre Ängste nachgedacht und sich das Worst-Case-Szenario ausgemalt: dass Hip Hounds tatsächlich pleitegehen würde. Doch selbst in diesem schlimmsten Fall konnte sie als Juristin jederzeit wieder eine neue Stelle finden. Und als sie erkannte, dass ihr Worst-case-Szenario eigentlich gar nicht so tragisch war, hatte sie auch keine Angst mehr davor zu kündigen. Endlich war ihr klargeworden, dass sie mehr zu verlieren hatte, wenn sie bei ihrem jetzigen Arbeitgeber blieb, als wenn sie ihren Job in der Anwaltskanzlei an den Nagel hängte und sich ausschließlich ihrer Hundetagesstätte widmete, die immer besser lief. Immerhin war ihr Unternehmen, das die meisten Experten als Luxusdienstleistung betrachten würden (eine Nobel-Hundetagesstätte mit Kost und Logis), in der tiefsten Rezession um 15 Prozent gewachsen! Das zeigt, wie viel Wert die Leute auf eine gute Versorgung ihrer Haustiere legen.

Es lohnt sich, Wege zu finden, wie Sie Ihre Ängste abbauen oder vielleicht sogar ganz ausschalten können. Wenn Sie fürchten, dass Ihr Geld nicht reicht, fangen Sie an, 50 Prozent Ihres Einkommens auf die Seite zu legen, indem Sie Ihre Ausgaben drastisch reduzieren. Zahlen Sie alle Ihre Schulden ab, schließen Sie eine Arbeitsunfähigkeitsversicherung ab, solange Sie noch fest angestellt sind, und sparen Sie so viel Geld auf einem Geldmarkt- oder Sparkonto an, dass Sie zwei Jahre lang davon leben könnten. Erst dann sollten Sie Ihre Kündigung einreichen. Außerdem ist es sinnvoll, sich einen Plan B zurechtzulegen für den Fall, dass Plan A nicht funktioniert. Mein Plan B sah so aus, dass ich den Geschäftsführer eines italienischen Restaurants in meiner Gegend fragte, ob er mich als Empfangsdame beschäftigen würde, falls ich in einen finanziellen Engpass geraten sollte, während ich mein Coaching-Unternehmen aufbaute. Er sagte zu. Einmal bat er mich sogar, zu kommen und bei ihm auszuhelfen, aber leider war ich zu beschäftigt mit meinen Coaching-Klienten!

Sollten Sie fürchten, Ihre Miete oder Hypothek nicht mehr bezahlen zu können, ist es vielleicht sinnvoll, Freunde und Angehörige zu fragen, ob sie Sie im Fall eines finanziellen Disasters bei sich aufnehmen würden. Schon allein das Wissen, dass man irgendwo unterkriechen kann, wo man willkommen ist, kann viele unnötige Ängste lindern.

Wenn Sie befürchten, nicht genügend Talent zu haben, um in Ihrem Traumjob erfolgreich zu sein, investieren Sie lieber erst mal ein bisschen Zeit und Geld, um verschiedene computergestützte Persönlichkeitstests zu machen. So gewinnen Sie schnell Klarheit darüber, ob Ihre Begabung für die Laufbahn ausreicht, die Sie gern beruflich einschlagen würden (nähere Informationen dazu finden Sie im Abschnitt »Literaturhinweise und sonstige Tipps«). Stattdessen können Sie sich auch erst mal an Ihren freien Abenden und Wochenenden mit der gewünschten Tätigkeit beschäftigen, um die erforderlichen Talente oder Fähigkeiten zu entwickeln. Belegen Sie Kurse oder Seminare, um eine angemessene Grundlage zu schaffen. Diese vorbereitenden Aktivitäten können Ihnen auch Aufschluss darüber geben, ob die neue Arbeit oder Karriere Ihnen überhaupt Spaß machen würde!

Vielleicht fragen Sie sich immer noch, ob das, was ich Ihnen zu Beginn dieses Buches versichert habe, wirklich stimmt: Ist es tatsächlich möglich, in der Freizeit seine Traumkarriere zu finden oder sich selbstständig zu machen? Die Antwort ist ein eindeutiges »Ja«!

ERFOLGSSTORY

Die Studentin, die nach dem Abschluss eine Wohltätigkeitsorganisation gründete

Quinn Simpson ist Mitbegründerin von Akosia.org, ein Projekt, das ein Sommerprogramm für Straßenkinder in Ghana anbietet. Außerdem hat sie das Stepping-up-Programm ins Leben gerufen, das 16- bis 24-jährige junge Menschen coacht, und sie ist selber als Coach tätig. Quinn ist 27 Jahre alt und nicht mehr zu bremsen, seit sie ihre wahre Leidenschaft entdeckt hat. Ursprünglich hatte sie geglaubt, Fotografin werden zu wollen. Fotos zu machen begeisterte sie, sie war darin auch sehr gut und überzeugt davon, dass das ihr Beruf werden würde. Doch dann nahm sie einen Job an, bei dem sie Standfotos für eine Fernsehshow schießen musste. Schon nach einer Woche wusste sie, dass diese Arbeit sie nicht befriedigte – ihr wurde klar, dass sie das Bedürfnis hatte, anderen Menschen zu helfen. Nur indem sie es ausprobierte, hatte sie herausfinden können, dass ihre ursprüngliche Berufswahl falsch gewesen war.

Nachdem Quinn ihre ersten Erfahrungen hinter der Kamera gesammelt hatte, erkannte sie, dass sie zur Sozialarbeiterin bestimmt war: Sie war überzeugt, damit beruflich den richtigen Weg einzuschlagen. Also studierte sie Sozialarbeit und begann gleichzeitig, arme Familien in Schottland zu betreuen. Diese Arbeit deprimierte sie – nicht nur weil diese Menschen so arm waren, sondern auch weil sie wusste, dass sie für sie tun konnte, was sie wollte: Es würde niemals ausreichen. Also gab sie ihr Sozialarbeit-Studium auf und begann im dritten Studienjahr mit Anthropologie und Soziologie – ohne genau zu wissen, was sie später einmal damit anfangen sollte. Erst in ihrem vierten Studienjahr – inzwischen hatte ihre Mutter ihr mein Buch *Coach dich selbst, sonst coacht dich keiner* geschickt, und sie hatte auch schon Seminare und Telefonkurse bei mir belegt – kam sie auf die Idee, dass Coaching das Richtige für sie sein könnte. Als sie ihren Abschluss in der Tasche hatte, belegte Quinn nicht nur eines, sondern gleich zwei der besten Coaching-Schulungsprogramme. Inzwischen berät sie junge Menschen dabei, wie sie ihre wahre Berufung im Leben finden können. Außerdem dreht sie zusammen mit afrikanischen Straßenkindern einen Film. Ihre Vision ist es, Coaching zu einem festen Bestandteil der Ausbildung junger Leute zu machen. Ihr übergeordnetes Ziel besteht darin, eine Fernsehtalkshow zu moderieren. Ich bin fest davon überzeugt, dass sie es schaffen wird.

Quinn wartet nicht auf morgen und nimmt das, was sie tun will, sofort in Angriff. Und wenn es nicht funktioniert, probiert sie einfach etwas anderes aus. Sie hatte es nicht immer einfach. Von neun Uhr morgens bis fünf Uhr abends coachte sie in London Klienten, abends versorgte sie einen alten behinderten Mann, um sich ihren Lebensunterhalt zu verdienen. Quinn hat in ihrem Leben immer wieder mit neuen Ideen herumexperimentiert – mit dem Erfolg, dass sie schon in sehr jungen Jahren die große Leidenschaft ihres Lebens entdeckt und bereits drei Unternehmen gegründet hat, für die sie brennt.

Hier ein Interview von Talane mit ihrer Klientin Quinn:

Was hat dich zu einer beruflichen Veränderung bewogen?

Etwas, das du in dem Telefonseminar »Coach Yourself to Success« sagtest und was ich nie vergessen werde: »Man muss das Leben führen, das man sich wünscht, noch ehe man es sich leisten kann.« Du hast empfohlen, mit etwas ganz Einfachem zu beginnen – zum Beispiel eine Putzhilfe zu engagieren, auch wenn man noch gar nicht besonders reich ist. Man solle die Zukunft, nach der man sich sehnt, gleich leben.

Was war für dich das Beste an dem neuen Weg, den du eingeschlagen hast?

Der Montag ist mein Lieblingstag! Ich habe keine Ahnung, welche Chancen und Menschen mir im Lauf der kommenden Woche über den Weg lau-

fen werden. Ich gestalte meine Woche selbst. Ich entscheide, was passiert. Und es begeistert mich, Menschen zu coachen! Nach so einem Telefonat bin ich voller Energie. Ich liebe mein Leben, und ich liebe es, ich selbst zu sein.

Wie hast du deine Angst vor der Veränderung überwunden?

Ich bin von Natur aus ein risikofreudiger Mensch. Schon mit elf Jahren wurde mir klar, dass ich nicht »cool« war, denn ich versuchte immer so zu sein wie alle anderen. Also hörte ich damit auf, wurde »cool« – und plötzlich wollten alle mit mir befreundet sein. Man sollte sich nicht so viele Gedanken darüber machen, was die anderen Leute denken oder was wohl passieren mag. Wir alle fürchten uns vor irgendetwas: Überwinde diese Ängste! Du hast nur eine einzige Chance. Das Leben ist kostbar. Es ist normal, Angst zu haben. Wage es trotzdem, einen Schritt zu machen. Tauche deinen Zeh ins kalte Wasser – trau dich aus deiner Komfortzone heraus. Stell dir die Dinge, die dir unangenehm sind oder Angst einjagen, als eine Art Schwimmbecken vor, und taste dich dann langsam hinein. Und geh nicht wieder raus, bleib drin. Ich zum Beispiel war früher gar keine gute Networkerin. Ich hatte ein bisschen Angst davor, mich darauf einzulassen, und wusste eigentlich auch nicht so genau, wie ich es anstellen sollte. Das weiß man immer erst, wenn man es versucht. Also tauch einfach einen Zeh ins kalte Wasser.

Welchen Rat würdest du anderen Leuten geben, die sich beruflich neu orientieren möchten?

Ich bin fest davon überzeugt, dass jeder Mensch in seinem Leben ein Ziel verfolgt und ein ganz besonderes Talent hat. Jeder hat einen Traum, auch wenn er vielleicht im Verborgenen vor sich hinvegetiert, er ist trotzdem da. Und diesen Traum kann man nur finden, indem man sich Zeit nimmt, danach zu suchen. Ich dachte stundenlang darüber nach, wer ich eigentlich bin, und machte mir dabei immer wieder Gedanken über meine Erfahrungen. Viele Menschen suchen die Antwort auf diese Frage außerhalb ihrer selbst. Wir müssen jedoch in uns hineinschauen, und im Grunde genommen wissen wir das auch. Frag dich einfach: »Was ist mein Traum?«

Mit Magie geht alles besser!

Weitere Tipps für Ihren beruflichen Erfolg

Mach keine kleinen Pläne. Sie haben nicht den Zauber, um unser Blut in Wallung zu bringen.

DANIEL HUDSON BURNHAM

Nachdem Sie nun mein Sieben-Schritte-Programm für den erfolgreichen Sprung in eine neue Karriere kennen, möchte ich Ihnen noch ein paar weitere Tipps und Tricks mit auf den Weg geben. Ich habe nämlich festgestellt, dass es niemals schaden kann, dem Erfolg mit ein bisschen Magie auf die Sprünge zu helfen! Vielleicht kommt Ihnen das anfangs etwas abwegig vor, doch mein eigenes Leben und der berufliche Werdegang vieler meiner Klienten beweisen, dass diese Tricks tatsächlich funktionieren. Und zwar auch dann, wenn man nicht daran glaubt – warum probieren Sie sie nicht aus, nur so zum Spaß, und lassen sich dann einfach überraschen? Die Anwendung dieser Strategien kostet nicht viel Zeit oder Geld, Sie können dabei praktisch nichts verlieren – und alles gewinnen.

> *Dem Wagemutigen hilft das Glück.*
>
> **VERGIL**

Feng-Shui-Tipps für mehr Erfolg im Beruf

Haben Sie das Gefühl, auf der Stelle zu treten oder in einem Job festgefahren zu sein, der Ihnen keinen besonderen Spaß macht? Sind Sie auf Arbeitssuche oder möchten Sie in Ihrem jetzigen Beruf auf der Karriereleiter endlich eine Stufe weiterkommen? Dann sollten Sie vielleicht ein bisschen mit Feng-Shui herumexperimentieren. Eines meiner Lieblingsbücher zu diesem Thema ist *Move Your Stuff, Change Your Life* von Karen Rauch Carter. Inzwischen befürworte ich durchaus die Anwendung einfacher Feng-Shui-Techniken, nachdem ich anfangs sehr skeptisch gewesen bin. Hier ein paar Tipps, die Ihnen neue berufliche Chancen eröffnen können. Dabei handelt es sich zwar nur um eine grobe Vereinfachung der uralten Lehre des Feng-Shui, doch als Ausgangspunkt eignen sie sich ganz gut:

- **Achten Sie darauf, dass Ihr Schreibtisch zur Tür zeigt, ihr aber nicht genau gegenübersteht.** Sitzen Sie auf keinen Fall mit dem Rücken zur Tür! Sie müssen sehen können, wer Ihr Büro betritt. Ihr Schreibtisch sollte aber auch nicht direkt gegenüber der Tür stehen. Wichtig ist nur, dass Sie von Ihrer Arbeit hochschauen und sehen können, wer hereinkommt. Für einen Arbeitsplatz im Großraumbüro gilt die gleiche Regel: Wenn Sie es nicht so einrichten können, dass Ihr Schreibtisch zum Eingang zeigt, sollte er zumindest seitlich dazu stehen, damit Sie immer gleich sehen können, wer gerade das Büro betritt. Falls das nicht gehen sollte, hängen Sie einen kleinen Spiegel oder irgendeinen anderen reflektierenden Gegenstand so hin, dass Sie merken, wenn sich Ihnen von hinten jemand nähert. Halten Sie es so nicht nur im Büro, sondern auch in Ihrem Home-Office.

➤ **Stellen Sie Ihre Bücherregale – die am besten aus Holz sein sollten – rechts und links von Ihrem Stuhl hinter den Schreibtisch, sodass Sie auf beiden Seiten von Büchern eingerahmt sind.** Diese Anordnung der Möbel verleiht Ihnen automatisch Autorität und flößt anderen Menschen Respekt ein. Vielleicht halten Sie das wie ich anfangs für albern, aber Feng-Shui hat einen subtilen und doch sehr starken Effekt. Ich wünschte, ich hätte das damals schon gewusst, als ich einem großen New Yorker Verleger mein erstes Buch *Coach dich selbst, sonst coacht dich keiner* anbot. Ich war die zweite Person, die den Konferenzraum betrat, in dessen Mitte ein großer runder Tisch stand, und hatte daher die Wahl zwischen sämtlichen freien Plätzen. An einer Seite des Raumes befanden sich Bücherregale, die andere Wand war aus Glas. Instinktiv wählte ich nicht den Stuhl, der mit dem Rücken zur Tür zeigte, vor allem weil es wohl unpraktisch gewesen wäre, denn nach mir würden ja noch mehr Leute hereinkommen. Nach kurzem Zögern setzte ich mich mit dem Rücken zum Fenster, das einen Ausblick über Manhattan bot. Obwohl meine Präsentation bei dem Verlagsteam offenbar einschlug wie eine Bombe und ich ein sehr gutes Gefühl hatte, erklärte meine Agentin mir hinterher am Telefon, mein Coaching-Konzept habe den Verlagsleuten zwar gefallen, aber ich würde in ihren Augen doch nicht genügend Autorität und Glaubwürdigkeit ausstrahlen. Ich könnte darauf wetten: Hätte ich damals mit dem Rücken zur Bücherwand gesessen, hätte ich meinen Autorenvertrag sofort in der Tasche gehabt, da mir die Bücher den Nimbus einer Autoritätsperson verliehen hätten. Subtile Unterschiede wie dieser können darüber entscheiden, ob man einen Job bekommt oder nicht.

- **Hängen Sie hinter Ihrem Schreibtischstuhl ein schönes Gemälde oder Kunstwerk auf.** Das könnte ein Bild sein, das Ihnen gefällt oder Sie inspiriert oder eine Atmosphäre der Ruhe und des Friedens verbreitet. Es wird Sie jedes Mal willkommen heißen, wenn Sie Ihr Büro betreten. Außerdem verleiht es Ihrem Arbeitsplatz eine persönliche Note. Falls Sie sich Respekt verschaffen möchten, achten Sie darauf, dass es sich dabei um das Werk eines anerkannten Künstlers handelt. Dieses Gemälde bildet gewissermaßen den Rahmen, in dem Sie sich an Ihrem Arbeitsplatz präsentieren. Achten Sie also darauf, dass es die gewünschte Botschaft vermittelt.

- **Der Haupteingang zu Ihrem Haus wird gewöhnlich mit Ihrer beruflichen Karriere in Verbindung gebracht.** Betreten Sie Ihr Haus normalerweise durch den Haupteingang, oder benutzen Sie immer eine Seiten- oder Hintertür? Trifft Letzteres auf Sie zu, könnte es ein Spiegel dafür sein, dass Sie bei Beförderungen oder Stellenausschreibungen ständig übergangen werden. Wie wäre es, wenn Sie Ihr Haus zur Abwechslung einmal durch den Vordereingang betreten? Einer meiner Klienten stellte bei dieser Gelegenheit fest, dass er die Haustür von außen gar nicht öffnen konnte, ohne sich den Fingerknöchel aufzuschrammen – sie hatte nicht den richtigen Türknauf! Kein Wunder, dass sich für ihn im Berufsleben nicht leicht »neue Türen« öffneten. Daraufhin ließ er den Knauf auswechseln, und ein paar Tage später wurde ihm angeboten, eine eigene Rundfunksendung zu moderieren. Davon hatte er schon immer geträumt, aber nicht gewusst, wie er an so einen Job herankommen sollte.

- **Achten Sie darauf, dass Ihre Haus- oder Wohnungstür Autorität ausstrahlt, aber gleichzeitig auch sauber und in Ordnung ist und einladend wirkt.** Räumen Sie alles weg, was den Eingang verstellt. Prüfen Sie, ob die Tür sich leicht öffnen und schließen lässt und nirgendwo festhängt. Vergewissern Sie sich, ob die Klingel funktioniert. Außerdem sollte der Eingangsbereich hell und lichtdurchflutet sein. Wenn Ihr Haus eine Flügeltür hat, stellen Sie bitte keine Topfpflanze oder Statue vor einen der beiden Flügel, weil dadurch Ihr Chi – die gute Energie – zur Hälfte blockiert wird.

- **Falls Sie das Gefühl haben, sich vor bösartigen Kollegen oder Chefs schützen zu müssen, benutzen Sie Symbole oder Figuren.** Stellen Sie ein Löwen- oder Hundepaar auf, das Ihre Haustür symbolisch bewachen soll, und streichen Sie die Tür rot an (das ist die Farbe des Schutzes). Dieser Feng-Shui-Zauber für zu Hause kann Ihnen auch am Arbeitsplatz Schutz bieten. Wahrscheinlich ist es weder möglich noch besonders sinnvoll, vor dem Eingang des Großraumbüros, in dem Sie arbeiten, zwei Löwenfiguren aufzustellen!

- **Integrieren Sie das Element Wasser in Ihr Haus oder Ihre Wohnung.** Hängen Sie im Eingangsbereich einen Spiegel auf. Er symbolisiert Wasser, und Wasser wiederum verhilft zu beruflichem Erfolg, weshalb in fast allen chinesischen Restaurants ein Aquarium mit Fischen steht. Glas, Wasser und die Bewegungen der Fische fördern den Fluss positiver Energie. Eine mit Wasser gefüllte Glasvase mit ein paar Blumen erfüllt den gleichen Zweck, ebenso wie notfalls Seidenblumen und die Plastikimitation einer Wasserfläche.

- **Seien Sie vorsichtig mit Fotos oder Gemälden, die Sie im Eingangsbereich Ihres Zuhauses aufhängen.** Diese Bilder sollten unbedingt für etwas stehen, das Sie sich wünschen. Einer meiner Klienten war verheiratet und wohnte in einer schönen Wohnung in Amsterdam. Links neben seiner Wohnungstür hing der Druck eines schockierenden Gemäldes von Salvador Dalí: Es zeigt einen Tiger, der im Begriff ist, eine nackte Frau zu verschlingen. Dass es sich um das Werk eines berühmten Künstlers handelt, ändert nichts an der Brutalität dieser Szene. Später erfuhr ich, dass die beiden ein sehr unbefriedigendes Privatleben führten und auch in beruflicher Hinsicht ständig mit Schwierigkeiten zu kämpfen hatten. In Anbetracht des Sujets dieses Gemäldes, das zu allem Überfluss auch noch im »Karrierebereich« ihrer Wohnung hing, wundert mich das nicht.

- Entrümpeln Sie Ihr Haus bzw. Ihre Wohnung und Ihren Arbeitsplatz. Das habe ich Ihnen in diesem Buch schon öfter ans Herz gelegt, denn es ist sehr wichtig für Ihren beruflichen Erfolg! In der Welt des Feng-Shui steht Unordnung für stagnierende Energie. Wenn Sie also das Gefühl haben, beruflich auf der Stelle zu treten, oder Ihre Arbeit Ihnen keinen Spaß macht, räumen Sie erst mal auf! Beginnen Sie mit dem Eingangsbereich, und arbeiten Sie sich dann Zimmer für Zimmer vor. Falls Sie das überfordern sollte, nehmen Sie eine Einkaufstüte, stecken Sie jeden Tag sechs Sachen hinein, die Sie problemlos entbehren können, und bringen Sie die Tüte einer Wohltätigkeitsorganisation, die Sie gern unterstützen möchten. Machen Sie das eine Woche lang. Bald werden Sie nicht mehr das Gefühl haben, beruflich nicht weiterzukommen, sondern im Gegenteil auf dem besten Weg sein, erfolgreich Karriere zu machen. Manche meiner Klienten ziehen sofort, wie auf magische Weise einen Super-Job an, sobald sie ihre Wohnung entrümpelt haben, und brauchen die anderen Übungen meines Programms gar nicht mehr zu machen.

Diese Tipps funktionieren immer – egal, ob Sie in einem Haus, einer Wohnung oder irgendeinem anderen Domizil leben. Ich weiß, dass die Prinzipien des Feng-Shui auf Menschen aus unserem westlichen Kulturkreis ziemlich skurril wirken, aber sie lassen sich leicht anwenden und kosten auch kein Vermögen. Warum probieren Sie es nicht einfach aus? Schließlich können Sie dabei nur gewinnen: Umso besser, wenn sie wirken, falls nicht, haben Sie nichts verloren. Sie können die Anwendung dieser Tipps in jedem Fall als wirksames Ritual betrachten, das Sie bei Ihrem beruflichen Erfolg unterstützen wird. Im asiatischen Raum wird die Kunst des Feng-Shui schon seit über zweitausend Jahren praktiziert und erfreut sich weltweit immer größerer Beliebtheit, folglich muss doch wohl irgendetwas dran sein!

Die Macht des geschriebenen Worts

Falls Ihnen diese Aussage irgendwie bekannt vorkommt, haben Sie sie vielleicht in meinem ersten Buch *Coach dich selbst, sonst coacht dich keiner* gelesen. Diese Methode dahinter ist so wirkungsvoll, dass es sich lohnt, sie hier noch einmal aufzugreifen. Es gibt ein sehr interessantes Buch mit dem Titel *Write It Down, Make It Happen* von Henriette Anne Klauser, in dem die Autorin anhand vieler faszinierender Geschichten veranschaulicht, wie wirksam es sein kann, Dinge, die man sich herbeisehnt, einfach aufzuschreiben. Das ist der erste Schritt zur Erfüllung Ihrer Wünsche – Ihre Hoffnungen, Träume und Sehnsüchte aus der Welt der Fantasie in die reale Welt zu holen. Denn in dem Augenblick, in dem Sie Ihre Gedanken zu Papier bringen, entwickeln sie ein Eigenleben. Sie befinden sich jetzt nicht mehr nur in Ihrem eigenen Kopf, sondern existieren in der physischen Welt. Sie können sie lesen, sehen und das Papier berühren, dem Sie Ihre Wünsche anvertraut haben.

> *Jeder Mensch kann garantiert eine Sache besser als alle anderen Leute – und das ist normalerweise das Lesen seiner eigenen Schrift.*
>
> G. NORMAN COLLIE

Ein brillanter Gedanke kann als plötzliche Erkenntnis in Ihnen aufsteigen und Ihnen in der nächsten Sekunde wieder entfallen. Nehmen Sie sich jedoch einen Augenblick Zeit, um ihn aufzuschreiben, geht er nicht verloren. Im Bruchteil einer Sekunde können Ihnen tiefe Einsichten kommen, etwa während Sie unter der Dusche stehen, gerade ins Bett gehen wollen oder zur Arbeit fahren. Gewöhnen Sie sich also an, immer Bleistift und Notizblock neben dem Bett, in Ihrem Portemonnaie oder Ihrer Brieftasche und im Auto zu haben – und wenn eine Idee Sie fesselt, schreiben Sie sie sofort auf. Manche meiner Klienten haben stattdessen immer ein kleines Aufnahmegerät dabei, mit dem sie ihre Gedanken aufnehmen. Wählen Sie einfach die Methode, die bei Ihnen am besten funktioniert.

Sie können sich aber nicht nur gute Ideen notieren, sondern die Macht des geschriebenen Worts auch dazu nutzen, bestimmte Ziele zu erreichen oder sich Wünsche zu erfüllen. Sich dabei immer nur auf ein größeres Ziel oder einen Wunschtraum zu konzentrieren, ist optimal. Wenn man an zu vielen Zielen oder Projekten gleichzeitig arbeitet, verzettelt man sich nur. Sobald Sie entschieden haben, welches Ihrer Ziele das wichtigste ist, schreiben Sie es fünfzehnmal pro Tag auf einen Zettel – so lange, bis es in Erfüllung gegangen ist. Und so gehen Sie vor: Formulieren Sie Ihr Ziel im Präsens und beginnen Sie Ihren Satz mit »Ich … [hier bitte Ihr Ziel einsetzen]«. Statt zu schreiben: »Am 22. September 2013 werde ich 150.000 Dollar verdienen«, schreiben Sie also: »Ich verdiene 150.000 Dollar pro Jahr als [hier bitte Ihr Ziel einsetzen]«. Falls Ihr Wunsch sich trotzdem nicht erfüllen sollte, liegt das vielleicht daran, dass dies nicht in Ihrem besten Interesse oder im Interesse der anderen Beteiligten liegt. So wäre es beispielsweise nicht sehr klug, Ihren Konkurrenten oder Ihrem Chef den Tod zu wünschen. Ihre Gedanken und Ziele sollten immer hundertprozentig positiv sein. Negative Gedanken fallen in Form negativer Resultate auf Sie zurück. Was für ein Mensch möchten Sie gern sein oder was wollen Sie erreichen? Schreiben Sie Ihr sehnlichstes »Ich …«-Statement fünfzehnmal am Tag auf einen Zettel, und der Flaschengeist des Universums wird sich an die Arbeit machen.

> *Ich wollte mir ein Exemplar des Buches* Die Macht des positiven Denkens *kaufen, aber dann dachte ich mir: »Was zum Teufel soll das bringen?«*
>
> RONNIE SHAKES

Diese Technik ist auch sehr wirksam, wenn Sie um eine Gehaltserhöhung bitten oder Ihren Klienten mitteilen möchten, dass Sie Ihre Honorare erhöhen müssen oder mit Ihrem neuen Arbeitgeber Ihr Gehalts- und Leistungspaket aushandeln. Meine Klientin Catherine, eine leitende Angestellte, wandte diese Methode an, ehe sie mit ihrem potenziellen neuen Arbeitgeber über ihr Einkommen verhandelte. Ich riet ihr, das Stellenangebot nicht anzunehmen, wenn es nicht so gut war, dass sie vor Begeisterung förmlich Luftsprünge machte. Das, was man ihr geboten hatte, war zwar schon ganz gut, aber wirklich angetan war sie davon nicht. Ich hörte ihrer Stimme an, dass sie Bedenken hatte, ob sie den Job unter diesen Bedingungen überhaupt annehmen sollte. Da forderte ich Catherine auf, eine Liste all der Dinge aufzustellen, die sie sich in ihrem neuen Job wünschte: Basisgehalt, Bonuszahlungen, Sozialleistungen, Sonderzulagen usw. Sie nahm sich Zeit, gründlich über ihre Wunschvorstellungen nachzudenken, und brachte dann alles zu Papier, was ihr einfiel. Als Nächstes schrieb Catherine immer wieder »Ich verdiene bei der Firma XYZ ______________ Dollar pro Jahr« auf einen Zettel – so lange, bis sich das für sie hundertprozentig plausibel anhörte. Wenn man einen Satz wie diesen oft genug wiederholt, programmiert man sein Gehirn darauf, zu glauben, dass das Formulierte wahr bzw. erreichbar ist. Denn wenn Sie etwas nicht für möglich halten, wird es wahrscheinlich auch nicht passieren!

Nun konnte Catherine zu ihrem potenziellen neuen Arbeitgeber gehen und Punkt für Punkt aufzählen, welche Voraussetzungen erfüllt sein mussten, damit sie kündigte. Sie konnte ihre Forderungen – die nicht gerade bescheiden waren! – voll ruhigem, kühlem Selbstvertrauen vorbringen. Heute weiß sie: hätte sie die Sache vorher nicht so genau durchdacht, hätte sie sich womöglich dazu verleiten lassen, das niedrigere Angebot zu akzeptieren. Doch dadurch, dass sie alles genau aufschrieb, wurde sie sich über ihre Wünsche klar. Ohne diese Vorbereitungsarbeit hätte sie nie die ruhige Selbstsicherheit und Kühnheit besessen, ihre Bedingungen zu stellen, meint sie. Und es kam, wie es kommen musste: Alle ihre Forderungen wurden erfüllt! Man sollte grundsätzlich mehr verlangen, als man verdient zu haben glaubt.

Also schreiben Sie Ihren Wunsch fünfzehnmal pro Tag auf einen Zettel, um ihn Ihrem Gehirn so lange einzuhämmern, bis sie an seine Machbarkeit glauben. Seien Sie darauf gefasst, dass sich beim ersten Mal alle negativen Stimmen in Ihrem Kopf tadelnd zu Wort melden werden: »Wie kannst du so viel Geld verlangen? Wofür hältst du dich denn? Das bekommst du doch sowieso nie. Du spinnst wohl! Kein Mensch kriegt so viel Urlaub.« Schreiben Sie Ihren Satz einfach immer wieder auf, bis es so weit ist, dass die Stimmen in Ihrem Kopf sagen: »Klar kannst du das erreichen. Ist doch ein Kinderspiel. Was soll daran so schwierig sein?« Dann wissen Sie, dass es

Ihnen gelungen ist, mental von »Wollen« auf »Haben« umzuschalten. Holen Sie also Ihren Kugelschreiber heraus und nutzen Sie die Macht des geschriebenen Wortes!

Kreativ visualisieren

Kreatives Visualisieren ist eine einfache Technik, die durch Shakti Gawains Buch mit dem gleichnamigen Titel bekannt geworden ist. Positive Gedanken helfen, Ziele zu erreichen – sei es eine neue Karriere, ein Traumjob oder irgendein anderer unternehmerischer Erfolg. Dabei sollten Sie sich aber unbedingt das vorstellen, was Sie sich wünschen, und nicht das, was Sie vermeiden wollen. Ich coachte einmal eine sehr intelligente, fleißige Frau Mitte 20, die für die Vereinten Nationen arbeitete und von ihrem Chef gebeten wurde, eine Präsentation vor ungefähr 100 Leuten aus verschiedenen Ländern zu halten. Sie hatte das vorher noch nie gemacht und hatte verständlicherweise panische Angst davor. Die meisten Menschen fürchten sich mehr davor, in aller Öffentlichkeit eine Rede zu halten, als vor dem Tod – das ist alles andere als rational, doch es stimmt! Während sie sich auf ihre Präsentation vorbereitete, gingen ihr immer wieder Horrorszenarien durch den Kopf, in denen sie sich ausmalte, was alles schiefgehen könnte: Vielleicht würde sie den Faden verlieren, kein Wort herausbringen oder gar ohnmächtig auf dem Podium zusammenbrechen. Ich erklärte ihr, dass es besser für sie sei, diese Ängste vor ein paar Freunden und Angehörigen auszuleben, um sich davon zu befreien. Sie sollte ihnen zeigen, was ihren schlimmsten Vorstellungen zufolge während dieser Präsentation alles passieren könnte. Dadurch sollte ihr klarwerden, dass das kein Drama wäre: Man kann seine Notizen fallen lassen, ohnmächtig werden, den Faden verlieren und hinterher trotzdem weitermachen. Der »Testlauf« vor ihren Freunden hat ihr schließlich geholfen, ihre schlimmsten Ängste zu überwinden.

> *Fantasie ist wichtiger als Wissen.*
>
> ALBERT EINSTEIN

Als Nächstes arbeiteten wir mit positiver Visualisierung. Immer wenn sie sich bei einem negativen Gedanken ertappte, sollte sie innerlich einfach »Stopp« sagen und sich stattdessen die positive Entsprechung, sprich das Ergebnis vorstellen, das sie sich wünschte: wie die Leute hinterher auf das Podium kommen und ihr zu der gelungenen Präsentation gratulieren. Nachdem sie das visualisiert hatte, machte sie ihre Sache tatsächlich hervorragend und wurde von ihren Zuhörern sehr gelobt. Also nutzen Sie die Kraft Ihrer Gedanken, um sich die gewünschten Ergebnisse auszumalen, dann werden sie sehr wahrscheinlich auch eintreten.

> *Jemand, der keine Visionen hat, wird niemals eine hochgesteckte Hoffnung oder ein hohes Ziel verwirklichen.*
>
> WOODROW WILSON

Gönnen Sie sich ein bisschen Spaß

Nehmen wir an, zwei Dienstleister bewerben sich um einen Job. Beide sind gleich gut qualifiziert. Der eine geht regelmäßig einem Hobby nach, das ihn begeistert – sei es Wasserskifahren, Kitesurfen, Gesellschaftstanz, Stricken oder Basketball. Der andere hat wegen der Rezession begonnen, auf sämtliche Aktivitäten zu verzichten, die ihm Spaß machen. Da er zurzeit arbeitslos ist, lebt er so sparsam wie möglich und investiert seine ganze freie Zeit in die Suche nach neuen Aufträgen. Welcher dieser beiden Kandidaten wird wohl den Zuschlag bekommen? Natürlich der, der für jede Menge Spaß in seinem Leben sorgt. Ich weiß, das klingt unfair, aber wir fühlen uns nun mal eher zu Leuten hingezogen, die ihr Leben genießen, denn sie wirken entspannter und energiegeladener und machen den Eindruck, dass es mit ihnen einfach nett ist. Wer würde mit einem Menschen, der solche Eigenschaften hat, nicht gern zusammenarbeiten? Das gilt übrigens auch für Ihre Wirkung auf Kunden, sollten Sie selbstständig sein: Niemand will mit jemandem Geschäfte machen, der total gestresst und ausgelaugt wirkt.

Das bedeutet natürlich nicht, dass Sie ihre Kreditkarte übermäßig überziehen und ein verantwortungsloses oder gar gefährliches Leben führen sollen. Um jedoch den idealen Arbeitsplatz zu finden oder das Unternehmen Ihrer Träume aufbauen zu können, sollten Sie sich schon regelmäßig mit Dingen beschäftigen, die Ihre Stimmung heben und Ihnen neue Energie schenken – Aktivitäten, bei denen Sie sich lebendig und einfach großartig fühlen. Wenn Sie sich bisher Spaß versagt haben, ist es jetzt höchste Zeit, damit aufzuhören!

Programmieren Sie Ihr Gehirn auf Erfolg

Aussagen von Wissenschaftlern zufolge nutzen wir nur einen geringen Prozentsatz unseres Gehirns, mal eben 10 Prozent. Deshalb empfehle ich Ihnen dringend, auf Hilfsmittel zurückzugreifen, damit Sie auch die restlichen 90 Prozent Ihrer geistigen Kapazität ausschöpfen können. Warum wollen Sie die Macht Ihres Unterbewusstseins nicht nutzen, wenn Sie wissen, dass Ihnen mit diesen Techniken absolut nichts passieren kann? Das hat nichts mit Gehirnwäsche zu tun! Kreatives Visualisieren und das Ritual, fünfzehnmal pro Tag Ihre »Ich …«-Affirmation niederzuschreiben, haben Sie ja bereits kennengelernt. Mit beiden Methoden programmieren Sie Ihr Gehirn bewusst darauf, sich auf die Erreichung Ihrer Ziele zu konzentrieren. Damit der Weg zum Erfolg noch leichter wird, sollten Sie darüber hinaus die Wirkung subliminaler und paraliminaler Hörprogramme ausprobieren.

> *Erfolg ist reine Glückssache. Sie brauchen nur mal einen Versager zu fragen …*
>
> EARL WILSON

Paraliminale Programme beinhalten positive Suggestionen oder Aussagen, die Sie sich in entspanntem oder halb hypnotischem Zustand anhören. Sie können jedes einzelne Wort vernehmen und sollten sich währenddessen nicht mit anderen Dingen beschäftigen. Diese Programme ermöglichen Ihnen einen einfachen Einstieg in die Meditation, falls Sie Schwierigkeiten damit haben sollten, allein zu meditieren, oder wenn Sie gedanklich immer wieder abschweifen. Eigentlich handelt es sich dabei um geführte Meditationen. Subliminale Audioprogramme enthalten verborgene Botschaften oder Aussagen, die Sie auf bewusster Ebene nicht hören können. Normalerweise geht die Botschaft des Programms unter im angenehmen, entspannenden Geräusch eines murmelnden Baches oder von Wellen, die sich am Strand brechen. Ein großer Vorteil subliminaler Audioprogramme besteht darin, dass man sie im Hintergrund laufen lassen kann, während man sich mit anderen Dingen beschäftigt, weil sie dabei nicht stören. Niemand wird merken, dass Sie positive Botschaften in Ihr Gehirn einprogrammieren, während Sie am Computer sitzen oder bügeln.

> *Es spielt keine Rolle, ob du gewinnst oder verlierst; wichtig ist nur, ob ich gewinne oder verliere.*
>
> **DARIN WEINBERG**

Als ich mein Coaching-Unternehmen in New York aufbaute, ließ ich immer das subliminale Programm »Attracting Infinite Riches« von Alphasonics International laufen, während ich Klienten coachte oder das Abendessen kochte. Bei diesem Programm ist das entspannende Geräusch eines sanft murmelnden Bachs zu hören. Ich drehte die Lautstärke herunter, sodass der Inhalt der Audio-Kassette lediglich als Hintergrundgeräusch zu vernehmen war, und stellte meinen Kassettenrekorder auf Autorepeat. Einmal besuchte mich ein Freund, während das Programm lief, der bemerkte, wie entspannend die Atmosphäre bei mir sei – irgendwie klinge das Rauschen des Straßenverkehrs im Hintergrund wie ein Bach. Da klärte ich ihn darüber auf, dass eine Audiokassette bei mir lief! Sie übertönte nicht nur die Verkehrsgeräusche, sondern erfüllte gleichzeitig auch ihren eigentlichen Zweck: Ich fing an, mehr Kunden anzuziehen, und mein Geschäft wuchs in atemberaubendem Tempo. Aber bitte denken Sie daran, dass Sie bei der Auswahl subliminaler Programme sehr, sehr vorsichtig sein müssen: Verwenden Sie nur solche, zu deren Herstellern Sie hundertprozentiges Vertrauen haben, denn man kann seinem Unterbewusstsein damit nur allzu leicht negative Botschaften einprogrammieren, ohne es zu wissen und zu wollen. Daher sollte ein paraliminales oder subliminales Audioprogramm überhaupt keine negativen Botschaften oder Aussagen enthalten. Nachdem ich jahrelang mit Programmen von Alphasonics gearbeitet hatte, erfuhr ich zu meiner freudigen Überraschung, dass einer meiner Klienten mit deren Machern zusammengearbeitet hatte: Er konnte sich dafür verbürgen, dass es sich dabei um absolut fähige und professionelle Leute handelte. Seitdem empfehle ich diese subliminalen Programme all meinen Klienten.

Neulich habe ich ein paar wunderbare paraliminale Audioprogramme von Paul Scheele entdeckt. Wie bereits erwähnt, wirken diese genau andersherum: Man hört die Botschaft direkt, und die Musik untermalt den Hintergrund. Programme dieser Art nutze ich als Meditationsbegleitung und wähle dabei immer das Thema aus, das ich gerade brauche – von Gesundheit bis hin zu beruflichem Erfolg. Sie sind nicht nur ein hervorragender Einstieg in die Meditation, sondern helfen Ihnen auch dabei, sich nachmittags oder nach einem anstrengenden Arbeitstag zu regenerieren – ein viel besserer Muntermacher als eine Tasse Kaffee!

Mit paraliminalen und subliminalen Audioprogrammen können Sie an den verschiedensten Lebensbereichen arbeiten, beispielsweise Karriere, Wohlstand, Gesundheit, Erfolg, zwischenmenschliche Beziehungen, Suchtverhalten. Am besten ist es jedoch, sich immer nur auf ein einziges Thema zu konzentrieren. Menschen, die regelmäßig meditieren, berichten für gewöhnlich, dass sie mithilfe dieser Programme bessere, kreativere Resultate erzielen. Es ist, als erschließe man sich damit eine höhere Intelligenz oder Weisheit. Mir persönlich ist aufgefallen, dass mir neue Ideen kommen, wenn ich mir abends vor dem Schlafengehen Paul Scheeles paraliminales Audioprogramm »Personal Genius« anhöre. Einmal wachte ich danach am nächsten Morgen mit einer hervorragenden – und eigentlich auf der Hand liegenden – Idee auf, wie wir innerhalb eines Jahres mehr oder weniger unsere ganze Hypothek abbezahlen können. Wir sind gerade dabei, diese Idee in die Praxis umzusetzen, und ich werde Sie in meinem Blog unter www.lifecoach.com darüber auf dem Laufenden halten, wie es funktioniert. Nähere Informationen zu paraliminalen und subliminalen Audioprogrammen finden Sie im Anhang »Literaturhinweise und sonstige Tipps« im Anschluss an dieses Kapitel, oder Sie gehen auf den Resources-Link unter www.lifecoach.com.

Fangen Sie an, sich selbst zu coachen!

Wenn Sie so sind wie die meisten Leute, haben Sie dieses Buch zwar gelesen, aber garantiert noch keine einzige Aufgabe gemacht. Das ist völlig normal und auch nicht weiter schlimm. Ich versuche mir auch immer erst mal einen Eindruck von einem Programm zu verschaffen, ehe ich mich auf die Übungen und Aufgaben einlasse. Also fangen Sie jetzt noch einmal von vorn an, und arbeiten Sie die sieben Schritte gründlich durch! Denn wenn Sie nichts unternehmen, um Ihr Leben zu ändern, können Sie auch nicht erwarten, dass sich etwas tut. Das ist die Gefahr bei Ratgebern: Man glaubt, schon allein durch die Lektüre etwas bewirkt zu haben. Aber in diesem Buch geht es darum, aktiv zu werden. Sie sollen sich mithilfe meines Sieben-Schritte-Programms selbst coachen, um den Sprung in eine neue Karriere, in die Selbstständigkeit oder ein sonstiges unternehmerisches Vorhaben zu schaffen. Ich habe die Schritte absichtlich so einfach wie möglich gestaltet. Nun liegt es an Ihnen, etwas zu tun. Suchen Sie sich einen Coach oder einen guten »Buddy«, der Sie bei Ihrer beruflichen Neuorientierung unterstützt, oder melden Sie sich zu meinem Online-Coachingprogramm an. Nähere Informationen zu allen drei Möglichkeiten finden Sie auf meiner Webseite www.lifecoach.com. Und dann fangen Sie an, die sieben Schritte durchzuarbeiten.

> *Handle so, als wäre es unmöglich, zu scheitern.*
>
> DOROTHEA BRANDE

Das Programm ist chronologisch aufgebaut, aber wenn ein bestimmter Tipp oder Schritt Sie besonders ansprechen sollte, können Sie ruhig damit beginnen. Jede Aktivität ist immer noch besser, als gar nichts zu tun! Hüten Sie sich jedoch vor der Versuchung, Schritt 2 zu überspringen. Ihn umgehen zu wollen ist ganz normal und natürlich, denn sich über seine persönlichen Bedürfnisse klarzuwerden ist ein hartes Stück Arbeit. Zumindest sollten Sie sich einmal 20 Minuten Zeit nehmen, um das Personal Requirements Quiz auf meiner Webseite www.lifecoach.com zu machen und die Antworten dann in Ihr Karriereprofil in Schritt 6 einzutragen. Um die ideale Karriere oder Geschäftsidee zu finden und die besten beruflichen Chancen sowie Kontakte anzuziehen, muss man seine Bedürfnisse kennen. Wenn Sie Schritt 2 auslassen, laufen Sie Gefahr, dass es Ihnen so geht wie dem CEO, dem am Ende einer erfolgreichen und lukrativen Karriere klarwurde, dass er trotz allem nicht mit seinem Leben zufrieden war. Diese nagende Unzufriedenheit ist normalerweise ein Zeichen dafür, dass Sie sich immer noch nicht über Ihre persönlichen Bedürfnisse klargeworden sind. Vielleicht sehen Sie den Sinn dieser Aufgabe momentan noch nicht ein, doch sobald Sie sie erledigt haben, wird es Ihnen ganz selbstverständlich vorkommen, ohne Umschweife um alles zu bitten, was Sie sich wünschen oder brauchen.

> *Handeln ist das Gegenmittel zur Verzweiflung.*
>
> JOAN BAEZ

Coachen Sie sich selbst zum Erfolg: ein Schnellverfahren

Ich bin sehr dafür, Ziele mit so geringem Aufwand wie möglich zu erreichen. Deshalb empfehle ich Ihnen nun ein abgekürztes Verfahren für dieses Programm. Ich habe in diesem Buch das Karriere-Coachingprogramm bewusst komplett vorgestellt, weil die meisten Menschen alle sieben Schritte genau durcharbeiten müssen, um sich darüber klarzuwerden, welche neue Richtung sie beruflich einschlagen sollen. Außerdem tragen die sieben Schritte ganz allgemein dazu bei, Sie zu einem glücklicheren und erfolgreicheren Menschen zu machen. Manche mei-

> *Wer zaudert, ist ein verdammter Idiot.*
>
> MAE WEST

ner Klienten bearbeiten aber auch nur einen Teil dieser Schritte und wissen dann schon, welche Karriere sie anstreben oder womit sie sich selbstständig machen möchten, folglich müssen sie nicht das ganze Programm durcharbeiten. Wie bereits in Schritt 1 erwähnt: Ich hatte Klienten, die einfach nur ihr Büro und ihr Haus beziehungsweise ihre Wohnung entrümpeln mussten und mehr oder weniger im Anschluss daran auf magische Weise ihren Traumjob anzogen. Falls Sie nach der Lektüre dieses Buches den starken Impuls verspüren sollten, unabhängig von der Reihenfolge einen bestimmten Schritt jetzt gleich durchzuarbeiten, so machen Sie es ruhig. Denn genauso bin ich dafür, seinen spontanen Impulsen zu folgen!

> *Tu, was du kannst, mit dem, was du hast, und zwar da, wo du gerade stehst.*
>
> **THEODORE ROOSEVELT**

Wenn Sie auf der Suche nach einem praktischen Schnellverfahren für dieses Programm sind, können Sie es einmal mit folgender Variante versuchen:

1. Machen Sie das Persönliche-Bedürfnisse-Quiz in Schritt 2 und tragen Sie Ihre vier wichtigsten Bedürfnisse in die Leerzeilen in Schritt 6 ein. (Das dauert ungefähr 20 Minuten.)
2. Nun gehen Sie zu Schritt 5 und arbeiten die Übungen zu Ihren Werten und Leidenschaften durch. Tragen Sie Ihre vier bis zehn wichtigsten Werte ebenfalls in die in Schritt 6 dafür vorgesehenen leeren Zeilen ein.
3. Jetzt machen Sie die Neid-Übung in Schritt 5. Wenn es auf der Suche nach der richtigen Karriere eine Aufgabe gibt, die wirklich wichtig ist, so ist es diese. Denn Neid weist Ihnen den Weg zu Ihren wahren Wünschen. Sobald Sie sich darüber klar sind, wen Sie beneiden, können Sie die Ihnen entsprechende Laufbahn sehr rasch ausmachen. Nutzen Sie also Neid als Orientierungshilfe. Eigentlich hätte ich mir dieses Buch sparen und einfach nur die Neid-Methode beschreiben können. Die meisten Leute sind jedoch leider erst dann überzeugt, Dinge, um die sie ihre Mitmenschen beneiden, auch selber erreichen zu können, wenn sie alle anderen Schritte durchgearbeitet haben. Lassen Sie

sich also von diesem grünäugigen Monster leiten, und Sie werden nicht nur Ihre Neidgefühle überwinden, sondern gleichzeitig auch Ihre Traumkarriere oder Ihren Wunsch, sich selbstständig zu machen, verwirklichen.

Ein Warnhinweis ist an dieser Stelle allerdings angebracht: Um sicher sein zu können, dass Sie sich auch von wahrem, sprich tatsächlich empfundenem Neid leiten lassen, müssen Sie zunächst die Übungen zu Ihren persönlichen Werten und Bedürfnissen durcharbeiten. Daran führt kein Weg vorbei. Wenn Sie Ihr Leben und Ihre Arbeit an Ihren Werten ausrichten (Schritt 5), können Sie nichts falsch machen, es wäre jedoch fatal, sich bei Ihren beruflichen Entscheidungen vom Streben nach Geld oder vom neuen Porsche Ihres Nachbarn leiten zu lassen. Erinnern Sie sich noch an die Geschichte von Melissa Todd, die viele Jahre ihres Lebens vergeudete, indem sie in einer großen Anwaltskanzlei Karriere machte (Schritt 6)? Es ist völlig normal, jemanden zu beneiden, der ein überdurchschnittliches Auskommen hat, weil man sich auch gerne einen luxuriösen Lebensstil leisten würde. Doch erst wenn man darüber hinaus ist, Statussymbole einer erfolgreichen Karriere wie die Sonnenbrille von Chanel oder das schicke Auto unbedingt haben zu wollen, ist man beim Kern dessen angelangt, was einen im Leben und am Arbeitsplatz glücklich macht. Und ich garantiere Ihnen: Die Sonnenbrille wird es ganz bestimmt nicht sein!

> *Vielleicht kommt tatsächlich alles von allein, wenn man warten kann – doch es wird das sein, was die Umtriebigen übriggelassen haben.*
>
> **ABRAHAM LINCOLN**

Wenn Sie diese drei Schritte hinter sich gebracht haben und immer noch nicht sicher sind, was Sie beruflich anfangen wollen, sollten Sie das Sieben-Schritte-Programm doch lieber von vorn bis hinten durcharbeiten. Wie bereits erwähnt: Diese Übungen sollen Ihnen helfen, die für Sie ideale Karriere oder Geschäftsidee zu finden, sie haben aber auch noch einen wunderbaren Nebeneffekt – sie werden aus Ihnen einen glücklicheren, bewussteren Menschen machen.

Fangen Sie ruhig schon mal mit winzig kleinen Schritten an, die Sie in die richtige Richtung führen: Entrümpeln Sie einen Wandschrank, melden Sie sich zu einem Kurs an, der Sie interessiert oder reizt, beschreiben Sie Ihren idealen Arbeitsplatz, oder tun Sie irgendetwas, das Ihnen Freude machen würde, wenn Sie Millionär wären und Geld keine Rolle spielte – dann wird sich im Nu etwas an Ihrem Leben ändern. Und vor allem: genießen Sie diesen Prozess!

Ich würde gern erfahren, inwiefern Ihnen mein Sieben-Schritte-Programm geholfen hat, beruflich einen neuen Weg einzuschlagen, sich selbstständig zu machen oder ein Unternehmen aufzubauen. Bitte schicken Sie Ihre Geschichten und Kommentare per E-Mail an talane@lifecoach.com. Vielen Dank!

Es ist vernünftig, eine Methode auszuprobieren. Doch gib ehrlich zu, wenn sie versagt, und versuche, es mit einer anderen. Bleib jedoch niemals untätig.

FRANKLIN D. ROOSEVELT

Literaturhinweise und sonstige Tipps

Literaturempfehlungen

Bolles, Richard Nelson: *Durchstarten zum Traumjob: Das ultimative Handbuch für Ein-, Um- und Aufsteiger* (Campus, 2009). Ein umfassendes, sehr hilfreiches Handbuch, das Sie während der beruflichen Neuorientierung und im Bewerbungsprozess begleitet.

Buckingham, Marcus und Donald O. Clifton: *Entdecken Sie Ihre Stärken jetzt! Das Gallup-Prinzip für individuelle Entwicklung und erfolgreiche Führung* (Campus, 2011). Dieses Buch beinhaltet einen interaktiven Selbsttest, der innerhalb von etwa 20 Minuten im Internet absolviert werden kann und Ihnen Ihre fünf wichtigsten Stärken verrät. Kaufen Sie das Buch neu, damit Sie den individuellen Zugangscode zum Online-Test nutzen können.

Edwards, Paul und Sarah Edwards: *Finding Your Perfect Work: The New Career Guide to Making a Living and Creating a Life* (Jeremy P. Tarcher/Putnam, New York, 1996). Ein umfassendes und sehr hilfreiches Handbuch.

Ferriss, Timothy: *Die 4-Stunden-Woche: Mehr Zeit, mehr Geld, mehr Leben* (Ullstein Taschenbuch, 2011). Eine sehr inspirierende, praxisorientierte Anleitung, wie man sich selbstständig macht, während man gleichzeitig einem Fulltime-Brot-und-Butter-Beruf nachgeht.

Gladwell, Malcolm: *Überflieger: Warum manche Menschen erfolgreich sind – und andere nicht* (Piper Taschenbuch, 2010). In faszinierenden Geschichten zeigt Gladwell auf, welche Voraussetzungen man mitbringen muss, um hundertprozentig erfolgreich zu sein.

Glassman, Bernard und Rick Fields: *Anweisungen für den Koch: Lebensentwurf eines Zen-Meisters* (edition steinrich, 2010). Wenn Ihnen die Motivation fehlt, um die Arbeit an einem eigenen Projekt aufzunehmen, wird dieses Buch Sie inspirieren. Sie lernen, Ihre Stärken zu nutzen, und erfahren, wie Sie aus Ihren Fehlern und Schwächen die besten Zutaten machen.

Greaves, Suzy: *Making the Big Leap: Coach Yourself to Create the Life You Really Want* (New Holland Publishers, London, 2007). Wenn Sie Ihren Job kündigen und sich selbstständig machen möchten, aber noch mit Ängsten zu kämpfen haben, sollten Sie dieses anregende Büchlein einer meiner britischen Coaching-Kolleginnen lesen.

Jones, Laurie Beth: *Mission Statement. Vom Lebenstraum zum Traumleben* (Signum, 1998). Eine Schritt-für-Schritt-Anleitung zur Formulierung eines Mission Statements für Ihr Leben, mit dessen Hilfe Sie in den verschiedensten Lebensbereichen Dinge in Gang setzen, bewerten und verbessern können. Die Fragen zu beantworten wird Ihnen helfen, Ihren eigenen Lebensplan zu erstellen.

Klauser, Henriette Anne: *Write It Down, Make It Happen: Knowing What You Want – and Getting It!* (Simon & Schuster, New York, 2000). Die Lektüre dieses Buches wird Ihnen Spaß machen und Sie dazu inspirieren, alle Ihre Wünsche zu Papier zu bringen.

Maslow, Abraham H.: *Psychologie des Seins. Ein Entwurf* (Fischer Taschenbuch Verlag, 2000). Der Originaltext zur Maslow'schen Bedürfnishierarchie. Die Annahme, dass Selbstverwirklichung und Wohlbefinden nur dann möglich sind, wenn unsere emotionalen Bedürfnisse erfüllt werden, geht auf Maslow zurück. Wenn Sie dieses Buch lesen, werden Sie Maslows frühe Werke über Bedürfnisse und ihre Bedeutung für inneres Wachstum, Persönlichkeitsentwicklung und Selbstverwirklichung besser verstehen. Maslow hat auch das Buch *Religions, Values, and Peak-Experiences* (Penguin Compass, New York, 1964) verfasst.

McDonald, Bob und Don E. Hutcheson: *Don't Waste Your Talent: The Eight Critical Steps to Discovering What You Do Best* (The Highlands Company, New York, 2005). In diesem Buch werden die Ergebnisse von The Highlands Program ausführlich beschrieben. Das ist der Online-Persönlichkeitstest, den wir bei der Talane Coaching Company einsetzen, um unseren Klienten bei der Entdeckung ihrer angeborenen Talente und Fähigkeiten zu helfen. Meines Wissens handelt es sich dabei um den umfassendsten Persönlichkeitstest, den es zurzeit auf dem Markt gibt. Wir empfehlen allen Menschen, die sich beruflich neu orientieren möchten, diesen Test zu absolvieren, um sich so rasch wie möglich über ihre besonderen Stärken klarzuwerden.

Miedaner, Talane: *Coach dich selbst, sonst coacht dich keiner: 101 Tipps zur Verwirklichung Ihrer beruflichen und privaten Ziele* (mvgVerlag, 2009). Mein erstes Buch steckt voller einfacher und doch wirksamer Coaching-Tipps, mit denen Sie in allen Lebensbereichen erfolgreicher werden können. Darin erfahren Sie unter anderem, wie Sie mehr Geld verdienen und mehr Zeit, persönlichen Spielraum und Energie gewinnen können. Wenn es Ihnen schwerfällt, Ihr Leben in den Griff zu bekommen, sollten Sie vielleicht zunächst dieses Buch und anschließend mein zweites *(Coach dich selbst, sonst liebt dich keiner)* lesen. Letzteres geht ausführlich auf unsere persönlichen und emotionalen Wünsche und Bedürfnisse ein. Es wird Ihnen helfen, die beruflichen und private Kontakte anzuziehen, die Sie gern hätten. Auch bereits bestehende zwischenmenschliche Beziehungen werden sich dadurch verbessern.

Rauch Carter, Karen: *Move Your Stuff, Change Your Life: How to Use Feng Shui to Get Love, Money, Respect, and Happiness* (Simon & Schuster, New York, 2000). Mein absolutes Lieblingsbuch zum Thema Feng-Shui. Es liest sich gut und erklärt in einfachen Schritt-für-Schritt-Anleitungen, wie Sie die Feng-Shui-Prinzipien auf Ihr Zuhause und Ihr Büro anwenden können.

St. James, Elaine: *In Einfachheit leben. 100 Schritte zu mehr Lebensfreude* (Goldmann, 1998). Ein kleiner Klassiker, der Ihnen dabei helfen wird, ein einfacheres Leben zu führen, damit Sie in aller Ruhe herausfinden können, welche neue Karriere für sie am besten geeignet ist.

Smith, Manuel J.: *Sage Nein ohne Skrupel* (mvgVerlag, 2002). Wenn Sie zu oft ja sagen, ist dieser Ratgeber genau der richtige für Sie. Hier erhalten Sie einfach umsetzbare Empfehlungen, wie Sie es schaffen, von Ihren Mitmenschen nicht mehr wie ein Fußabtreter behandelt zu werden.

Tieger, Paul D. und Barbara Barron-Tieger: *Do What You Are: Discover the Perfect Career for You Through the Secrets of Personality Type* (Little Brown and Company, Boston, 1992). In diesem Buch können Sie Ihren Persönlichkeitstyp und Ihre angeborenen Stärken anhand des Myers-Briggs-Typindikators (MBTI) analysieren. Anschließend erhalten Sie Vorschläge für Karrieremöglichkeiten, die zu Ihrem Profil passen. Das hilft Ihnen, Ihre Stärken weiter auszubauen, statt sich damit zu quälen, die für Sie richtige Laufbahn zu finden.

Persönlichkeitstests

Das Personal Requirements Quiz (www.lifecoach.com)

Um das Personal Requirements Quiz zu machen, gehen Sie bitte auf den Button »Free Stuff« auf meiner Webseite www.lifecoach.com. Das Ganze dauert ungefähr 20 Minuten, und Sie erfahren gleich hinterher, welche Ihre vier wichtigsten persönlichen Bedürfnisse sind. Bitte schreiben Sie sie auf, da es auf der Webseite keine Möglichkeit gibt, sie zu hinterlegen oder zu einem späteren Zeitpunkt wieder abzurufen. Sobald Sie das Gefühl haben, dass sich Ihre Lebensumstände verändert haben, sollten Sie das Quiz vielleicht noch ein zweites Mal machen, um festzustellen, ob sich bei Ihnen inzwischen neue Bedürfnisse eingestellt haben. Wenn Sie wissen, wie Sie Ihren vier wichtigsten persönlichen Bedürfnisse nachkommen, fällt es Ihnen normalerweise auch leichter, auch andere zu befriedigen, die Sie in Zukunft bei sich entdecken. Ausführliche Erläuterungen zum Thema persönliche und emotionale Bedürfnisse finden Sie in meinem Buch *Coach dich selbst, sonst liebt dich keiner.* Darin wird genau erklärt, wie Sie sie sich erfüllen können, damit Ihre beruflichen und privaten Beziehungen nicht darunter leiden. Für Menschen, die in obere Managementebenen oder gar in die Führungsetage aufsteigen möchten, ist das Wissen darum absolut unerlässlich.

The Highlands Program (www.highlandsco.com)

Dieser umfassende Online-Persönlichkeitstest hilft Ihnen, Ihre angeborenen Fähigkeiten zu entdecken. Außerdem erfahren Sie darin, wie introvertiert oder extrovertiert Sie sind, wie weit Sie in die Zukunft vorausdenken können, auf welche Weltsicht Ihr Gehirn programmiert ist, ob Sie die drei Voraussetzungen für musikalische Begabung erfüllen, und Sie erhalten auch noch viele andere wertvolle Informationen. Von allen Online-Persönlichkeitstests, die ich gemacht habe, eignet sich dieser meiner Meinung nach am besten für Menschen, die vor einer beruflichen Veränderung stehen oder mit dem Gedanken spielen, sich zu einem kostspieligen Schulungs- oder Fortbildungsprogramm anzumelden. Der Preis und der Zeitaufwand dafür lohnen sich, denn damit ersparen Sie sich unter Umständen kostbare Zeit und Tausende von Dollar, die Sie womöglich in die falsche Aus- oder Fortbildung stecken würden. Falls Sie nähere Informationen dazu benötigen oder diesen Test machen möchten und an einer telefonischen Nachbesprechung mit einem Coach interessiert sind, senden Sie bitte eine E-Mail an info@lifecoach.com.

The Career Planning Insights Report and Workplace Motivators Report

Ich setze diese beiden Online-Tests bei der Arbeit mit meinen Coaching-Klienten ein, weil sie statistisch exakter sind als das Myers-Briggs-Programm und weil man pro Test nur zehn Minuten braucht. Unmittelbar im Anschluss daran erhalten Sie einen 24-seitigen Bericht, der Sie über Ihren persönlichen Stil und Ihre vier wichtigsten verborgenen Motive informiert – jene Werte, die hinter all Ihren Entscheidungen stehen, ob Ihnen das nun bewusst ist oder nicht. Die Ergebnisse sind erstaunlich präzise, dennoch ist eine Nachbesprechung mit einem qualifizierten Coach sinnvoll, damit man die Resultate in ihrer ganzen Tragweite interpretieren und auf sein Leben anwenden kann. Insgesamt sehr hilfreich für jemanden, der gerade dabei ist, sich beruflich zu verändern oder sich selbstständig zu machen. Diese beiden Tests eignen sich darüber hinaus auch hervorragend für die Zusammenstellung von Teams und vermitteln Managern sehr schnell einen Eindruck davon, wie sie die Stärken eines Teams nutzen können, damit es noch produktiver ist und die Arbeitsmoral steigt. Ich habe diese Persönlichkeitstests sogar schon beim Coaching von Paaren eingesetzt. Sie helfen ihnen, einander besser zu verstehen und dem Partner mehr Wertschätzung entgegenzubringen. Falls Sie die beiden Tests machen möchten oder sie als Führungskraft in Ihrem Team einsetzen wollen, schicken Sie bitte eine Mail an info@lifecoach.com, dann lassen wir Ihnen nähere Informationen darüber zukommen.

StrengthsFinder

Das Buch *Entdecken Sie Ihre Stärken jetzt* von Marcus Buckingham und Donald Clifton enthält einen praktischen kleinen Test, mit dem Sie Ihre persönlichen Stärken herausfinden. Kaufen Sie es neu, denn es kommt auf den darin enthaltenen Zugangscode für den Online-Persönlichkeitstest an, der Ihnen verrät, wo Ihre fünf wichtigsten Stärken liegen. Das Gros der computergestützten Persönlichkeitstests ist bislang nur in englischer Sprache erhältlich. Doch ich setze sie auch bei deutschsprachigen Klienten ein, die gut Englisch sprechen.

Audioprogramme

Coach Yourself to Success – Telefonseminar von Talane Miedaner

Hierbei handelt es sich um die Aufzeichnung eines neunwöchigen Live-Telefonseminars zum Thema »Coach dich selbst zum Erfolg«.

Falls Sie es versäumt haben sollten oder es nicht in Ihren Terminplan hineinpasst, können Sie sich die neun Stunden auch als Audioprogramm anhören. Dieses Seminar behandelt die wichtigsten Schritte, die Sie vollziehen müssen, um in allen Lebensbereichen erfolgreich zu sein. Es dient als Begleitseminar zum Buch *Coach dich selbst, sonst coacht dich keiner.* Zusätzlich zum Audio-Download oder der Audio-CD umfasst es neun Online-Coachingaufgaben, deren Bearbeitung sich über insgesamt neun Wochen erstreckt. Falls Sie lieber aktiv daran teilnehmen möchten, melden Sie sich unter www.lifecoach.com zu einem Live-Telefonseminar an.

»Irresistible Attraction: A Way of Life« von Talane Miedaner

Diese 45-minütige Audiokassette oder CD beschreibt die fünf wichtigsten Schritte, um auf privat und beruflich relevante Menschen anziehend zu wirken, was für erfolgreiches Networking und im Vertrieb besonders wichtig ist. Dieser Kurs ist nur auf der Webseite www.lifecoach.com erhältlich. Melden Sie sich zu einer kostenlosen Probe-Online-Coachingwoche an, und Sie können dieses professionell aufgezeichnete Audioangebot kostenlos downloaden.

Subliminale Programme

Alphasonics International
Cuesta Road
Santa Fe, NM 87505
USA
Tel.: 001-505-466-7773 oder 001-800-937-2574

Hier erhalten Sie subliminale Programme zu allen möglichen Themen und für sämtliche Probleme – vom Reichwerden bis hin zur Befreiung von der Sucht nach Süßigkeiten. Ich habe mit dem Audioprogramm »Attracting Infinite Riches« gearbeitet, das unter anderem folgende Suggestionen beinhaltet: »Ich sorge für meinen Wohlstand. Geld zu verdienen gibt mir ein gutes Gefühl. Mein Geld zu vermehren macht Spaß. Das, was ich besitze, macht mich glücklich.

Reichtum fließt mir in Strömen zu.« Die Aussagen selbst sind dabei jedoch nicht zu vernehmen, sondern lediglich das murmelnde Geräusch eines Bachs. Nähere Informationen darüber, wie subliminale Programme funktionieren, und Angaben zu den anderen Titeln von Alphasonics finden Sie auf der Homepage www.alphasonics.com.

Paraliminale Programme

Learning Strategies Corporation (www.learningstrategies.com)

Paul Scheele hat viele ausgezeichnete paraliminale Programme entwickelt, um Menschen bei verschiedenen Problemen Hilfestellung zu leisten – von der Bewältigung ihrer Ängste bis hin zur Erreichung eines optimalen Gesundheitszustands. Mir gefallen die »Sonic-Access«-Programme besonders gut. Ich verwende sie als geführte Meditationen, und ihre Wirkung ist erstaunlich. Wenn Sie das Meditieren nicht gewohnt sind, sind diese Programme ein sehr guter Einstieg. Laut Schätzungen von Experten nutzen wir nur einen geringen Prozentsatz unseres Gehirns. Mit paraliminalen Programmen können Sie Ihre Brainpower mühelos verstärken.

Hier finden Sie Hilfe

Kinderbetreuung

Falls Sie glauben, sich kein Kindermädchen leisten zu können, das bei Ihnen wohnt, sollten Sie das vielleicht noch einmal überdenken. Für einen kleinen Wochenlohn plus Unterkunft und Verpflegung können Sie sich über eine Agentur ein Au-pair-Mädchen vermitteln lassen. Manche Anbieter überprüfen den Hintergrund der Kandidatinnen und führen im Vorfeld einen Unbedenklichkeits-Check durch. Wenn Sie im Internet bei einer Suchmaschine den Begriff »Au-pair-Vermittlung« oder »Au-pair-Mädchen« eingeben, finden Sie viele solche Agenturen.

Professionelle Unterstützung

Professional Organizers

Falls Sie den Wald vor lauter Bäumen nicht mehr sehen, brauchen Sie einen Professional Organizer: Er beseitigt das Chaos zu Hause und am Arbeitsplatz und bringt System und Ordnung in Ihren Arbeitsalltag. Geben Sie den Begriff einfach in eine Suchmaschine ein, und Sie werden fündig.

Virtuelle Assistenten

Mit einem virtuellen Assistenten, der Ihnen administrative Aufgaben abnimmt, können Sie eine Menge Zeit sparen. Auch hier werden Sie leicht im Internet professionelle Helfer finden, die Sie darin unterstützen.

Imageberater

Ein Imageberater oder eine Imageberaterin verhilft Ihnen zu dem Look, den Sie für Ihren Traumjob brauchen. Im Internet finden Sie entsprechende Adressen in Ihrer Nähe. Ich empfehle Ihnen, mit mehreren dieser Dienstleister Gespräche zu führen, ehe Sie sich für einen entscheiden.

Wie man einen Coach findet oder selbst einer wird

Nun sind wir am Ende dieses Buches angelangt, und wahrscheinlich haben Sie festgestellt, dass es in Ihrem Leben ein paar Bereiche gibt, an denen Sie noch ein bisschen arbeiten sollten. Seine Traumkarriere und das Leben anzuziehen, das man sich wünscht, dauert nicht ewig. Aktiv zu werden lohnt sich, denn erste Ergebnisse stellen sich umgehend ein. Also warten Sie nicht länger, und beginnen Sie gleich heute damit, die Übungen in diesem Buch durchzuarbeiten. Wenn Sie es sich einfacher machen möchten, engagieren Sie einen Coach, der Ihnen bei diesem Veränderungsprozess hilft und Sie bei der Stange hält.

So finden Sie einen Coach

Wenn wir bei der Suche nach der idealen Karriere auf uns allein gestellt sind, machen wir keine so raschen Fortschritte, als wenn uns jemand dabei unterstützt. Wir alle haben unsere blinden Flecken, weshalb es hilfreich ist, mit einer außenstehenden Person zusammenzuarbeiten, die uns darauf hinweist. Jeder, der schon einmal einen Personal Trainer engagiert hat, weiß, dass es viel mehr Spaß macht, ins Fitnessstudio zu gehen oder zehn Liegestütze zu machen, wenn einen jemand anspornt und auf die richtige Körperhaltung achtet, als ganz allein vor sich hin zu trainieren. Das Gleiche gilt auch für Lifecoachs. Wenn Sie entmutigt sind und am liebsten das Handtuch werfen würden, können Sie sich darauf verlassen, dass Ihr Coach für Sie da ist und Ihnen

> *Du brauchst nicht die ganze Treppe zu sehen, nur die erste Stufe.*
>
> MARTIN LUTHER KING

hilft, Hürden zu überwinden. Und Sie können auch darauf bauen, dass Ihr Coach Ihnen die Wahrheit sagt. Ihren Freunden und Angehörigen ist das nicht immer möglich, weil sie ihre gute Beziehung zu Ihnen nicht aufs Spiel setzen möchten oder eigene Ziele und Absichten verfolgen.

Hier ein paar Tipps, wie Sie einen guten Coach finden können:

Engagieren Sie einen Profi, der eine spezielle Coaching-Ausbildung absolviert hat, damit Sie wissen, dass er oder sie über eine gewisse Basiskompetenz verfügt. Zurzeit schießen überall selbst ernannte Coachs wie Pilze aus dem Boden, die in Wirklichkeit etwas ganz anderes sind, beispielsweise Therapeuten, Unternehmens- oder Lebensberater, und kein richtiges Coaching-Trainingsprogramm durchlaufen haben.

Bei Ihrem ersten Gespräch mit dem Anbieter sollten Sie den Eindruck gewinnen, dass Sie ihm die ganze Wahrheit sagen können. Ist das ein Mensch, dem Sie alles anvertrauen können? Zu dem Sie Vertrauen haben und den Sie respektieren? Haben Sie das Gefühl, dass Ihr Coach Ihnen zuhört und Verständnis für Sie hat?

Als Coach sollten Sie grundsätzlich keinen engen Freund oder Angehörigen wählen, und zwar aus den bereits erwähnten Gründen: Schließlich wollen Sie nicht, dass dieser Prozess Ihre Beziehung zueinander belastet. Ihren Coach können Sie jederzeit feuern – Ihren Vetter oder Onkel nicht. Ihre Freunde und Ihre Familie sollten nur dazu da sein, Ihnen Liebe zu schenken, Sie zu ermutigen und zu unterstützen.

Verfügt dieser Coach über die Erfahrung, Kompetenz und Qualifikation, nach der Sie suchen? Scheuen Sie sich nicht, nach Referenzen zu fragen und ihn zu bitten, mit einem Teil seiner Klienten zu sprechen – vor allem mit jenen, die erfolgreich sind in dem Bereich, wo Sie sich weiterentwickeln möchten. Erkundigen Sie sich nach dem Stil und der Philosophie des Coachs, und fragen Sie, ob er oder sie ein besonderes Spezialgebiet hat. Manche Coachs spezialisieren sich auf Beziehungen, andere auf die Arbeit mit kreativen

Menschen, wieder andere auf Unternehmer, Menschen mit Kopfverletzungen oder was auch immer. Egal, wie besonders Ihr Bedürfnis ist – Sie können sicher sein, dass es irgendwo einen Coach gibt, der dafür Experte ist.

Machen Sie sich keine Gedanken über die räumliche Entfernung, die meisten Coachs betreuen ihre Klienten telefonisch, weil das effektiver und effizienter ist als persönliche Treffen. Meine Klienten sind über den ganzen Erdball verteilt, und den meisten von ihnen bin ich noch nie persönlich begegnet. Auf die Ergebnisse, die man durch Coaching erreicht, hat das keine Auswirkungen.

Wenn Ihnen die Arbeit mit Ihrem Coach keine Freude macht oder Sie nicht weiterkommen, erklären Sie ihm, was Sie sich von ihm wünschen. Falls das nicht funktioniert, bitten Sie ihn, Sie an einen seiner Kollegen zu verweisen. In den ersten Gesprächen wird gewöhnlich Ihre jetzige Situation analysiert und darüber gesprochen, was Sie erreichen möchten. Falls Sie angestellt sind, wird es dabei vielleicht darum gehen, wie die Ziele Ihres Arbeitgebers zu Ihren eigenen passen. Sie können von Ihrem Coach erwarten, dass er Sie kontinuierlich unterstützt, ermutigt und dazu anspornt, über den Punkt hinauszugehen, an dem Sie sich normalerweise nicht weiter vorwagen würden. Außerdem sollte er Sie dazu drängen, sich in neuen Fähigkeiten zu erproben, nachverfolgen, inwieweit Sie die gesetzten Ziele erreichen, und Ihnen allwöchentlich Aufgaben geben. Es ist auch absolut nichts dagegen einzuwenden, wenn Sie Ihrem Coach sagen, wie man Sie am besten coacht. Ich persönlich frage meine Klienten immer danach.

Wenn Sie das Gefühl haben, dass ein Projekt festgefahren ist, oder bei irgendeinem Problem nicht weiterkommen, sollten Sie sich grundsätzlich Hilfe holen – ob das nun jemand ist, der Ihnen ein neues Computerprogramm erklärt, ein Professional Organizer, der Ihnen hilft, Ihr Haus oder Ihre Wohnung in Ordnung zu bringen, oder ein Coach, der Sie dabei unterstützt, Ihre Träume zu verwirklichen und alles anzuziehen, was Sie sich schon immer gewünscht haben. Sie können es schaffen!

Coaching-Organisationen

International Coach Federation

2365 Harrodsburg Road, Suite A325
Lexington, KY 40504, USA
Tel: 001-859-219-3580
Fax: 001-859-226-4411
E-Mail: icfheadquarters@coachfederation.org
www.coachfederation.org
Deutsche Niederlassung:
Bernhard A. Zimmermann
Kobenkamp 21
21643 Beckdorf
Tel.: 06249-803 810
Fax: 06249-803 27 32
www.coachfederation.de/

Die International Coach Federation (ICF) informiert weltweit über diesen Beruf, der immer verbreiteter ist. Im globalen Vergleich ist sie der größte Nonprofit-Berufsverband für Coachs im privaten und beruflichen Bereich. Die ICF bietet Coach-Zertifizierungen an und veranstaltet jedes Jahr eine Coaching-Konferenz. Die Organisation achtet darauf, die Ausbildungsstandards für Coachs auf einem hohen Niveau zu halten, und bietet drei Zertifizierungsstufen an: ACC (Associate Certified Coach), PCC (Professional Certified Coach) und die höchste Stufe, MCC (Master Certified Coach). Falls Sie auf der Suche nach einem Coach-Trainingsprogramm sind, sollte es zumindest von der ICF anerkannt sein, sonst erfüllen Sie nicht die Voraussetzungen für eine Zertifizierung.

The International Coaching Directory

Tel.: 001-407-628-2909
www.thecoachingdirectory.org

Alle auf dieser internationalen Coach-Empfehlungs-Webseite genannten Anbieter haben ein von der ICF akkreditiertes Trainingsprogramm absolviert oder befinden sich gerade in einer solchen Ausbildung. Sie können mit einem der Coachs, die gerade verfügbar sind, ein kostenfreies halbstündiges Coaching-Telefonat führen.

Lifecoach.com

Ansprechpartnerin: Faye Morgan
4017 Corrine Drive
Orlando, FL 32814, USA
Tel: 001-407-628-2909
E-Mail: info@lifecoach.com
www.lifecoach.com

Lifecoach.com bietet Ihnen Coaching auf dem neuesten Stand der Technik bei bestens ausgebildeten Coachs weltweit. Ihr akkreditierter Lifecoach wird Ihnen helfen, die beruflichen, geschäftlichen und Lebensziele zu erreichen, von denen Sie schon immer geträumt haben. Das Unternehmen bietet folgende Serviceleistungen an:

- Einzelcoaching
- Gruppencoaching
- Firmencoaching
- Grundsatzreferate und Workshops
- Retreats und Seminare, die genau auf die Bedürfnisse Ihrer Organisation oder Gruppe zugeschnitten sind
- Monatlich stattfindende Telefonseminare, die über eine international zugängliche Telekonferenzleitung geführt werden
- Online-Persönlichkeitstests (The Highlands Program, Career Planning Insights Report, Workplace Motivators)
- Monatlicher Newsletter
- Online-Coachingprogramme
- The Emotional Index Quiz
- The Personal Requirements Quiz

Wenn Sie Talanes Coaching Tip of the Week und/oder den vierteljährlich erscheinenden Newsletter kostenlos per E-Mail abonnieren möchten, schicken Sie eine Mail an subscribe@lifecoach.com, oder melden Sie sich direkt auf der Webseite www.lifecoach.com dazu an.

Eine Liste demnächst stattfindender Telefonseminare und sonstiger Events finden Sie ebenfalls unter www.lifecoach.com. Alternativ können Sie sich auch unter der obigen Adresse mit uns in Verbindung setzen.

So werden Sie Coach

Eine vollständige Liste aller akkreditierten Schulen und Organisationen zur Ausbildung von Coachs finden Sie auf der Webseite der International Coach Federation (www.coachfederation.org). Die Programme sind in ihrer Qualität und ihren Inhalten sehr unterschiedlich. Ich persönlich empfehle:

International Coach Federation

Die deutsche Niederlassung der International Coach Federation bietet Coach-Ausbildungen und -Zertifizierungen in deutscher Sprache an. Nähere Informationen dazu finden Sie unter http://www.coachfederation.de/zertifizierung/uebersicht-ueber-zertifizierungen.html.

Coach U Europe

Diese Coaching-Organisation bietet einen Kurs zum Thema Unternehmenscoaching in englischer Sprache mit deutscher Übersetzung an. Nähere Informationen hierzu erhalten Sie unter http://www.coachueurope.com/?page_id=65.

Über die Autorin

Talane Miedaner ist eine der weltweit anerkanntesten Coachs, Autorin der internationalen Bestseller *Coach dich selbst, sonst coacht dich keiner* und *Coach dich selbst, sonst liebt dich keiner* (jeweils mvgVerlag) sowie Gründerin und Inhaberin der Firma Lifecoach.com. Sie hat Tausenden Menschen zu Wohlstand, Erfolg und Glück verholfen und es damit als Lifecoach zu internationaler Berühmtheit gebracht. Neben anderen spielt Talane im innovativen Bereich des persönlichen und beruflichen Coachings ganz vorne mit und hilft ihren Klienten, ihr Leben so zu strukturieren, dass sie mühelos die Chancen anziehen, die sie sich wünschen. Ihr Coaching-Team betreut Führungskräfte, Manager, Beamte, Firmen und Unternehmenschefs weltweit – persönlich, telefonisch oder online. Außerdem veranstaltet Talane Seminare in den USA sowie weltweit und unterrichtet sporadisch beim Coaching-Unternehmen Coach U, wo sie als professioneller Coach zertifiziert wurde, und an der Georgetown University. Sie ist Master Certified Coach und Mitglied der International Coach Federation und hat verschiedene Audioprogramme (z. B. »Irresistible Attraction: A Way of Life«) und ein Coaching-Arbeitsbuch herausgebracht.

Talane moderiert die US-amerikanische Rundfunksendung *The 60 Second Coach* und schreibt regelmäßig Kolumnen für die Zeitschrift *Natural Health*.

An der School of Foreign Service hat sie einen Abschluss in internationalen Angelegenheiten erworben und an der Georgetown University ihren Magister in Englisch gemacht. Ehe sie Coach wurde, war sie in leitender Position bei der Chase Manhattan Bank in New York tätig. Inzwischen pendelt sie mit ihrem Mann und ihren zwei Töchtern zwischen England und Amerika hin und her.

Nähere Informationen darüber, wie Sie eine Coach-Yourself-to-a-New-Career-Gruppe in Ihrer Nähe finden, erhalten Sie in Talanes Online-Community. Außerdem können Sie auf der Webseite www.lifecoach.com ihre kostenlosen wöchentlichen Coaching-Tipps abonnieren.

Stichwortverzeichnis

I

J

K

L